JN409720

통신공학도를 위한

예제로 배우는 수학적도구 및 부호이론

김한종 저

$$a_0 = \frac{1}{T}\int_{-T/2}^{T/2} s_T(t)\ dt$$

$$a_n = 2\frac{1}{T}\int_{-T/2}^{T/2} s_T(t)\ \cos n2\pi f_0 t\ dt$$

$$b_n = 2\frac{1}{T}\int_{-T/2}^{T/2} s_T(t)\ \sin n2\pi f_0 t\ dt$$

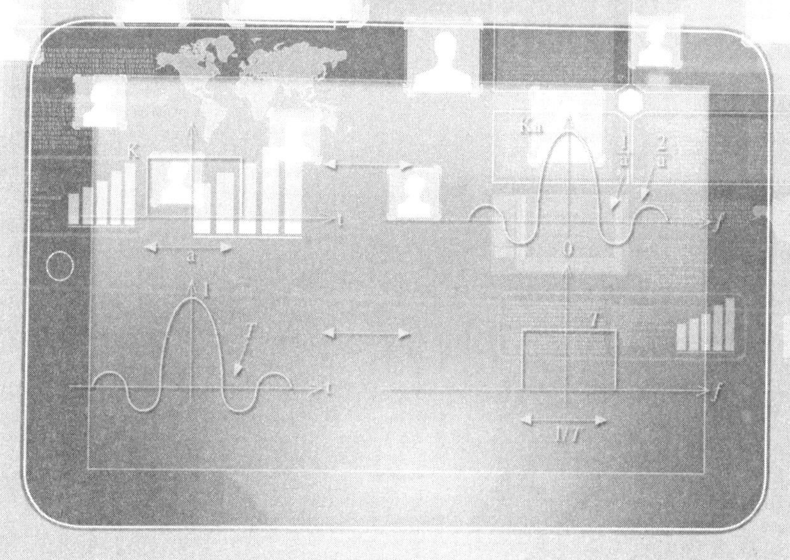

Preface

머리말

현대의 통신시스템은 디지털 멀티미디어 데이터를 고속으로 전송하는 시스템으로 발전을 하고 있으며 일부 방송 시스템을 제외하고는 거의 모든 통신시스템이 디지털통신을 사용하여 멀티미디어 데이터를 전송하고 있다. 디지털통신의 기본원리는 예전이나 지금이나 변함이 없으며 기본원리를 토대로 발전을 거듭해 오고 있다. 디지털통신 시스템을 이해하기 위해서는 푸리에 급수, 푸리에 변환, 신호 및 선형 시스템 해석, 확률 및 랜덤과정 등에 대한 수학적 개념을 숙지하고 있는 것이 필수적이다. 그러나 많은 학생들이 이러한 수학적 도구들을 이해하는데 많은 어려움을 느끼고 있음을 인지하고 본 교재에서는 가능한 다양하고 많은 예제를 통하여 기본 개념을 파악할 수 있도록 하였으며 부호와 관련된 채널부호와 스펙트럼 확산 통신에 대하여 원리에 초점을 맞추어 무선통신을 전공하려고 하는 학생들에게 통신의 길잡이가 될 수 있는 기초 지식을 전달하고자 노력을 하였다.

이 책은 총 5장으로 이루어져 있다. 제 1 장에서는 디지털 통신 시스템의 구성요소와 각 구성 요소의 특징 등을 설명하였다. 제 2장에서는 통신시스템을 이해하는 필수적인 수학적 도구 중에서 푸리에 급수와 푸리에 변환 및 시스템을 해석하기 위한 신호 및 시스템을 다루고 있다. 제 3 장에서는 디지털통신에서 잡음 해석과 성능 평가를 위해 요구되는 수학적 도구로 확률이론과 랜덤과정을 설명하였다. 제 4장에서는 전송도중 채널 상에서 부가

되는 잡음에 의한 에러를 검출하고 정정하기 위한 여러 가지 채널부호화 이론에 대하여 설명하며 대표적인 블록부호와 콘볼루션 부호에 대하여 설명한다. 마지막으로 제 5 장에서는 스펙트럼 확산 통신 방식의 종류와 원리에 대하여 설명한다.

이 책에 미흡한 내용이 많이 있으리라 생각되며 독자들의 충고와 조언을 토대로 계속 수정 보완하여 독자들에게 유익한 책자가 되도록 노력할 것입니다. 끝으로 이 책이 출판되기까지 물심양면으로 많은 도움을 주신 산학협력 선도대학(LINC) 육성사업단과 도서출판 영에 깊은 감사를 드립니다.

2014년 2월

김한종(KIM HAN JONG)

차 례

제 1 장

디지털 통신 시스템의 개요

01. 서론

02. 디지털 통신 시스템의 구성요소

03. 통신 채널 모델링

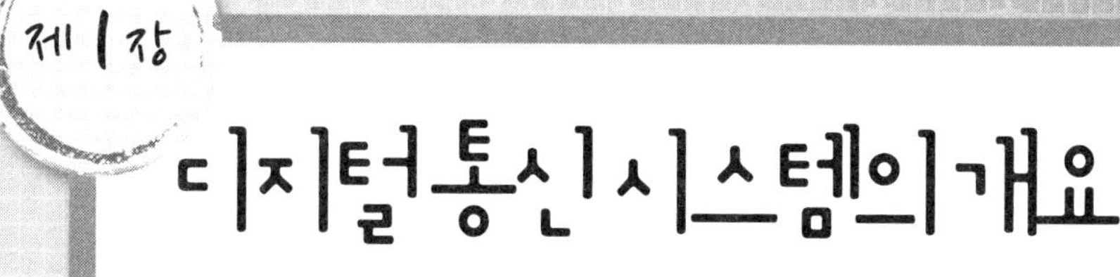

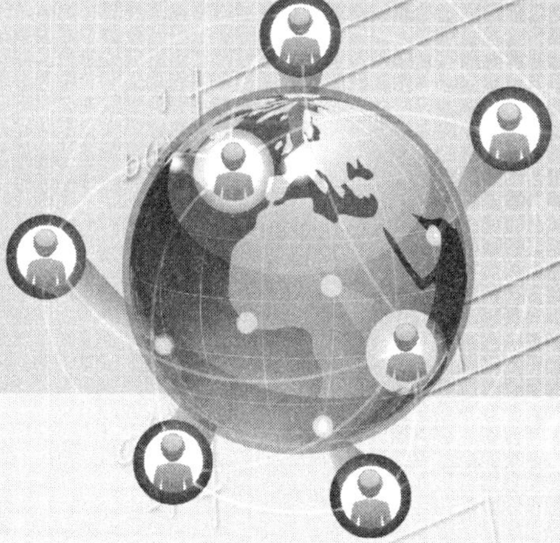

서론

통신 시스템이 가지는 궁극적 목적은 보내는 쪽인 송신단에서 받는 쪽인 수신단으로 정보를 전달하는데 있다. 대체로 송신단에서 메시지는 전기적 신호가 아닌 음성, 화상, 문자 등의 정보이지만 이 메시지는 시간적으로 변하는 전기신호 즉 전압 및 전류의 신호로 바꾸어 보내며 수신단에서는 받은 전기신호를 원래의 적절한 메시지 형태로 바꾸어 주게 된다. 송신단과 수신단은 서로 멀리 떨어져 있는 것이 보통이며 [그림 1.1]에 나타난 바와 같이 둘 사이에 매체로 연결되는 전기적 통로 즉 유무선 선로를 채널이라 한다. 채널에는 여러 가지 많은 형태가 존재할 수 있지만 대표적인 것들로 자유공간상의 전파, 동축케이블이나 전화선 그리고 광케이블을 들 수 있다. 어떤 형태이든 채널에서는 여러 가지 방식으로 전송신호가 왜곡되거나 품질이 떨어지게 되는

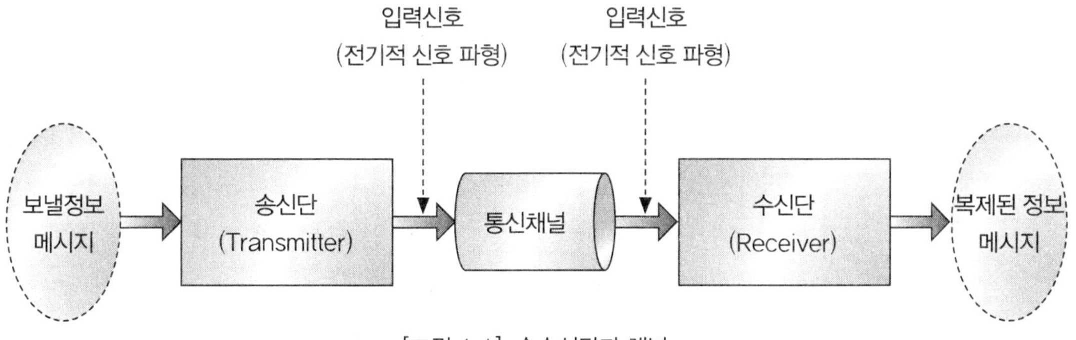

[그림 1.1] 송수신단과 채널

데 이것은 채널이 바람직하지 못한, 불안전한 상태인 경우와 잡음이나 간섭 신호등 원치 않는 전기신호가 채널 상에 존재하는 경우에 기인한다. 이러한 신호왜곡을 피할 수 있도록 하고 잡음의 영향을 최소화하도록 하여 송신단에 의해 보내진 메시지가 제대로 복원될 수 있도록 통신시스템의 송신단과 수신단이 잘 설계되어야 한다.

송신단에서는 입력신호를 곧장 채널에 연결하여 보내는 경우도 있을 수 있겠으나 채널을 거쳐 효율적으로 전송될 수 있도록 대개 입력 신호를 변형시켜 보내는 과정이 필요하다. 송신단의 이러한 신호처리 과정에 신호증폭, 대역 필터링, 그리고 변조가 있다. 이중에 가장 중요한 것이 변조이며 보다 정확히 정의한다면 채널이 지닌 특성에 잘 맞도록 송신신호 특성을 바꾸는 과정을 말한다. 예를 들어, 마이크에서 나온 음성전기신호는 주파수 대역이 5 kHz 라고 하였을 때 이 신호의 파장이 [파장=전파속도/주파수] 공식에 의해 300000000/5000 = 60000 미터가 되므로 곧장 안테나에 연결하여 무선으로 전송할 경우 전파를 타고 제대로 송신되기 위해서는 안테나 길이는 반파장인 30 킬로미터 이상의 길이가 되어야 한다. 그러므로 정보를 살리면서 높은 주파수의 고주파 전파로 정보신호를 변형시켜 보내는 과정이 필요하며 이것은 변조의 대표적인 한 형태가 된다.

수신단의 대표적 신호처리 과정은 송신단의 변조와 정반대인 복조과정이다. 이 기능은 전송된 신호가 채널을 타고 오면서 왜곡과 잡음으로 망가진 수신신호에서 원래의 송신신호를 추출해 내는 과정이다. 물론 복조 뿐 아니라 대역 필터링 및 증폭 또한 수신단에서 수행한다.

[그림 1.1]에 나타난 시스템의 모든 구성 요소들이 이상적이라 하면 수신단 출력신호는 송신단 입력신호와 일치하겠지만 실제 경우, 시스템의 각 요소마다 잡음과 왜곡이 신호에 더해지게 된다. 신호에는 항상 잡음성분이 함께 동반되기 때문에 우리에게는 잡음의 절대량 자체가 관심의 대상이 되지 않는다. 대신에 신호와 잡음이 존재하는 비율, 다시 말해서 신호 대 잡음비, SNR (Signal-to-Noise Ratio) 를 다루게 된다. 신호 대 잡음비는 신호진폭과 잡음진폭의 비율, 또는 신호전력과 잡음전력의 비로 정의되며 일반적으

로 데시벨 (dB) 을 단위로 다음과 같이 표현된다.

$$
\begin{aligned}
SNR(dB) &= 10\log(\text{신호전력}/\text{잡음전력}) \\
&= 10\log(\text{신호전압}^2/\text{저항} \div \text{잡음전압}^2/\text{저항}) \\
&= 10\log(\text{신호전압}/\text{잡음전압})^2 \\
&= 20\log(\text{신호전압}/\text{잡음전압}) \qquad (1.1)
\end{aligned}
$$

이상적으로는 신호 대 잡음비가 가능한 한 크게 나타나야 하며 잡음이 없는 경우 이론적으로 무한대가 된다. 그러나 실제의 경우 얻을 수 있는 신호 대 잡음비는 10 dB에서 50 dB 사이이며 10 dB 보다 작은 경우 잡음에서 신호가 구분되기가 쉽지 않게 된다. 잡음 낀 신호가 증폭되면 신호 뿐 만 아니라 잡음도 증폭되고 이로 말미암아 증폭기 자체가 신호 대 잡음비를 향상시키지는 못하며 증폭자체에도 잡음이 더해지므로 오히려 신호 대 잡음비를 악화시킬 수도 있다.

아날로그 통신 시스템의 중계기 (repeater) 는 바로 이 증폭기에 해당되기 때문에 신호 뿐 만 아니라 통신선로를 따라 축적되어온 잡음을 함께 수신하여 모두를 증폭하며 자신의 잡음까지도 더하므로 신호 대 잡음비 향상은 불가능하다. 다시 말해서 중계기는 자신에게 들어온 수신신호 중에 어느 부분이 원래 신호성분이고 어느 부분이 잡음 성분인지 구분해 낼 방법이 없기 때문에 둘 다를 증폭하는 것이다. 만약 중계기가 신호와 잡음을 구분해 내는 것이 가능하다면 신호성분만을 가려내어 전송하는 일이 가능해 질 것이고 이로 말미암아 신호 대 잡음비를 향상시킬 수 있을 것이다.

정해진 펄스간격에 몇몇 특정 진폭만의 펄스를 신호로 채택하여 전송한다면 중계기는 잡음 섞인 수신신호로부터 전송 펄스가 무엇이었는지를 구분해 낼 수 있게 되며 잡음성분을 제거해 낼 수 있게 되지 않을까? 중계기는 특정 진폭들 중에서 어느 것이 수신신호 진폭에 가장 근접한가를 비교 선택하고 선택된 진폭의 펄스를 재전송하면 잡음 없이 신호성분만 복원하여 전송할 수 있게 된다.

가장 간단한 진폭선정 방법으로 단지 두가지 진폭 +V, -V 만을 채택하는 것이다. 이는 이미 디지털 논리회로에서 이미 이루어지고 있으므로 누구나 쉽게 이해할 수 있을 것이다. +V 전압 레벨은 0을, -V 전압 레벨은 1을 나타내는 이러한 이진 방법이 우리 통신 시스템에 사용된다면 각 중계기는 들어온 신호가 0인지 혹은 1인지를 판정하기만 하면 되고 판정된 펄스를 재전송하면 된다. 이런 식으로 하게되면 각 중계기 출력에서 신호 대 잡음비가 원래 송신 신호의 신호 대 잡음비와 같게 될 수 있게 된다.

바로 이런 종류의 통신 시스템이 디지털 통신 시스템으로 불리며 신호 대 잡음비 견지에서 훨씬 우수한 성능을 가짐을 알 수 있다. 디지털 통신 시스템의 두 번째 장점으로 신호 파형을 다루는 대신에 1과 0이라는 수를 다루게 된다는 점이다. 이러한 숫자들은 간단한 논리회로를 사용할 수 있게 되고 필요에 따라 마이크로 프로세서에 의해 신호처리가 가능하다는 점이다. 전송상에 필요한 여러 신호처리 기능들이나 에러 복원, 비화 등에 필요한 복잡한 기능들도 쉽게 이루어 질 수 있다. 아날로그 시스템으로 이와 동일한 기능을 처리하는 데에는 어마어마하게 복잡한 하드웨어가 수반되거나 처리 불가능하다.

세 번째 장점으로 디지털 시스템은 어떤 신호세기도 전송 및 재생을 어려움 없이 해낼 수 있다는 처리범위의 광역성이다. 전축 판과 컴팩트 디스크를 예로 든다면, 아주 강한 소리는 홈 모양이 아주 큰 폭의 움직임으로 파져야 할 뿐 만 아니라 바늘이 이러한 홈의 변화에 미처 따라 움직이기가 불가능하며 역으로 아주 작은 소리 또한 문제가 된다. 그러나 디지털 리코딩의 경우 이러한 문제가 전혀 없다. 아주 작은 전압이든 아주 큰 전압이든 공히 같은 디지트 수로 만들어지기 때문이다.

물론 디지털 통신 방식에 단점이 없는 것은 아니다. 가장 우선 지적할 수 있는 단점으로 아날로그 통신 시스템과 비교할 때 주파수 대역폭을 더 차지한다는 점이다. 예를 들어 일반적인 AM 변조 통신 방식이 10 kHz, 단측파대 AM 통신 방식이 5 kHz의 대역폭으로 통신이 이루어지고 있으나 디지털 통신 방식을 채용할 경우 이보다 4배, 즉 20 kHz 이상의 대역폭이 요구된다.

또 하나 단점을 든다면 디지털 통신 시스템의 송신단과 수신단의 동기 맞추기 문제가 필요하게 된다는 점이다. 전송 펄스 및 프레임의 시작이 어디고 끝이 어디인지 정확히 서로 알고 맞추어야 올바른 전송이 가능하다. 특히 다중화 시스템에서는 그 중요성이 훨씬 대두된다. 그러나 동기 찾기 기술은 여전히 복잡하고 많은 비용을 필요로 하고 있다.

디지털 통신 시스템에 대한 이 짧은 서론을 통해 여러분은 아날로그 통신과 디지털 통신의 근본적 차이를 이해하였으며 이제 디지털 통신공학의 첫 문을 두드린 것이다.

디지털 통신 시스템의 구성요소

전체 통신 시스템의 개략적 흐름에 대한 관찰을 통해 디지털 통신에 대한 공부를 시작해보자. [그림 1.2]의 블록 다이어그램은 전형적인 디지털 송수신 시스템을 나타내며 각 블록의 기능과 역할이 명기되어 있다.

원천부호화, 채널 부호화, 기저대역 신호 전송, 디지털 변조 그리고 대역확산 등의 위쪽에 나타난 블록들은 마이크나 센서 등을 통해 얻은 아날로그 전기신호로부터 유선 케이블이나 광케이블에 이어지는 전송장치 또는 안테나에 연결될 RF증폭기까지의 신호 흐름을 나타내고 있다. 아래의 블록들은 위의 블록들과 역관계를 가지며 케이블이나 안테나의 수신기로부터 메시지 및 정보의 복원에 이르는 신호 변환 단계를 나타낸다. 이 모든 신호변환 단계에서 원천부호화와 복호화, 변조와 복조단계는 디지털 통신 시스템에 필수이며 다른 처리단계들은 특정한 시스템 요구사항에 따라 선택하여 사용하게 된다. 채널 부호화 앞단에서 있을 암호화과정이나 다중화도 선택사항으로 쓰이고 있으며 원천부호화 단계에서 다른 입력들로 다중화한다거나 채널 부호화 전에서 다중화하는 과정 등 블록도의 순서 또한 경우에 따라 다른 순서로 구현되기도 한다.

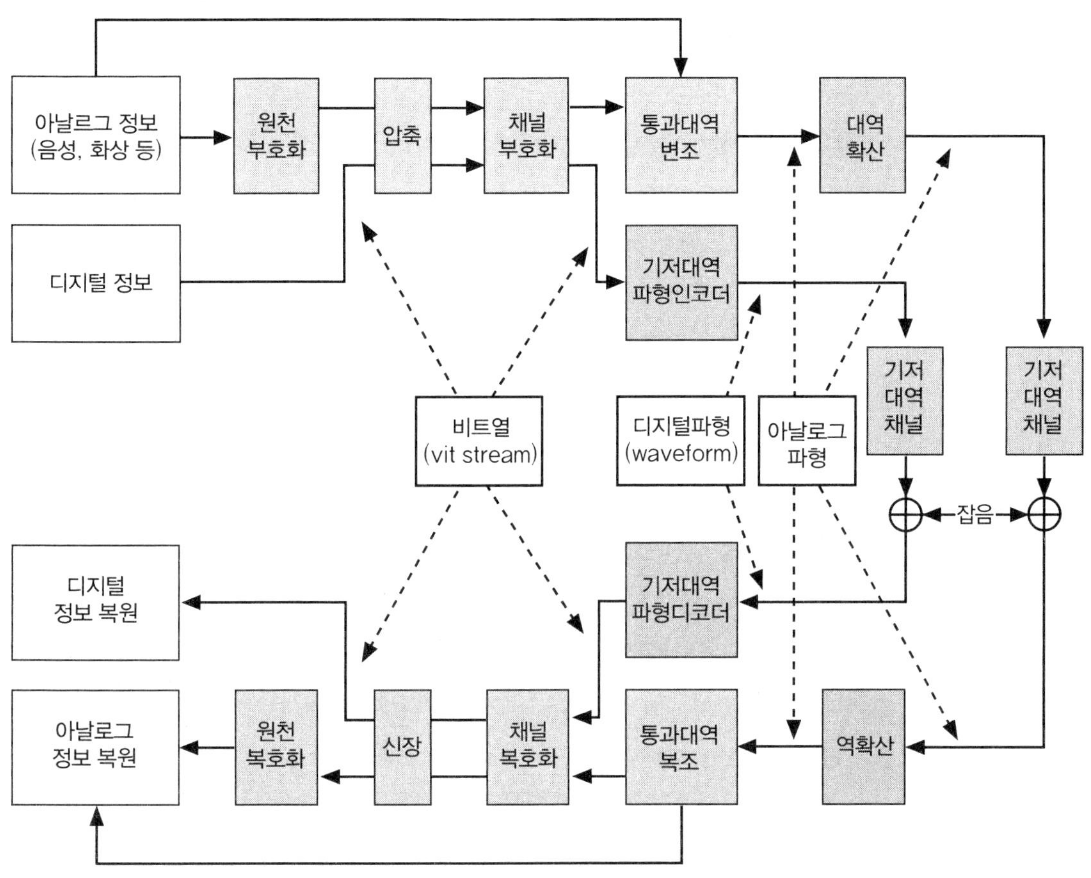

[그림 1.2] 디지털 통신 시스템의 전체 구성도

그러나 [그림 1.2]는 가장 주요하게 사용되는 핵심단계와 전형적인 순서에 따라 대표적인 디지털 통신 시스템으로 구성하였다. 각 단계의 역할 및 기능을 이 절에서 간단하게 소개한다.

원천부호화 단계는 표본화(sampling), 양자화, PCM 에 의해 아날로그 신호를 디지털 비트 열로 바꾸는 A/D 과정과 정보량의 줄일 수 있는 부분을 줄이는 정보량 압축과정이 여기에서 이루어진다. 표본화에 의해 이산신호가 얻어지며 일정한 가지 수의 레벨을 정해놓고 이 이산신호가 어느 레벨에 속하는가를 판정하는 양자화 과정을 거쳐서 일련의 심벌 (symbol) 이 만들어진다. 이 일련의 심벌에 코드워드를 할당함으로써 이진 비트 열을 만드는 과

정의 대표적인 방법이 PCM 이다. 코드워드 할당의 가장 간단한 방법은 들어오는 각 심벌에 고정된 비트 수의 이진 코드워드를 할당하는 것으로 예를 들어 32개 레벨이 정해진 상태에서 00000부터 11111 까지 5비트 코드워드를 32가지 심벌들에 할당할 수 있다. 초당 10개의 심벌이 만들어지고 있는 속도라면 50 bps 의 디지털 비트가 보내질 것이다.

고정 길이의 코드워드 생성 방법은 각 심벌이 동일한 확률빈도로 독립적으로 발생하는 상황에서만 효율적이라 할 수 있다. 대부분 실제 환경에서는 심벌들이 통계적 독립이지 못하며 발생확률빈도가 서로 다르다. 이러한 상황에서는 연이은 심벌들을 블록으로 묶어 각 블록마다 가변 길이의 코드워드를 할당한다 던가 발생확률이 큰 심벌에는 짧은 코드워드를 할당하고 발생확률이 작은 심벌에는 긴 코드워드를 할당하여 평균 코드워드 길이를 줄이는 허프만(Huffman) 압축기술도 활용된다. 수신기의 원천 복호화 단계에서는 이와 역으로 코드워드로부터 D/A 변환과정에 의해 원래의 아날로그 정보 신호가 복원될 수 있다. 이 모든 원천부호화 기술들 중에서 이 책의 4장에서는 정보이론과 관련된 정보원의 부호화 기법에 대하여 다루고 있다.

송신단에서 채널을 통해 심볼을 수신단으로 전송하면, 채널 상에서는 잡음, 페이딩, 재밍 등과 같은 저해 요소가 영향을 미쳐 수신된 심볼들에는 에러가 포함되게 된다. 수신단에서 이러한 에러를 제어하기 위한 방법으로는 자동반복요청 (ARQ) 기법과 순방향 에러 정정 기법 (FEC)이 있다. 자동반복요청 (ARQ) 기법은 에러가 발견될 때 마다 송신단에 재전송을 요구하는 방법으로 무선통신에서는 거의 사용되지 않고 있다. 순방향 에러 정정 기법(FEC)은 에러가 있다면 에러의 위치를 찾아 정정을 할 수 있는 만큼 정정을 하고 그 이상의 에러는 그대로 두는 방법으로 무선통신에서 선호되는 방법이다. 수신단에서 에러를 정정하기 위해서는 송신단에서 잉여비트를 부가하는 부호화를 수행하여야 하며 수신단에서는 이러한 잉여비트를 이용하여 에러를 정정하는 복호화 과정을 수행하여야 한다. 즉 에러정정부호를 사용하여야 한다. 이 책의 4장에서는 에러정정부호로 블록 부호, 순환 부호, 콘볼루션 부호의 부호화 및 복호화 알고리듬에 대하여 자세히 다루고 있다.

변조란 채널 코딩 단에서 코드화 된 심벌 즉 코드워드를 전송채널에 적합한 특정 파형으로 바꾸는 과정을 말한다. 변조기에서는 데이터를 반송파에 실어 보내는 역할을 하며 복조기에서는 반송파에 실린 데이터를 복원해 내는 역할을 하는 것으로 변조기와 복조기를 합하여 모뎀이라 부른다. 디지털 변조에는 각 심벌에 따라 진폭을 변화시키는 ASK 방식, 각 심벌에 주파수를 달리 변화시키는 FSK 방식 그리고 각 심벌에 위상을 달리 할당하는 PSK 방식 등이 있으며 변조되어 전송된 신호의 위상을 고려하여 설계된 복조방식을 동기(coherent) 방식, 그렇지 않은 복조 방식을 비동기(noncoherent) 복조 방식이라 한다,

스펙트럼 확산 기법은 다중화 기술과 마찬가지로 어떤 목적인가와 어떤 기술을 사용하느냐에 따라 시스템 블록도의 어느 위치에나 놓일 수 있으나 대체로 변조부 이후에 놓여 주파수 스펙트럼을 확산시키는 방식으로 받아들여지고 있다. 이 기술은 변조된 신호가 주파수 영역에 확산되도록 하여 송신하고 수신 후 역확산 과정을 수행하여 간섭신호에 강인한 특성을 얻을 수 있으며 확산 및 역확산 방법에 송수신기마다 고유한 방법을 할당함으로서 다른 송수신기는 이 들의 정보를 복원할 수 없게 하는 비화 통신이 가능하게 해준다. 대역확산 방식에는 매 비트마다 서로 약속된 고속의 랜덤 이진 비트 열을 곱해주는 직접확산 (DS) 방식과 넓은 주파수 영역상에 송신 신호의 스펙트럼을 서로 약속된 랜덤 패턴으로 천이 시키는 주파수 도약 (FH) 방식이 있다. DS에서는 고속의 랜덤 이진 비트 열로 정보가 바뀌므로 주파수 대역은 확산되고, FH 에서는 넓은 대역에 걸쳐 랜덤하게 도약하므로 주파수 대역이 확산된다. 이 랜덤 패턴의 이진 비트 열을 유사 잡음 부호 (PN) 이라 한다. 본 책의 5장에서는 대역확산기법에 대하여 자세하게 다루고 있다.

변조나 대역확산을 통과한 통과대역 신호는 전력 증폭기와 안테나를 거쳐 통신 채널을 통하여 전송된다. 이 채널에 대해서는 다음절에서 보다 깊이 다루고자 한다. 채널을 통과한 신호는 잡음과 왜곡 및 간섭신호의 영향을 받게 된다. 따라서 수신신호는 송신단에서 이루어 졌던 과정들의 역과정을 거쳐가

며 원래 정보 메시지로 복원된다. 이를 위해 대역확산의 역과정인 역확산 과정에 의해 간섭신호가 제거되고 복조과정에 의해 잡음제거와 왜곡 복원이 이루어진 디지털 비트 열로 바뀐다. 그러나 이 비트 열에는 채널과 복조를 거치면서 발생한 에러 비트가 있을 수 있다. 이러한 에러 비트를 정정하기 위해 채널 디코딩 과정이 필요하며 정정된 디지털 비트 열은 원천 디코딩 과정에 의해 원래의 정보 메시지인 음성이나 화상으로 복원되는 것이다.

디지털통신 시스템을 이해하기 위해서는 푸리에 급수, 푸리에 변환, 신호 및 선형 시스템 해석, 확률 및 랜덤과정 등에 대한 수학적 개념을 숙지하고 있는 것이 필수적이다. 그러나 많은 학생들이 이러한 수학적 도구들을 이해하는데 많은 어려움을 느끼고 있음을 인지하고 본 책의 2장과 3장에서는 가능한 다양하고 많은 예제를 통하여 기본 개념을 파악할 수 있도록 하였다.

통신 채널 모델링

1 이산채널

우선 알아두어야 할 점은 "통신 채널"이라는 용어가 여러 다른 의미를 가지고 있으며 어디까지의 기능을 포함할 것인가에 따라 통신채널이라는 정의가 달라진다. 이를 도식적으로 보이기 위해 다음 [그림 1.3]에 3가지 통신채널의 범위를 나타내었다.

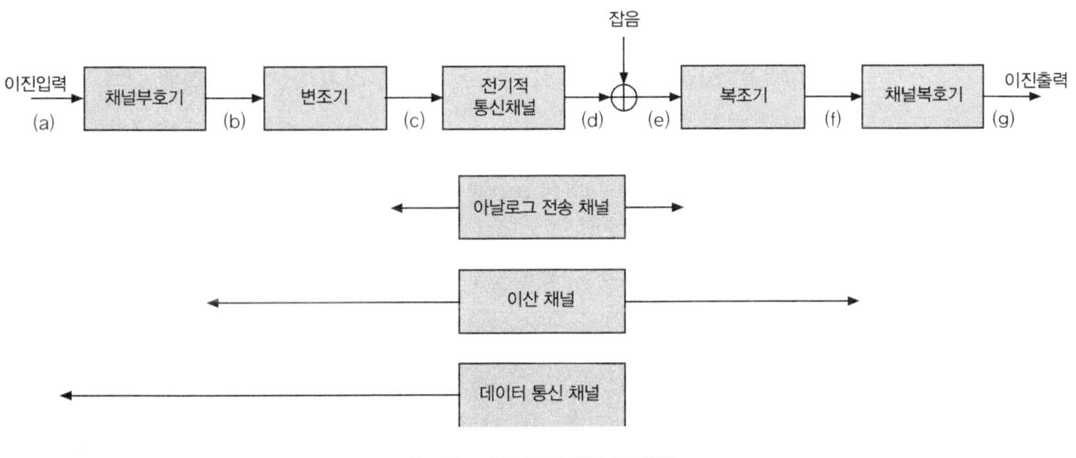

[그림 1.3] 통신채널의 범위

데이터 통신 시스템의 견지에서 본 통신채널은 (a)에서 (g)까지 이며 이 경우 내부의 자세한 기능들이나 신호의 변환, 흐름에 대해서 관심을 두지 않는다. 그러나 디지털 통신 시스템 설계의 견지에서는 크게 두 가지 부류로 나누어 통신 채널로 분류하고 있는데 첫째가 이산채널 모델로서 [그림 1.3]의 (b)에서 (f)까지 과정을 통신채널로 보는 경우이다. 이 경우는 변조기, 전기적 유무선 선로인 물리적 채널, 잡음이 더해지는 과정, 복조기까지를 묶어 채널로 보고 있으며 이 채널에 들어가는 신호와 나오는 신호가 모두 디지털 비트 열로 나타나기 때문에 우리는 종종 이산채널 (discrete channel) 이라고 한다.

둘째는 아날로그 전송채널로서 변조기 이후부터 복조기 이전까지를 가리킨다. 이 경우는 실제 물리적 유무선 선로를 따라 아날로그 및 디지털 정보가 실린 연속적인 전기 신호 파형이 전달되며 잡음이 부가되는 과정으로 다음절에서 다루고 있다. 이 경우는 변조기, 전기적 유무선 선로인 물리적 채널, 잡음이 더해지는 과정, 복조기까지를 묶어 채널로 보고 있으며 이 채널에 들어가는 신호와 나오는 신호가 모두 디지털 비트 열로 나타나기 때문에 우리는 종종 이산채널 (discrete channel) 이라고 한다. 둘째는 아날로그 전송채널로서 변조기 이후부터 복조기 이전까지를 가리킨다. 이 경우는 실제 물리적 유무선 선로를 따라 아날로그 및 디지털 정보가 실린 연속적인 전기 신호 파형이 전달되며 잡음이 부가되는 과정으로 다음절에서 다루고 있다.

앞서 언급하였듯이 이산채널 모델에서는 이진 비트 열이 채널모델로 들어가고 다시 이진 비트 열 형태로 나오는 채널 모델로서 내부 물리적 채널 및 변복조 부분을 무시하고 있는데 이러한 채널모델은 발생하는 비트나 워드 에러의 검출 및 정정 과정을 다루는데 대단히 유용하여 코딩 채널이라고 부르기도 한다.

이 채널 모델은 채널 입력이 i 번째 심볼일 때 채널 출력에서 i 또는 j 번째 심볼로 천이될 확률들로 구성된다. 이러한 천이 확률들은 변조기, 전송선로, 잡음, 복조기 등의 성능 파라미터에 의존하여 결정되는 값들이다. 그러나 채널 인코더와 디코더 설계에 주안점을 두고 설계하는 시스템 설계자에게는 이러한 내부 단계의 파라미터에 신경을 쓸 필요가 없으므로 주어진 확률들에 의거하여 채널 인코더와 디코더를 설계하기만 하면 된다.

[그림 1.4]에 이산 채널의 대표적인 모델인 이진 대칭 채널 (binary symmetric channel; BSC)을 나타내었다. 여기에는 두 개의 전송 심벌 (X=0, X=1) 과 두 개의 수신 심벌 (Y=0, Y=1)이 있고 전송 심벌의 발생 확률이 다음과 같이 표현되고,

$$P(X=0) = \alpha, \quad P(X=1) = 1-\alpha \tag{1.2}$$

천이 확률을 다음과 같이 나타낸다.

$$P(Y=1/X=0) = P(Y=0/X=1) = p \tag{1.3}$$

$$P(Y=0/X=0) = P(Y=1/X=1) = 1-p \tag{1.4}$$

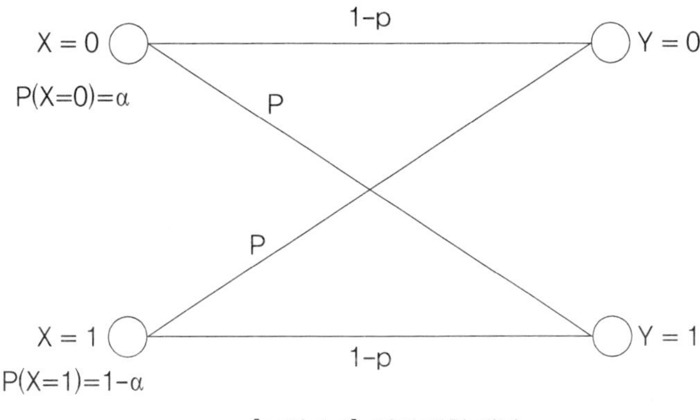

[그림 1.4] 이진 대칭 채널

즉, 약한 신호 전력 및 강한 잡음의 관계로 에러가 발생할 확률이 p일 때, 옳게 수신될 확률은 1-p가 된다. 복조기는 결과를 0 과 1, 단 두 개의 이산적 량만으로 판정하여 출력하므로 이 경우를 경판정 (hard decision) 이라 부른다. 그러나 이 채널 모델을 일반화 시켜 이산적 입력 심볼에 대하여 잡

음의 영향을 보다 자세히 고려한 연속적인 량의 출력이나 어느 정도 양자화한 많은 이산 값들에 대해 그 확률들을 고려해 볼 수 있다. 이 경우를 연판정 (soft decision) 이라 한다. 당연히 시스템이 복잡해지나 성능이 우수할 것이라 예상할 수 있을 것이다.

2 아날로그 전송채널

[그림 1.3]에서 점 b에서 점 f까지의 채널은 변조기 이후와 복조기 이전을 가리키며 아날로그 전기신호가 실제 전달된다. 여기서 전력 증폭기나 송수신 안테나를 변조기와 복조기에 포함한 경우로 보기도 하고 따로 구분하여 설계하기도 한다. 이러한 채널로는 트위스트 와이어 (꼬아 만든 전선으로 가정 전화기에 연결된 선이나 군용 통신 삐삐선 등을 의미함), 동축 케이블 (coaxial cable), 광섬유 케이블 (optical fiber, fiber-optic cable), 전파 (radio wave) 등을 들 수 있다.

트위스트 와이어는 두 가닥의 구리선을 꼬아 놓아 용량성 및 유도성 잡음의 영향을 줄이도록 하였으며 주로 낮은 주파수의 통신, 저속 데이터 통신에 사용된다. 허용 대역폭은 거리에 따라 크게 감소하므로 짧은 거리는 MHz 대 주파수가 가능하나 장거리는 KHz 대 주파수로 한정된다. 이를 보완하여 대역폭을 크게 늘린 것이 동축 케이블이며 광섬유 케이블은 이보다 훨씬 넓은 대역폭과 강한 잡음 면역성을 지닌다.

무선 채널로 1 MHz 영역의 라디오 주파수 (radio frequency) 는 수평선 너머까지 수신이 가능하나 500 MHz 영역의 UHF 주파수대는 그 직진성 때문에 송수신단이 서로 보이는 상태 (line-of-sight)가 되어야 하며 안테나는 사이의 장애물, 산이나 건물을 피할 수 있도록 세워 져야 한다.

한편, 허용 대역폭에 따라 채널을 분류하기도 한다. 즉, 300 Hz 부터 4 kHz 의 대역폭을 음성대역 채널 (voiceband channel) 로, 4 kHz 이상의 대역폭을 가지는 채널을 광대역 채널 (wideband channel) 로 구분하기도 한다.

이와 다른 분류 중에 하나인 다중 경로 채널이란 송신기와 수신기 사이에 전달 경로가 하나 이상인 경우로서 대기층 반사 및 굴절에 의한 경로와 건물이나 산, 언덕 등에 반사되어 오는 경로 등, 각각 다른 지연과 감쇠를 통해 온 신호들이 합하여져 수신되는 경우로서 수신 신호 레벨에 심한 변동을 낳는다. 이러한 현상을 다중 경로 페이딩 (multipath fading) 이라 한다.

채널에서 일어나는 순수한 지연과 일정한 감쇠 외의 모든 현상들을 왜곡으로 고려한다. 채널 출력 신호 y(t) 가 채널 입력 신호 x(t)와 같아 보일 때 우리는 y(t)에 왜곡이 없다고 말한다. 그러나 주파수 영역에서 보았을 때 무왜곡 전송을 위한 채널의 조건은 해당 주파수 대역 내의 모든 주파수 성분 f 에 대해 일정한 크기 (flat) 의 전달 특성을 가져야 하며 주파수 f 에 대해 위상은 -상수 기울기 ($-t_d$) 의 일차직선 특성, 즉 선형 위상 특성을 가져함을 알 수 있다. 이 부분은 이 책 2.2.3 절 선형 시스템의 전달 특성에 자세히 설명하고 있다.

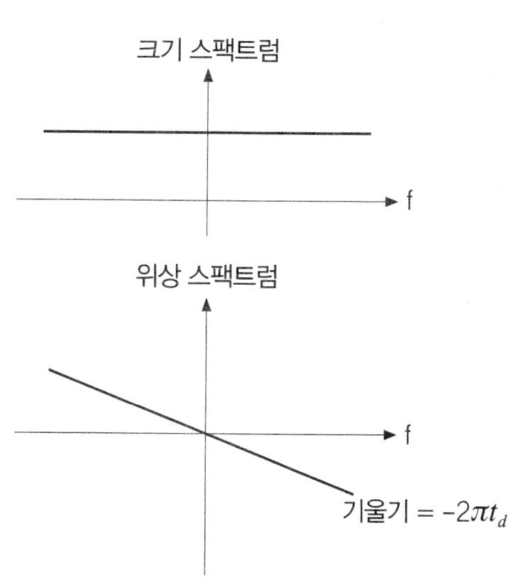

[그림 1.5] 무왜곡 채널의 주파수에 대한 진폭 및 위상 특성

실제 전화선 채널은 위와 같은 전달 특성을 나타내지 못하고 있다. [그림 1.6]은 전화선 채널의 전형적인 주파수별 진폭 및 위상 특성을 나타내고 있다. 300 Hz부터 3000 Hz 정도만이 쓸만하고 그 외의 대역에서는 큰 왜곡이 있음을 관찰할 수 있다.

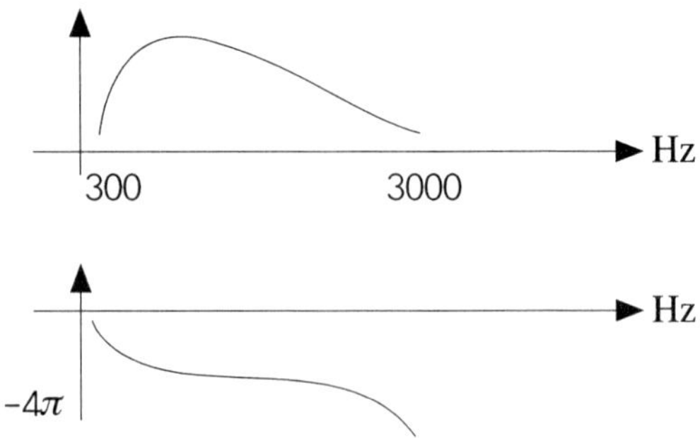

[그림 1.6] 실제 전화선 채널의 주파수에 대한 진폭 및 위상 특성

주파수 대역 한정, 잡음, 지연, 감쇠, 왜곡, 페이딩 등의 결함들이 디지털 통신에 에러를 만들며 채널을 타고 보내질 데이터의 전송률에 한계를 부과한다. 이를 분석한 Shannon은 에러 없이 전송될 수 있는 최고 속도에 대한 공식을 유도해 내어 채널용량이라 하였으며 그 수식은 다음과 같다. 여기서 B 는 채널의 대역폭, S/N은 신호 대 잡음비를 가리키며 C는 채널 용량이다.

$$C = B\log(1+S/N) \tag{1.5}$$

이 관계식은 대역폭과 신호 대 잡음비가 주어질 때 개발할 통신 시스템 성능의 상한선을 부여한다. Shannon의 채널용량에 대해서는 이 책 4.3 절에서 보다 상세히 다루고 있다.

참고문헌

J. G. Proakis, Digital Communications, second edition. McGraw-Hill, 1989.

M. S. Roden, Analog and Digital Communication Systems, third edition,
Prentice-Hall, 1991.

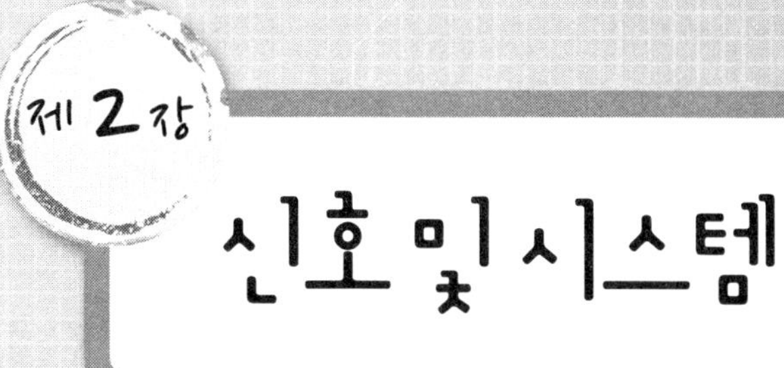

01. 푸리에 변환

02. 신호 및 선형 시스템 해석

통신이란 물리 매체를 통해 정보(information)를 전송하는 것이며, 정보는 일반적으로 전기신호(electrical signal) 혹은 광신호(optical signal)로 전송된다. 따라서 통신은 이러한 신호들을 생성하고 전달하며 복원하는 시스템(system)을 통해 신호를 목적지까지 전송한다. 통신 시스템에는 전송되는 통신신호(communication signal)는 크게 연속 신호(continuous signal)와 이산신호(discrete signal)로 나눌 수 있다. 예를 들어, 무선 통신(wireless communication)에서 안테나로 무선 공간에 전파되고 수신기에 수신되는 신호는 연속 신호파형(continuous waveform)이며 이 신호가 전파되는 매체는 연속 시스템(continuous system)이다. 한편, 디지털 통신 시스템에서는 아날로그 연속 신호를 표본화(sampling)하여 디지털 이산신호(discrete signal) 형태로 만든 다음 암호화, 오류 정정 부호화 등의 디지털 신호처리과정을 수행하게 된다. 다라서 통신 시스템을 이해하고 분석하며 설계하기 위해서는 연속시스템과 연속 신호, 이산 신호와 이산 시스템을 모두 이해해야 한다. 특히 이와 같은 통신 시스템과 통신 신호를 분석하기 위해서는 시간 영역뿐만 아니라 주파수 영역에서의 이해가 필수다.

본 장에서는 통신 신호와 통신 시스템을 이해하는 데 필요한 기본적인 해석 기법을 설명하고, 이를 이산 신호와 연속 신호 관점에서 설명한다. 특히 통신 시스템과 통신 신호를 주파수 영역에서 해석할 때 강력하게 사용되고 있는 푸리에 변환(Fourier transform) 기법을 설명한다. 또한, 랜덤 특성이 있는 통신 신호의 주파수 스펙트럼을 얻는 데 필요한 전력 밀도 스펙트럼과 에너지 밀도 스펙트럼에 대해서도 알아본다.

푸리에 변환

1 푸리에 급수

주기가 T_0인 주기적인 신호는 다음과 같은 크기 및 주파수가 각각 다른 무수히 많은 정현파들의 합으로 표현이 가능하다. 즉,

$$s_T(t) = \sum_{n=0}^{\infty} a_n \cos(n2\pi f_0 t) + \sum_{n=0}^{\infty} b_n \sin(n2\pi f_0 t) \qquad (2.1)$$

또는,

$$s_T(t) = a_0 + \sum_{n=1}^{\infty} a_n \cos(n2\pi f_0 t) + \sum_{n=1}^{\infty} b_n \sin(n2\pi f_0 t) \qquad (2.2)$$

이 수식을 푸리에 시리즈 (Fourier Series) 또는 푸리에 급수로 부르며 여기서 $f_0=1/T_0$이며 f_0(Hz, 헤르쯔)를 기본주파수 (fundamental frequency)라 한다. 기본 주파수의 정수배 주파수 성분 정현파가 가지는 크기들은 다음과 같이 구해진다.

$$\begin{aligned} a_0 &= \frac{1}{T}\int_{-T/2}^{T/2} s_T(t)\ dt \\ a_n &= 2\frac{1}{T}\int_{-T/2}^{T/2} s_T(t)\ \cos n2\pi f_0 t \quad dt \\ b_n &= 2\frac{1}{T}\int_{-T/2}^{T/2} s_T(t)\ \sin n2\pi f_0 t \quad dt \end{aligned} \qquad (2.\ 3)$$

그러나 이러한 방정식들은 디지틀 통신에 그리 자주 쓰이지 않는다. 대부분의 경우 sin과 cosine을 복소 형태로 바꾸어 표현한 복소 형태 푸리에 급수가 쓰이고 있다.

$$s_T(t) = \sum_{n=-\infty}^{\infty} C_n e^{jn2\pi f_0 t} \quad (2.4)$$

이때,

$$C_n = \frac{1}{T}\int_{-T/2}^{T/2} s_T(t) e^{-jn2\pi f_0 t}\, dt \quad (2.5)$$

주기신호 $s_T(t)$가 실신호(real signal)인 경우, 푸리에 계수 C_n은 음의 주파수 및 양의 주파수 모두에 나타나며 크기는 양쪽 대칭이고 위상은 기함수 형태가 된다.

[예제 2.1] [그림 2.1]과 같은 주기 신호인 구형파 펄스열에 대해 푸리에 계수 C_n을 구하고 주파수 영역에서 어떤 크기 분포를 가지는지 그려보시오.

[풀이] [그림 2.1] 에 나타낸 구형파 펄스열은 진폭이 K이고 펄스 폭이 a이며 주기가 T인 주기신호이다.

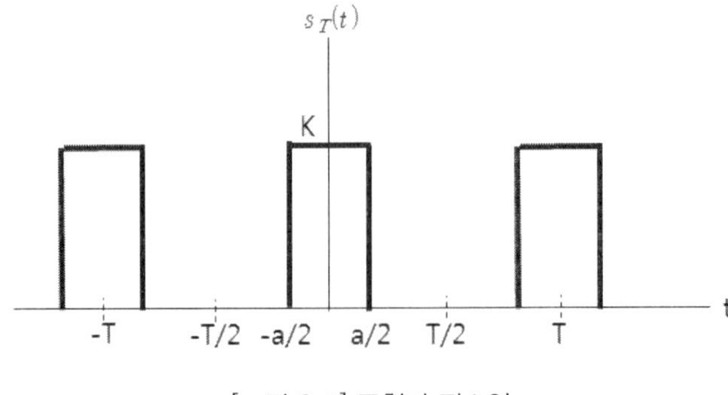

[그림 2.1] 구형파 펄스열

그러므로 기본 주파수 f_0는 $1/T$가 된다. 푸리에 계수를 구하기 위해 한 주기 내로 적분을 시행하면 다음이 얻어진다.

$$\begin{aligned} C_n &= \frac{1}{T}\int_{-T/2}^{T/2} s_T(t)e^{-jn2\pi f_0 t}dt \\ &= \frac{1}{T}\int_{-a/2}^{a/2} Ke^{-jn2\pi f_0 t}dt \\ &= \frac{K}{-jn2\pi f_0 T}(e^{-jn2\pi f_0 a/2} - e^{+jn2\pi f_0 a/2}) \\ &= \frac{2K}{n2\pi f_0 T}\frac{(e^{+jn2\pi f_0 a/2} - e^{-jn2\pi f_0 a/2})}{2j} \\ &= \frac{K}{T}\frac{\sin n\pi f_0 a}{n\pi f_0} \end{aligned} \tag{2.6}$$

sin(x)는 x 가 0, ±1π, ±2π, …에서 0 되며 x=0에서는 극한값의 원리에 의해 sin(x)=x됨을 유의하면 이 결과를 [그림 2.2]로 나타낼 수 있다. 자주 쓰이는 함수로 sinc(x)= $\frac{\sin \pi x}{\pi x}$ 로 표현하면 푸리에 계수 C_n은 다음과 같다.

$$C_n = \frac{Ka}{T} sinc(nf_0 a) \tag{2.7}$$

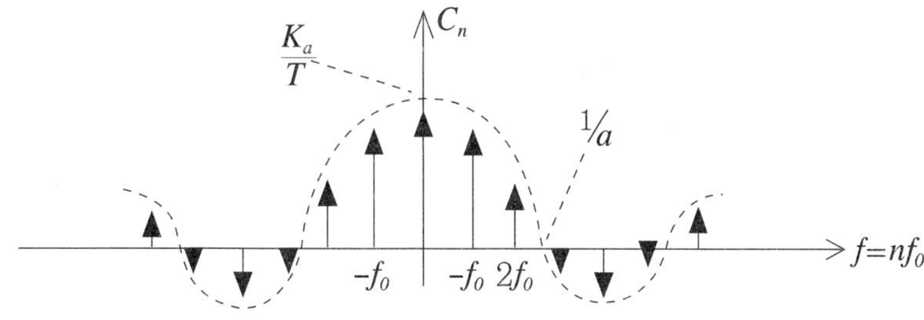

[그림 2.2] 구형파 펄스열에 대한 주파수 영역의 선 스펙트럼

[그림 2.2]의 구형파 펄스열에 대한 주파수 영역의 선 스펙트럼으로부터 다음과 같은 중요한 세 가지 결과를 관찰 할 수 있다.

첫째, 주기 신호는 모든 주파수 성분을 갖는 것이 아니라 반드시 기본 주파수의 정수배 주파수들만 가지는 선스펙트럼 (line spectrum) 으로 표현된다.

둘째, 선스펙트럼의 주파수 간격은 1/주기이며, 단지 신호 주기에 의해 결정될 뿐 한 주기 내 파형 모양과는 무관하다.

셋째, 대역폭에 중요하게 사용되는 스펙트럼의 퍼진 모양 및 퍼진 정도 (위 그림의sinc(x) 함수가 나타내는 모양)는 오로지 펄스의 모양에만 의존하며 주기와 무관하다.

위 구형파 펄스열에서는 펄스지속간격 a 에 의해 스펙트럼이 퍼진 모양은 1/a [Hz]에서 0으로 떨어지고 다시 2/a, 3/a 등 1/a의 정수배 헤르쯔마다 0 이 된다. 그러나 선스펙트럼은 a 와 무관하게 1/T 헤르쯔마다 나타난다. 또한 0 헤르쯔, 즉 직류 성분의 크기는 주어진 주기신호의 평균을 구하여 얻을 수 있다.

2 푸리에 변환

주기신호에 대해서 우리는 그 스펙트럼이 이산적인 주파수 성분들, 기본 주파수 성분과 그 고조파 (harmonics) 성분들로 분포되어 있음을 관찰하였다. 그러나 비주기 신호에 대한 스펙트럼은 이산적 주파수 성분들로는 원래 신호 합성이 불충분하여 연속 스펙트럼 성분들로 구성된다. 이 때의 스펙트럼을 구하는 과정이 푸리에 변환이라 정의되며 임의 신호 $x(t)$의 푸리에 변환을 $FT[x(t)] = X(f)$로 정의할 때 그 변환 식은 다음과 같다.

$$X(f) = \int_{-\infty}^{\infty} x(t)\ e^{-j2\pi ft}\,dt \qquad (2.8)$$

역변환 관계식은

$$x(t) = \int_{-\infty}^{\infty} X(f)\ e^{+j2\pi ft} df \tag{2.9}$$

주기신호의 주기를 무한대로 보내는 경우를 생각해 보자. 이 경우 주기신호는 한 주기 내 신호만 남고 다음 주기의 신호파형은 보이지 않게 되어 결국 비주기 신호가 된다. 거꾸로 비주기 신호를 주기신호화 해 보자. 이 경우 같은 파형이 반복되는 주기신호로 만들고 단지 주기가 무한대라는 단서를 달면 혼자 남게 되므로 주기신호화가 가능해 진다. 물론 주기를 무한대로 보낸다함은 선스펙트럼 간격 Δf를 0 으로 보낸다는 것이 되어 연속 스펙트럼화 됨을 알게 될 것이다. 이 기법을 도입하여 위 관계식을 유도해 보자.

주기신호에 대한 푸리에 급수를 다음과 같이 다시 쓰자.

$$x_T(t) = \frac{1}{T} \sum_{n=-\infty}^{\infty} X_n e^{jn2\pi f_0 t} \tag{2.10}$$

$$X_n = \int_{-T/2}^{T/2} x_T(t) e^{-jn2\pi f_0 t} dt \quad , \quad f_0 = \frac{1}{T} \tag{2.11}$$

선스펙트럼 간격 Δf는 f_0이므로 1/T대신에 Δf를 대입하자.

$$x_T(t) = \sum_{n=-\infty}^{\infty} X_n e^{jn\omega_0 t} \Delta f \tag{2.12}$$

주기에 대해 $T \rightarrow \infty$는 $\Delta f \rightarrow df$이므로 주기신호 $x_T(t)$는 비주기 신호 $x(t)$로, 불연속 합은 연속 적분으로 바꾸어질 수 있으며 다음과 같은 연속 스펙트럼 $X(t)$를 얻게 된다.

$$X(f) = \lim_{T \rightarrow \infty} X_n \tag{2.13}$$

따라서 $x(t)=\int_{-\infty}^{\infty} X(f)\ e^{j2\pi ft}dt$ 가 구해진다. 또한

$$X(f)=\int_{-\infty}^{\infty} x(t)\ e^{-j2\pi ft}\,dt \tag{2.14}$$

이 유도과정에서 주기신호의 선스펙트럼 C_n과 비주기 신호의 연속 스펙트럼 $X(f)$ 사이 관계를 알 수 있다. 식 (2.5), (2.11) 그리고 (2.13)을 종합해 보면 다음과 같은 관계를 가진다.

$$C_n=\frac{1}{T}X(f),\quad f\rightarrow nf_0 \tag{2.15}$$

이 관계식으로부터 우리는 두 가지 중요한 결과를 얻을 수 있다.

첫째, 비주기 신호에 대한 연속 스펙트럼도 주기신호의 경우에서처럼 실신호에 대해 그 스펙트럼의 크기가 우함수 대칭을 이루며 위상은 기함수 관계를 가진다.

둘째, 주기신호 선스펙트럼을 구하고자 할 때 한 주기만을 고려해 비주기 신호로 보고 식 (2.15)에 의해 구하는 것이 편리하다는 점이다.

[예제 2.2] $t=-a/2$에서 $t=a/2$까지만 값 1을 갖는 펄스를 사각펄스라고 하고 다음과 같이 정의된다.

$$rect(t/a)=\begin{cases}1 & -a/2<t\le a/2\\ 0 & \text{그 외}\end{cases}$$

[그림 2.1]의 구형파 펄스열에서 하나의 사각신호만을 골라 푸리에 변환하여 보라. 즉, 다음과 같은 사각신호에 대한 푸리에 변환를 구하라.

$$x(t)=K\cdot rect(t/a)=\begin{cases}K & -a/2<t\le a/2\\ 0 & \text{그 외}\end{cases} \tag{2.16}$$

[풀이] 식 (2.16)을 식(2.14)에 대입하면 다음과 같은 싱크(sinc) 신호 형태의 푸리에 변환을 얻게 된다.

$$X(f) = \int_{-a/2}^{a/2} K\ e^{-j2\pi ft}dt$$
$$= Ka\frac{\sin\pi fa}{\pi fa}$$
$$= Ka \cdot \mathrm{sinc}(fa) \qquad (2.17)$$

사각펄스신호 $x(t)$와 푸리에 변환된 신호 $X(f)$를 [그림 2.3]에 나타내었다.

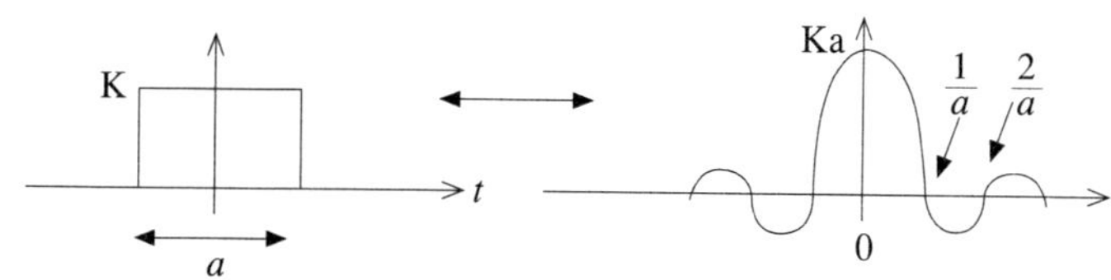

[그림 2.3] 사각펄스신호와 그 스펙트럼

[그림 2.2]와 [그림 2.3] 그리고 식 (2.7)과 식 (2.17)을 비교해 보면 앞에서 언급했던 두 신호인 주기신호와 비주기 신호의 스펙트럼 관계를 잘 알 수 있다. 이제 식(2.16)과 식 (2.17) 그리고 [그림 2.3]에서 관찰할 수 있는 중요한 결과는 다음과 같다.

스펙트럼상에 대부분의 주성분이 주파수 $f=1/a$내에 존재하고 있다. 따라서 이 주파수까지를 신호의 스펙트럼 대역폭으로 보자. 펄스 폭 a 가 좁게 되면 주파수 대역폭은 넓게된다. 반면에 펄스 폭이 넓어지면 스펙트럼 대역폭은 좁게 차지하게 된다. 즉, 짧은 펄스는 넓은 대역폭을 가지며 넓은 펄스는 좁은 스펙트럼 폭을 가진다. 이 현상은 펄스 뿐 아니라 모든 신호가 가지는 일반적인 특성이다. 즉 급격한 변화를 일으키는 신호는 고주파 성분이 많이 필요하며 따라서 주파수 대역폭을 많이 차지하게된다. 그러나 변화가 급격하지 않은 완만한 신호는 저주파 성분이 주된 역할을 하므로 차지하는 주파수 대역폭은 좁게 된다.

다음은 중요한 몇몇 신호들에 대한 각각의 푸리에 변환 쌍을 유도해 보자. 우선 충격파 (impulse) 신호 $\delta(t)$에 대해 푸리에 변환 쌍을 구해본다. 충격파 신호 $\delta(t)$에 대해서는 2.2.1절 신호종류에서 언급해야 옳으나 푸리에 변환에서 미리 알아두어야 할 신호이므로 먼저 소개하고자 한다. [그림 2.4]에 나타내었듯이 충격파 신호는 극히 짧은 시간 간격동안 발생하는 충격파 신호를 수학적으로 모델링한 신호형태로서 t=0에서만 존재하며 면적은 1이고 동시에 크기는 1로 정의된다. 전 구간 또는 충격파가 속하는 시간 구간에 대한 적분특성은 다음과 같이 정의된다.

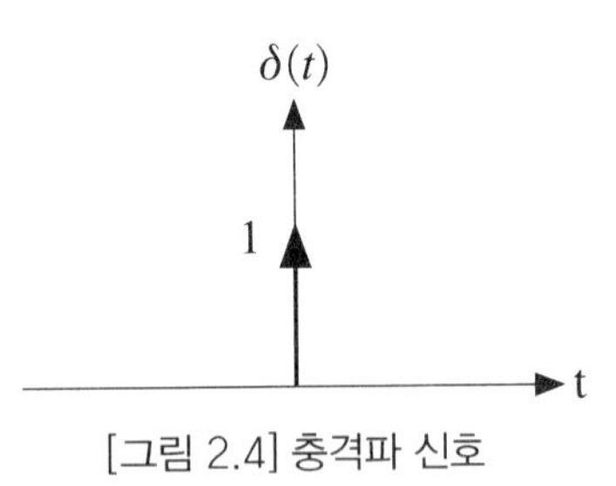

[그림 2.4] 충격파 신호

(1) 충격파의 전 구간 적분 값은 1이다.

$$\int_{-\infty}^{\infty} \delta(t)dt = 1 \tag{2.18}$$

(2) 어떤 신호든 충격파와 곱한 경우 그 적분은 충격파가 존재하는 시간에서의 신호 값이 된다. 즉,

$$\int_{-\infty}^{\infty} x(t)\delta(t-t_0)dt = x(t_0) \tag{2.19}$$

이러한 충격파 신호의 특성을 알고 충격파 신호를 식 (2.8)에 의해 그 스펙트럼을 구해 보자.

$$\begin{aligned} \int_{-\infty}^{\infty} \delta(t)e^{-j2\pi ft}\ dt &= e^{-j2\pi f\cdot 0} = e^{0} = 1 \\ \int_{-\infty}^{\infty} \delta(t-t_0)e^{-j2\pi ft}\ dt &= e^{-j2\pi ft_0} \end{aligned} \tag{2.20}$$

따라서 다음과 같은 푸리에 변환 쌍을 얻게 된다.

$$\delta(t) \quad \leftrightarrow \quad 1 \tag{2.21}$$

$$\delta(t-t_0) \quad \leftrightarrow \quad 1 \cdot e^{-j2\pi f t_0} \qquad (2.22)$$

따라서 충격파 신호는 주파수 영역 전구간에 대해 같은 크기 1 로 모든 주파수 성분들이 다 들어있는 신호임을 알 수 있다. 즉 대역폭이 무한대이며 평평한 스펙트럼을 가지는 신호이다. 지연된 충격파 또한 동일한 결과를 가지며 다른 점이 있다면 위상이 추가되어 나타난다는 점이다. 시간 지연이 주파수 영역에서는 위상으로 작용함을 알 수 있다. 두 결과를 비교해 보면, 다른 신호들에 대해서도 신호가 지연되면 지연되지 않은 원래 스펙트럼에 $e^{-j2\pi f t_0}$이 곱해져 나타나는 것이 아닌가하는 추측을 해 볼 수 있을 것이다. 이 점에 대해서 몇몇 푸리에 변환 쌍을 유도한 뒤 다시 논의해 보기로 한다.

한편, 어느 특정 주파수 f_0에만 1의 크기로 존재하는 스펙트럼은 델타 함수의 정의를 이용하여 $\delta(f - f_0)$로 표현될 수 있다. 물론 0Hz 성분만 크기 1인 신호 (1볼트 직류) 의 스펙트럼은 $\delta(f - 0)=\delta(f)$이다. 이러한 스펙트럼의 역변환을 식 (2.9)를 사용하여 구하면

$$\int_{-\infty}^{\infty} \delta(f) e^{j2\pi f t} df = 1 \qquad (2.23)$$

$$\int_{-\infty}^{\infty} \delta(f-f_0) e^{j2\pi f t} df = e^{j2\pi f_0 t} \qquad (2.24)$$

따라서 다음과 같은 변환 쌍을 얻게 된다.

$$1 \quad \leftrightarrow \quad \delta(f) \qquad (2.25)$$

$$1 \cdot e^{j2\pi f_0 t} \quad \leftrightarrow \quad \delta(f-f_0) \qquad (2.26)$$

두 결과를 비교해 보면, 직류외의 다른 신호들에 대해서도 신호에 $e^{j2\pi f_0 t}$가 곱해지면 원래 스펙트럼이 고주파로 주파수 천이되어 나타나는 것이 아닌가

하는 추측을 해 볼 수 있다. 이 점에 대해서도 몇 가지 푸리에 변환 쌍을 유도한 뒤 다시 논의해 보기로 한다. 뿐만 아니라 식(2.21) 과 식(2.25) 에서도 시간영역 모양과 주파수 영역 모양이 서로 맞바꿀 수 있지 않나 하는 의문을 낳는다. 즉,

$$x(f) \leftrightarrow X(t) \tag{2.27}$$

그러나 엄밀히 수식을 전개해보면 다음과 같은 대칭성을 얻을 수 있다.

$$x(-f) \leftrightarrow X(t) \tag{2.28}$$

이 결과 식을 이용하면 다음 sinc(t/T)의 스펙트럼을 쉽게 구할 수 있다.

$$\mathrm{sinc}(t/T) \leftrightarrow T\,rect(fT) \tag{2.29}$$

식 (2.21), (2.25)의 결과를 [그림 2.5]에, 그리고 식 (2.29)의 결과를 [그림 2.6]에 나타내었다.

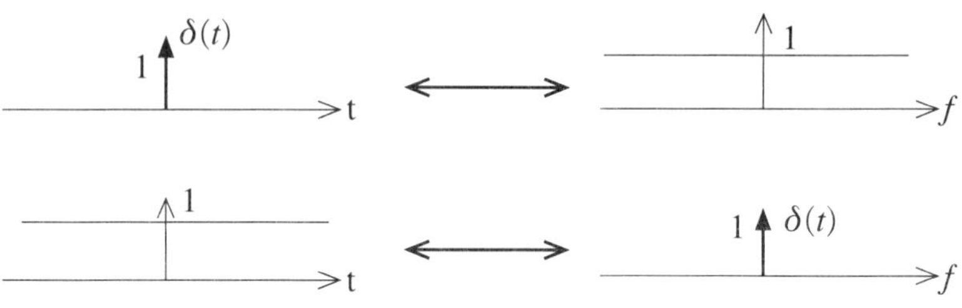

[그림 2.5] 충격파 신호와 직류신호간의 푸리에 변환관계

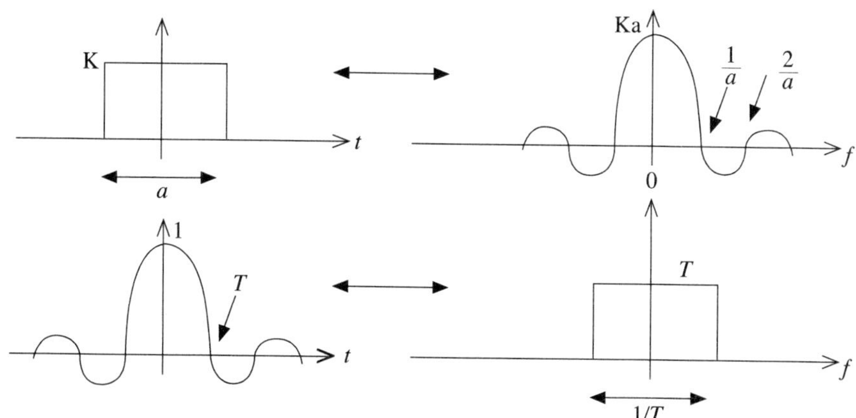

[그림 2.6] 사각신호와 싱크(sinc)신호 간의 푸리에 변환관계

[예제 2.3] 코사인 함수 $x(t)=\cos 2\pi f_0 t$의 푸리에 변환을 구하라.

[풀이] 오일러 등식 $\cos 2\pi f_0 t = \frac{1}{2}e^{j2\pi f_0 t} + \frac{1}{2}e^{-j2\pi f_0 t}$ 를 이용하고 식 (2.26)을 적용하면 $\cos 2\pi f_0 t$의 푸리에 변환 쌍은 다음과 같으며 [그림 2.7]에 나타내었다.

$$\cos 2\pi f_0 t \quad \leftrightarrow \quad \frac{1}{2}\delta(f-f_0)+\frac{1}{2}\delta(f+f_0) \qquad (2.30)$$

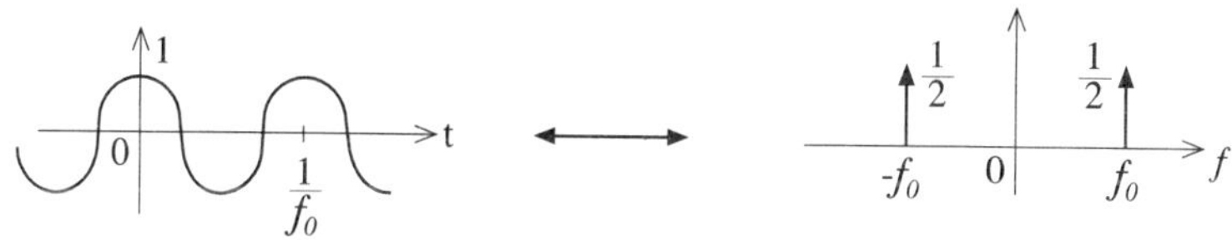

[그림 2.7] $\cos 2\pi f_0 t$에 대한 푸리에 변환

푸리에 변환에는 여러 가지 특징이 있다. 그중에서 주된 것을 살펴보도록 하자.

1) 선형성(linearity)

두 개 혹은 그 이상의 신호를 선형 조합한 신호의 푸리에 변환은 각각의 신호를 푸리에 변환한 후 이들을 선형 조합한 결과와 같다.

$$FT[\alpha x_1(t) + \beta x_2(t)] = \alpha \cdot FT[x_1(t)] + \beta \cdot FT[x_2(t)] \tag{2.31}$$

2) 쌍대성(duality)

만일 $X(f) = FT\{x(t)\}$이면 $FT\{X(t)\} = x(-f)$임이 성립한다.

$$\begin{aligned} x(t) &\leftrightarrow X(f) \\ X(t) &\leftrightarrow x(-f) \end{aligned} \tag{2.32}$$

[증명]

$$x(t) = \int_{-\infty}^{\infty} X(f) e^{j2\pi f t} df$$

$\alpha = f$라고 하면

$$x(t) = \int_{-\infty}^{\infty} X(\alpha) e^{j2\pi\alpha t} d\alpha$$

$t = -f$라고 하면

$$\begin{aligned} x(-f) &= \int_{-\infty}^{\infty} X(\alpha) e^{-j2\pi\alpha f} d\alpha \\ &= \int_{-\infty}^{\infty} X(t) e^{-j2\pi f t} dt = FT\{X(t)\} \end{aligned}$$

3) 주파수 천이

신호 $x(t)$에 $e^{j2\pi f_c t}$가 곱해진 경우의 푸리에 변환은

$$FT\{x(t)e^{j2\pi f_0 t}\} = \int_{-\infty}^{\infty} x(t)e^{j2\pi f_0 t}\ e^{-j2\pi ft}dt$$
$$= \int_{-\infty}^{\infty} x(t)e^{-j2\pi(f-f_0)t}dt$$
$$= X(f-f_0) \tag{2.33}$$

따라서 주파수 천이 기능을 하는 푸리에 변환 쌍은

$$x(t)e^{j2\pi f_0 t} \quad \leftrightarrow \quad X(f-f_0) \tag{2.34}$$

한편 통신시스템에서는 $e^{j2\pi f_0 t}$대신에 $\cos 2\pi f_0 t$로 주파수 천이효과를 얻고 있다. 즉,

$$y(t) = x(t)\cos 2\pi f_0 t \tag{2.35}$$

이때, $y(t)$는 포락선이 $x(t)$이고 반송파 주파수가 f_0인 진폭 변조된 신호라 한다. 이 신호의 푸리에 변환은 $\frac{1}{2}x(t)e^{j2\pi f_0 t} + \frac{1}{2}x(t)e^{-j2\pi f_0 t}$의 푸리에 변환과 같으므로 식 (2.36)과 같은 푸리에 변환 쌍 관계를 갖는다.

$$x(t)\cos(2\pi f_0 t) \quad \leftrightarrow \quad \frac{1}{2}X(f-f_0) + \frac{1}{2}X(f+f_0) \tag{2.36}$$

4) 시간지연

t_d만큼 시간 지연된 신호 $x(t-t_d)$의 푸리에 변환을 유도해보자.

$$\int_{-\infty}^{\infty} x(t-t_d)e^{-j2\pi ft}dt = \int_{-\infty}^{\infty} x(a)e^{-j2\pi f(a+t_d)}da$$
$$= \left[\int_{-\infty}^{\infty} x(a)e^{-j2\pi fa}da\right]e^{-j2\pi ft_d} \tag{2.37}$$

괄호 내 적분은 $X(f)$그 자체임을 알 수 있다. 따라서

$$x(t-t_d) \quad \leftrightarrow \quad X(f)e^{-j2\pi f t_d} \tag{2.38}$$

즉, 시간 영역에서 시간지연은 주파수 영역에서 기울기 $-t_d$를 가지는 선형 위상이 더해지는 결과를 낳으며 스펙트럼 크기의 모양은 전혀 변함이 없다. 만약 t_d가 음의 값을 가진다면 신호는 지연되는 것이 아니라 앞서 나타난 결과가 되고 주파수 영역에서 더해진 위상은 양의 기울기를 가지는 선형 위상이 된다. 물론 크기 스펙트럼은 변화가 없다. 한편 주파수 성분마다 지연이 서로 다를 경우 위상은 선형이 되지 못하며 합성된 신호는 왜곡된 결과를 가진다.

5) 미분 및 적분

역변환 관계식으로부터 미분된 신호의 스펙트럼을 유도해 보기로 한다.

$$\begin{aligned} \frac{d}{dt}x(t) &= \frac{d}{dt}\left[\int_{-\infty}^{\infty} X(f)\ e^{+j2\pi f t}df\right] \\ &= \int_{-\infty}^{\infty} \frac{d}{dt}\left[X(f)\ e^{+j2\pi f t}\right]df \\ &= \int_{-\infty}^{\infty} j2\pi f \cdot X(f)\ e^{+j2\pi f t}\cdot df \end{aligned} \tag{2.39}$$

결국 $j2\pi f \cdot X(f)$의 역변환이 $\frac{d}{dt}x(t)$이므로 다음과 같은 변환 쌍이 구해진다.

$$\frac{d}{dt}x(t) \quad \leftrightarrow \quad j2\pi f \cdot X(f) \tag{2.40}$$

즉, 원래의 스펙트럼에 낮은 주파수는 약하게, 높은 주파수 성분은 증폭되도록 f가 곱해짐을 유의하자. 적분은 이와 반대로 낮은 주파수 성분은 증폭을 높은 주파수 성분은 억압되도록 다음과 같은 결과 식을 가진다.

$$\int_{-\infty}^{t} x(a)da \quad \leftrightarrow \quad \frac{1}{j2\pi f}X(f) + \frac{1}{2}X(0)\delta(f) \tag{2.41}$$

여기서 $X(0)$는 $f=0$인 경우로서 $X(0)=\int_{-\infty}^{\infty} x(t)dt$ 이다.

6) 시간영역 콘볼루션

충격파 신호 $\delta(t)$를 선형 시스템에 통과시켜 나온 출력신호를 충격파 응답이라 하며 $h(t)$로 나타낸다. 임의의 입력신호 $x(t)$를 이 시스템에 통과시켜 얻어지는 출력신호 $y(t)$에 대해 입력신호 $x(t)$와 충격파 응답 $h(t)$는 다음과 같은 콘볼루션 과정으로 표현된다.

$$y(t)=x(t)*h(t)=\int_{-\infty}^{\infty} x(a)h(t-a)da \qquad (2.42)$$

출력신호 $y(t)$의 스펙트럼을 구해보면

$$\begin{aligned}\int_{-\infty}^{\infty} y(t)e^{-j2\pi ft}dt &= \int_{-\infty}^{\infty}\left[\int_{-\infty}^{\infty} x(a)h(t-a)da\right]e^{-j2\pi ft}\ dt \\ &= \int_{-\infty}^{\infty} x(a)\left[\int_{-\infty}^{\infty} h(t-a)e^{-j2\pi ft}\right]da \\ &= \int_{-\infty}^{\infty} x(a)\ H(f)e^{-j2\pi fa}\ da \\ &= H(f)\int_{-\infty}^{\infty} x(a)\ e^{-j2\pi fa}\ da \\ &= H(f)\cdot X(f) \qquad (2.43)\end{aligned}$$

즉, 시간영역의 콘볼루션 과정은 주파수 영역에서 곱에 해당됨을 알 수 있다.

7) 주파수 영역 콘벌류션

한편 시간영역에서 곱은 과연 주파수 영역에서 어떻게 표현될까?

$x(t)=\int_{-\infty}^{\infty} X(f)\ e^{+j2\pi ft}\ df$ 에서 적분인자를 a로 바꾸어도 무방하다. 따라서 여기에 다른 신호 $y(t)$가 곱해질 경우

$$x(t) \cdot y(t) = y(t)\int_{-\infty}^{\infty} X(a)\ e^{+j2\pi at}\ da$$
$$= \int_{-\infty}^{\infty} X(a)\ y(t)e^{+j2\pi at}\ da \qquad (2.44)$$

식 (2.34)에 의하면 $y(t)e^{j2\pi at} \leftrightarrow Y(f-a)$이므로 이 관계식을 이용하여 위 식을 푸리에 변환하면 다음과 같다.

$$FT[\ x(t)y(t)\ ] = \int_{-\infty}^{\infty} X(a)\ FT[y(t)e^{+j2\pi at}\ ]\ da$$
$$= \int_{-\infty}^{\infty} X(a)Y(f-a)da$$
$$= X(f) * Y(f) \qquad (2.45)$$

결국, 시간영역에서 두 신호의 곱은 주파수 영역에서 두 스펙트럼의 콘볼루션이다.

8) 복소 신호의 위상반전(conjugate)

$x(t)$를 복소신호라고 할 때 실수부 $a(t)$와 허수부 $b(t)$가 더해진 $a(t)+jb(t)$로 표현될 것이다. 이 때 $a(t)-jb(t)$를 conjugate 된 $x^*(t)$로 흔히 표현한다. 이 경우 그 스펙트럼은 다음과 같다.

$$FT[x^*(t)] = \int_{-\infty}^{\infty} x^*(t)e^{-j2\pi ft}dt$$
$$= \left[\int_{-\infty}^{\infty} x(t)e^{j2\pi ft}dt\right]^*$$
$$= [X(-f)]^* \qquad (2.46)$$

따라서 이 신호의 스펙트럼 변환 쌍은 다음과 같이 나타낼 수 있다.

$$x^*(t) \quad \leftrightarrow \quad X^*(-f) \tag{2.47}$$

9) 파스발(Parseval) 정리의 에너지 표현

앞서 식 (2.45)에서 우리는 두 신호의 곱이 어떤 주파수 영역에서 어떤 관계를 갖는지 보았다. 식 (2.45)을 다시 쓰면

$$\int_{-\infty}^{\infty} x(t)y(t)e^{-j2\pi ft}\ dt = \int_{-\infty}^{\infty} X(a)Y(f-a)da \tag{2.48}$$

여기에 $y(t)$ 대신 $x^*(t)$를 대입하고 식 (2.47)을 활용해보자.

$$\int_{-\infty}^{\infty} x(t)x^*(t)e^{-j2\pi ft}\ dt = \int_{-\infty}^{\infty} X(a)X^*(a-f)da \tag{2.49}$$

다시 $f=0$로 놓게 되면 왼쪽 항은 신호의 에너지에 해당된다.

$$\begin{aligned}\int_{-\infty}^{\infty} x(t)x^*(t)\ dt &= \int_{-\infty}^{\infty} X(a)X^*(a)da \\ &= \int_{-\infty}^{\infty} X(f)X^*(f)df \\ &= \int_{-\infty}^{\infty} |X(f)|^2 df \end{aligned} \tag{2.50}$$

즉, 시간영역에서 구한 신호의 에너지는 주파수영역에서 제곱된 스펙트럼을 전 주파수 영역에 대해 적분된 것과 같음을 알 수 있다.

$$\int_{-\infty}^{\infty} |x(t)|^2 dt = \int_{-\infty}^{\infty} |X(f)|^2 df \tag{2.51}$$

10) 파스발(Parseval) 정리의 전력 표현

주기신호에 대해 우리는 식 (2.4)의 푸리에 급수를 공부했다. 다시 쓰면,

$$s_T(t) = \sum_{n=-\infty}^{\infty} C_n \ e^{jn2\pi f_0 t} \tag{2.52}$$

이 식에 $s^*_T(t)$ 곱하고 한주기 적분을 시행해 보자

$$s_T(t)s^*_T(t) = \sum_{n=-\infty}^{\infty} \sum_{m=-\infty}^{\infty} C_n C^*_m \ e^{jn2\pi f_0 t} e^{-jm2\pi f_0 t}$$

$$\frac{1}{T}\int_{-T/2}^{T/2} s_T(t)s^*_T(t)dt = \sum_{n=-\infty}^{\infty} \sum_{m=-\infty}^{\infty} C_n C^*_m \int_{-T/2}^{T/2} \frac{1}{T} e^{jn2\pi f_0 t} e^{-jm2\pi f_0 t} dt \tag{2.53}$$

오른쪽 적분에서 n과 m이 같을 때만 1 이고 다를 때는 0 이므로

$$\frac{1}{T}\int_{-T/2}^{T/2} s_T(t)s^*_T(t)dt = \sum_{n=-\infty}^{\infty} C_n C^*_n \tag{2.54}$$

따라서 다음과 같은 파스발(parseval)의 정리가 구해진다.

$$\frac{1}{T}\int_{-T/2}^{T/2} |s_T(t)|^* dt = \sum_{n=-\infty}^{\infty} |C_n|^2 \tag{2.55}$$

즉, 시간영역에서 구한 신호의 평균 전력은 주파수영역에서 제곱된 선스펙트럼을 전 주파수 영역에 대해 더한 것과 같음을 알 수 있다. 신호는 크게 에너지 신호와 전력 신호로 분류되며 자세한 내용은 다음절에서 다루고 있다.

[예제 2.4] 시그늄 신호(signum signal)는 식 (2.56)과 같이 정의된다.

$$sgn(t) = \begin{cases} 1 & t > 0 \\ -1 & t < 0 \\ 0 & t = 0 \end{cases} \tag{2.56}$$

시그넘 신호는 [그림 2.8]과 같이 신호 $x_n(t)$에 극한 $n\rightarrow\infty$을 취하여 얻을 수도 있다.

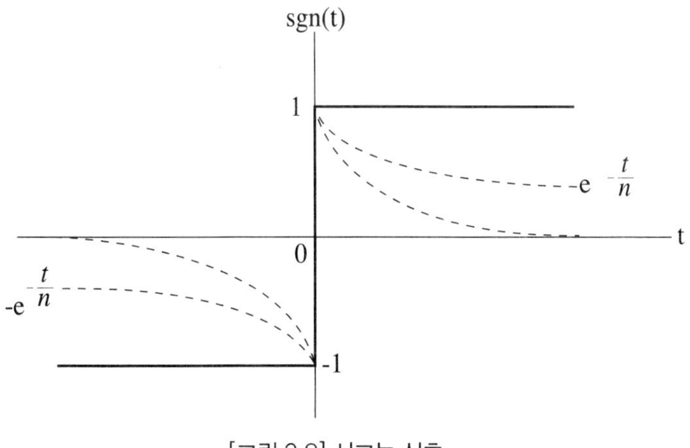

[그림 2.8] 시그넘 신호

즉 신호 $x_n(x)$가 다음 식과 같을 때,

$$x_n(t) = \begin{cases} e^{-\frac{t}{n}} & t > 0 \\ -e^{-\frac{t}{n}} & t < 0 \\ 0 & t = 0 \end{cases} \qquad (2.57)$$

시그넘 신호는 $sgn(t) = \lim_{n\rightarrow\infty} x_n(t)$이다. 이러한 시그넘 신호 $x(t)=sgn(t)$의 푸리에 변환 $X(f)$를 구하라.

[풀이] 식 (2.27)로 정의된 신호 $x_n(t)$에 극한을 취하면, $sgn(t) = \lim_{n\rightarrow\infty} x_n(t)$ 의 시그넘 신호를 얻을 수 있다. 따라서 다음 식이 성립한다.

$$X(f) = FT\{x(t)\} = FT\left\{\lim_{n\rightarrow\infty} x_n(t)\right\} = \lim_{n\rightarrow\infty} X_n(f)$$

$X_n(f)$을 먼저 구하면 다음 식과 같다.

$$X(f) = FT\{x_n(t)\} = \int_{-\infty}^{0} -e^{t/n} \cdot e^{-j2\pi ft}dt + \int_{0}^{\infty} e^{t/n} \cdot e^{-j2\pi ft}dt$$

$$= -\frac{1}{\frac{1}{n} - j2\pi f} + \frac{1}{\frac{1}{n} + j2\pi f}$$

$$= \frac{-j4\pi f}{\frac{1}{n^2} + 4\pi^2 f^2}$$

극한을 취하면

$$X(f) = FT\{sgn(t)\} = \lim_{n \to \infty} X_n(f)$$

$$= \lim_{n \to \infty} \frac{-j4\pi f}{\frac{1}{n^2} + 4\pi^2 f^2}$$

$$= \frac{1}{j\pi f}$$

을 얻을 수 있다. 위 식에서 식 (2.32)와 같은 쌍대성을 이용하면

$$FT\left[\frac{1}{j\pi t}\right] = sgn(-f) = -sgn(f)$$

이므로, 다음과 같은 결과를 얻을 수 있다.

$$\left(\frac{1}{\pi t}\right) \leftrightarrow -jsgn(f)$$

[표 2.1]은 가장 많이 사용하는 푸리에 변환 쌍을 나타내었다. 푸리에 변환의 특징을 이용하면 [표 2.1] 이외의 함수에서도 쉽게 변환 값을 얻을 수 있다. 표에서 $u(t)$는 단위 계단함수, $\delta(t)$는 임펄스함수, $sgn(t)$는 시그늄함수이다. $\delta^{(n)}(t)$는 임펄스함수를 n차 미분한 것이다.

[표 2.1] 푸리에 변환 쌍

$x(t)$	$X(f)$	$x(t)$	$X(f)$
$\delta(t)$	1	$e^{-\alpha t}u(t), \alpha > 0$	$\dfrac{1}{\alpha + j2\pi f}$
1	$\delta(f)$	$te^{-\alpha t}u(t), \alpha > 0$	$\dfrac{1}{(\alpha + j2\pi f)^2}$
$\delta(t - t_0)$	$e^{-j2\pi f t_0}$	$e^{-\alpha\|t\|}, \alpha > 0$	$\dfrac{2\alpha}{\alpha^2 + (2\pi f)^2}$
$e^{j2\pi f t_0}$	$\delta(f - f_0)$	$e^{-\pi t^2}$	$e^{-\pi f^2}$
$\cos(2\pi f_0 t)$	$\dfrac{1}{2}\delta(f - f_0) + \dfrac{1}{2}\delta(f + f_0)$	$sgn(t)$	$\dfrac{1}{j\pi f}$
$\sin(2\pi f_0 t)$	$\dfrac{1}{2j}\delta(f - f_0) - \dfrac{1}{2j}\delta(f + f_0)$	$u(t)$	$\dfrac{1}{2}\delta(f) + \dfrac{1}{j2\pi f}$
$rect(t)$	$\mathrm{sinc}(f)$	$\delta'(t)$	$j2\pi f$
$\mathrm{sinc}(t)$	$rect(f)$	$\delta^{(n)}(t)$	$(j2\pi f)^n$
$\Lambda(t)$	$\mathrm{sinc}^2(f)$	$\sum_{n=-\infty}^{\infty} \delta(t - nT_0)$	$\dfrac{1}{T_0}\sum_{n=-\infty}^{\infty} \delta(f - \dfrac{n}{T_0})$
$\mathrm{sinc}^2(t)$	$\Lambda(f)$		

02 신호 및 선형 시스템 해석

1 신호의 종류와 전력

1) 결정 신호와 랜덤 신호

결정 신호 (deterministic signal) 란 10sin5t처럼 예측할 수 없게 마구 변하는 신호가 아니라 정확한 수학적 표현이 가능하여 주어진 시간에 정확히 신호의 전압, 주파수, 위상 등 모든 정보를 알 수 있는 신호를 가리킨다. 그러나 랜덤 신호 (random signal)은 어느 시간에서도 랜덤하게 변하는 알 수 없는 값을 가진다. 정확한 수학적 표현이 불가능하므로 랜덤 신호는 확률 통계적으로만 모델링 될 수 있다. 그러나 주어진 시스템에서 오랜 시간동안 랜덤 파형 (또는 랜덤과정이라고 한다) 을 관찰해 보면 확률과 통계적 평균의 견지에서 표현될 수 있는 어떤 특정한 규칙성을 나타낸다. 특히 대부분의 메시지는 랜덤하게 변하며 이 메시지를 담은 신호 뿐 만 아니라 신호의 전달을 방해하는 잡음도 랜덤 파형이다. 따라서 디지틀 통신은 확률과 통계에 의한 수학적 지식에 근거하여 랜덤 신호를 다루는데 큰 비중을 두고 있다. 이러한 필요성 때문에 이 책 3장에서는 확률과 랜덤신호에 대해 다루게 된다.

2) 에너지 신호와 전력 신호

전자 및 통신 시스템에서 신호는 전압 $v(t)$, 전류 $i(t)$가 된다. 저항 R 에 걸린 전압 $v(t)$에 의해 발생하는 순시전력(instantaneous power)는 다음과 같이 표현된다.

$$\text{순시전력} = \frac{v^2(t)}{R} = i^2(t) \cdot R \tag{2.58}$$

통신 시스템에서 전력은 대개 저항 R을 1로 가정함으로서 정규화된다. 따라서 주어진 신호 $x(t)$에 대해 순시전력은 다음과 같다.

$$\text{순시전력} = |x(t)|^2 \tag{2.59}$$

편의상 이 신호를 실수 신호로 정의할 경우 시간 구간 (-T/2, T/2) 동안 발생한 에너지 E는 다음과 같이 표현된다.

$$E = \int_{-T/2}^{T/2} x^2(t)dt \tag{2.60}$$

그 시간구간 동안 신호에 의해 발생한 평균전력(average power) P는

$$P = \frac{1}{T}\int_{-T/2}^{T/2} x^2(t)dt \tag{2.61}$$

예를 들어 $Acos(\omega_0 t+\theta)$의 평균전력은 식 (2.61)에 대입하여 풀면 $A^2/2$ 가 된다.

전력이란 시간당 얼마나 많은 량의 에너지가 발생되는지를 가리키는 에너지율의 개념이며 송신기에서 얼마의 전압을 인가해야 하는가를 결정짓는 중요한 요소이다. 수신자 입장에서는 잡음보다 훨씬 큰 신호전력을 요구하지만 송신자 입장에서는 보다 작은 전력으로 전송할 수 있기를 희망한다. 따라서 신호전송에서 신호가 가지는 평균 전력은 대단히 중요하다.

임의신호 $x(t)$에 대한 에너지 및 전력의 일반적인 정의 식은 다음과 같다.

$$E = \lim_{T \to \infty} \int_{-T/2}^{T/2} x^2(t)dt \qquad (2.62)$$

$$P = \lim_{T \to \infty} \frac{1}{T} \int_{-T/2}^{T/2} x^2(t)dt \qquad (2.63)$$

이 정의 식에 근거하여 다음과 같이 에너지 신호 및 전력신호를 구분한다.

(1) 에너지 신호 : $0<E<\infty$ 이고 $P=0$ 이면 $x(t)$는 에너지 신호이다.
(2) 전력 신호 : $0<P<\infty$ 이고 $E=0$ 이면 $x(t)$는 전력 신호이다.

일반적으로 비주기 신호 및 결정 신호는 에너지 신호로 분류되고 주기신호와 랜덤 신호는 전력신호로 분류된다. 한편 주파수 영역에서 에너지 신호는 에너지밀도스펙트럼으로 에너지 분포를, 전력 신호는 전력밀도스펙트럼으로 전력 분포를 다룬다.

[예제 2.5] 신호 $x(t) = 5e^{-3t}u(t)$가 에너지 신호임을 보여라.

[풀이]

$$E_x = \int_{-\infty}^{\infty} |x(t)|^2 dt$$

$$= \int_{-\infty}^{\infty} |5e^{-3t}u(t)|^2 dt$$

$$= 25/6 < \infty$$

따라서 $x(t)$는 에너지 신호다.

[예제 2.6] 신호 $x(t) = 5u(t)$가 전력 신호임을 보여라

[풀이] 신호 $x(t)$의 에너지는 무한하므로, $x(t)$는 에너지 신호가 아니다. 한편, 신호 $x(t)$의 평균 전력을 계산하면 다음과 같다.

$$P_x = \lim_{T \to \infty} \int_{T/2}^{T/2} |x(t)|^2 dt = \frac{5^2}{2} < \infty$$

$x(t)$의 평균 전력은 유한하므로, $x(t)$는 전력 신호다.

3) 에너지밀도스펙트럼 (Energy Spectrum Density)

앞서 식 (2.51)에서 파스발(parseval) 정리의 에너지 표현을 다루었다. 다시 쓰면

$$E = \int_{-\infty}^{\infty} |x(t)|^2 dt = \int_{-\infty}^{\infty} |X(f)|^2 df \qquad (2.64)$$

이 식에서 오른쪽 항의 $|X(f)|^2$ 는 단위 주파수 대역당 에너지로서 모든 주파수에 대해 적분하여 더하면 전체 에너지가 구해진다. 따라서 $|X(f)|^2$를 신호 $x(t)$의 에너지밀도스펙트럼 (esd) $G_x(f)$ 이라 한다.

$$G_x(f) = |X(f)|^2 \qquad (2.65)$$

연속 스펙트럼일 경우 주의할 것은 어느 주파수 구간의 에너지는 $|X(f)|^2$ 의 해당 면적이므로 어느 주어진 한 주파수에서 에너지는 면적이 없으므로 0 이다.

4) 전력밀도스펙트럼 (Power Spectrum Density, psd)

식 (2.64)에서 에너지 $= \int_{-\infty}^{\infty} G_x(f)\, df$ 이므로 평균전력에 대해서도

$$\text{평균전력} = \int_{-\infty}^{\infty} S_x(f)\ df \tag{2.66}$$

이 성립하며 $Sx(f)$를 전력밀도스펙트럼(psd)이라 한다. 식(2.55)의 파스발(parseval) 정리에 의하면 주기신호의 평균전력은 주파수 영역에서 $\sum_{n=-\infty}^{\infty} |C_n|^2$ 로 구할 수 있다. 즉, $|C_n|^2$ 은 nf_0 마다 존재하는 전력 분포이다. 따라서 주기신호에 대해 주파수 nf_0 마다 존재하는 $|C_n|^2$ 의 전력밀도스펙트럼을 표현할 수 있는 수학적 표현은 다음과 같다.

$$S_x(f) = \sum_{n=-\infty}^{\infty} |C_n|^2 \delta(f - nf_0) \tag{2.67}$$

비주기 전력 신호의 경우 푸리에 변환을 구할 수 없을 수 있다. 이 경우 구간 (-T/2, T/2) 만을 잘라낸 신호 $x_T(t)$를 관찰하므로서 전력밀도스펙트럼을 정의할 수 있다. $x_T(t)$의 푸리에 변환을 $X_T(f)$라 할 때 전력밀도스펙트럼은 다음과 같이 정의된다.

$$S_x(f) = \lim_{T \to \infty} \frac{|X_T(f)|^2}{T} \tag{2.68}$$

전력밀도스펙트럼은 주파수별 전력의 분포를 나타내는 함수로서 실제 시스템에서 많이 쓰인다. 비록 결정신호에 대해 정의된 것이나 랜덤 신호에 대해서도 유효하여 랜덤 신호에 대한 시스템 해석에 많이 쓰이고 있으며 이 책의 3장에서 다루고 있다.

5) 신호의 상관함수 (correlation functions)

에너지 신호 $x(t)$에 대한 자기상관함수(autocorrelation function) $R_x(\tau)$는 다음과 같이 정의되며

$$R_x(\tau) = \int_{-\infty}^{\infty} x(t)x(t+\tau)dt \qquad (2.69)$$

전력 신호 $x(t)$에 대한 자기상관함수(autocorrelation function) $R_x(\tau)$는 다음과 같이 정의된다.

$$R_x(\tau) = \lim_{T\to\infty}\frac{1}{T}\int_{-T/2}^{T/2} x(t)x(t+\tau)dt \qquad (2.70)$$

두 경우 모두 자기상관함수가 주어진 신호와 시간 이동된 동일 신호사이의 시간차이 τ의 함수이며 원래 신호와 시간 이동된 동일 신호가 얼마나 비슷한가를 τ에 대해 측정하는 기능을 지닌다. 또한 양변에 푸리에 변환을 취해보면 다음과 같이 에너지 신호의 자기상관함수는 주파수 영역에서 에너지밀도스펙트럼으로 변환되고, 전력신호의 자기상관함수는 전력밀도스펙트럼과 변환쌍을 이룬다.

에너지 신호 $R_x(\tau) \leftrightarrow G_x(f)$: 에너지밀도스펙트럼 (2.71)

전력 신호의 $R_x(\tau) \leftrightarrow S_x(f)$: 전력밀도스펙트럼 (2.72)

뿐만 아니라 식 (2.69)와 식 (2.70)에서 $\tau=0$인 경우는

$$\text{에너지 신호에 대해 } R_x(0) = \int_{-\infty}^{\infty} x^2(t)dt \qquad (2.73)$$

$$\text{전력 신호에 대해 } R_x(0) = \frac{1}{T}\int_{-T/2}^{T/2} x^2(t)dt \qquad (2.74)$$

즉, $R_x(0)$는 에너지 신호의 경우 전체 에너지가 되고 전력 신호의 경우 평균전력이 된다. 그외에 에너지 신호와 전력신호에 대한 $R_x(\tau)$가 공통으로 갖는

성질로 다음과 같은 것들이 있다.

$$\text{우함수 관계 } R_x(\tau) = R_x(-\tau) \tag{2.75}$$

$$\text{원점 최대 } R_x(\tau) \leqq R_x(0) \tag{2.76}$$

2 시스템의 기본 특성

1) 선형 시스템과 비선형 시스템

시스템이란 수학적으로 입력 $x(t)$와 출력 $y(t)$ 사이의 함수적 관계로 정의되므로 다음과 같이 표현하자.

$$y(t) = f[\, x(t) \,] \tag{2.77}$$

서로 다른 입력들 $x_1(t)$, $x_2(t)$ 에 대해 출력이 각 각 $y_1(t)$, $y_2(t)$라 할 때 다음 관계식이 성립하는 경우를 선형 시스템이라 하고 그렇지 못한 경우를 비선형 시스템이라 한다.

$$f[\, a\,x_1(t) + b\,x_2(t)] = a\,y_1(t) + b\,y_2(t) \tag{2.78}$$

즉, 증가된 입력에 증가된 만큼의 출력이 나온다는 것과 입력들이 합해져 시스템에 들어오면 각자가 만드는 출력을 합해서 내보낸다는 점이다. 입력들이 합해져 시스템에 들어와 내부에서 서로 충돌하여 전혀 다른 결과를 만드는 관계일 때 비선형 시스템이 된다 한편, 식 (2.78)을 중첩 (superposition)의 원리라고도 한다.

2) 인과(causal) 시스템과 비인과(noncausal) 시스템

대부분의 경우 입력신호가 인가되기도 전에 응답이 시작되는 경우는 없다. 입력 신호가 인가된 후부터 출력이 시작되는 인과관계의 시스템이면 우리는 이것을 인과(causal) 시스템이라 한다. 실제로는 존재할 수 없지만 입력이 들어가기 전부터 응답이 시작되는 시스템을 비인과(noncausal) 시스템이라 한다. 그러나 시간지연을 사용함으로서 근사화된 noncausal 시스템도 신호 해석에 자주 쓰이고 있다.

3) 시불변(time invariant) 시스템과 시변(time variant) 시스템

입출력 관계로 본 시스템의 수학적 정의 $y(t) = f[x(t)]$에서 t_0만큼 지연된 신호 $x(t_0-t_0)$가 시스템에 인가될 때 동일한 출력신호가 t_0만큼 지연되어 나타나는 경우의 시스템을 시불변 시스템이라 한다. 즉,

$$y(t-t_0) = f[x(t-t_0)] \tag{2.79}$$

이 조건을 만족하지 못하면 시스템 특성이 시시각각 변하는 경우이므로 시변 시스템이 된다.

4) 충격파 응답과 콘볼루 과정

앞에서 다루었던 선형 시스템 중첩의 원리와 시불변 시스템 특성을 종합하면 다음과 같은 결론에 이른다. 즉, 어떤 한 입력이 가해질 때의 시스템 응답을 알고 있다면 그 입력의 지연된 신호들의 각 응답들을 알 수 있을 것이고, 지연된 신호들의 선형 조합 (예를 들어, $a\,x(t) + b\,x(t-1) + c\,x(t-2) = \ldots$ 등) 이 가해진다면 시스템 응답이 어떤 모습일 지를 알 수 있다. 이 아이디어를 적용하여 시스템 입출력 관계인 콘볼루션 과정을 밝혀보자. [그림 2.9]와 같이 충격파 신호 $\delta(t)$가 시스템에 입력되었을 때 나오는 시스템의 응답을 충격파 응답이라 하며 $h(t)$로 쓴다.

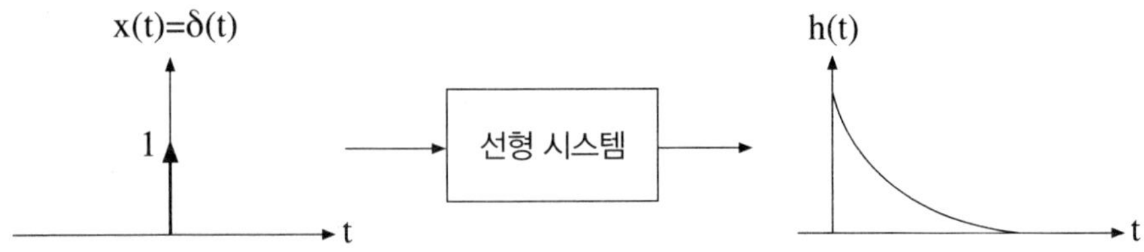

[그림 2.9] 선형 시스템의 충격파 응답

다음 [그림 2.10]과 같은 전압 파형의 임의 신호 $x(t)$가 시스템에 입력되려 한다. 고등학교 수학의 구분구적법에서 본 것처럼, 이 신호를 아주 좁게 등 간격으로 무수히 많이 잘라진 구형펄스들로 구성되도록 해보자.

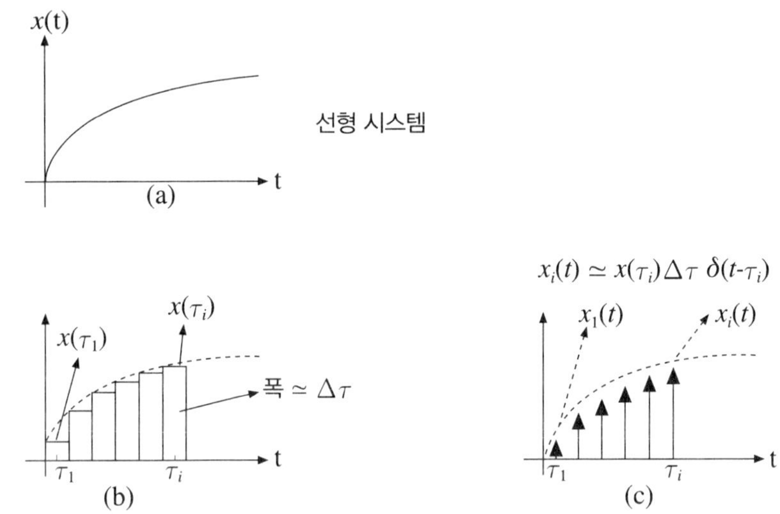

[그림 2.10] (a) 입력 신호. (b) 세밀히 나눈 근사 파형. (c) 충격파 열로 근사화한 신호

[그림 2.10]에서 신호 $x(t)$ (a)를 입력하는 대신에 근사화된 충격파 열 (c)를 시스템에 입력시켜 중첩된 출력 신호를 구해보자. (c)의 각 충격파를 [그림 2.11]과 같이 $x_1(t)$, $x_2(t)$, $x_3(t)$, ... 로 표현하면 각 $x_1(t)$는 τ_i위치에서 면적 $x(\tau_i)\Delta\tau$의 충격파가 된다. 즉,

$$x_i(t) \simeq x(\tau_i)\ \Delta\tau\ \delta(t-\tau_i) \tag{2.80}$$

$x_i(t)$의 충격파 응답 $y_i(t)$는 다음과 같이 표현된다.

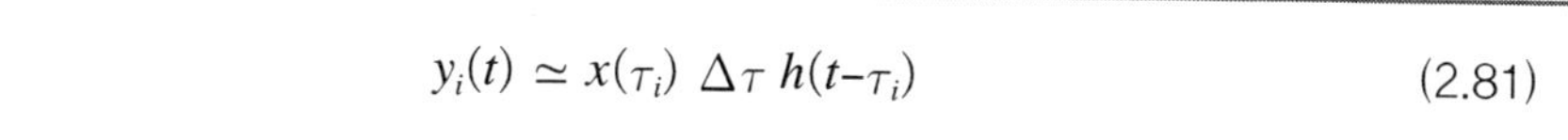

$$y_i(t) \simeq x(\tau_i)\ \Delta\tau\ h(t-\tau_i) \tag{2.81}$$

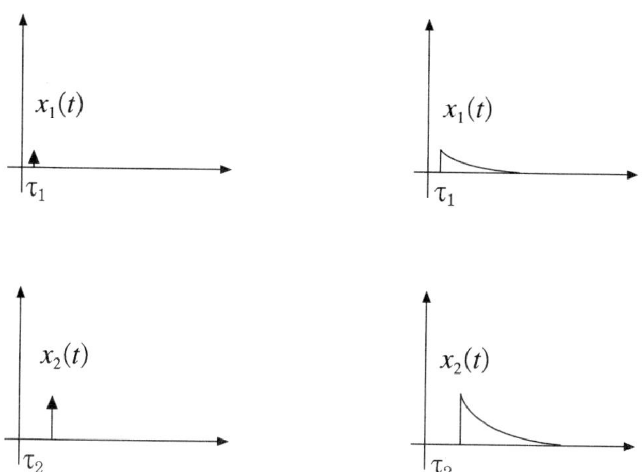

[그림 2.11] 각 충격파 입력에 대한 각 출력 응답

[그림 2.12]와 같이 입력신호 $x(t)$는 $x_i(t)$들의 합이므로 $x(t)=x_1(t)+x_2(t)+\cdots+x_i(t)+\cdots=$ 이며, 중첩의 원리에 의해 $y(t)=y_1(t)+y_2(t)+\cdots+y_i(t)+\cdots$ 이다.

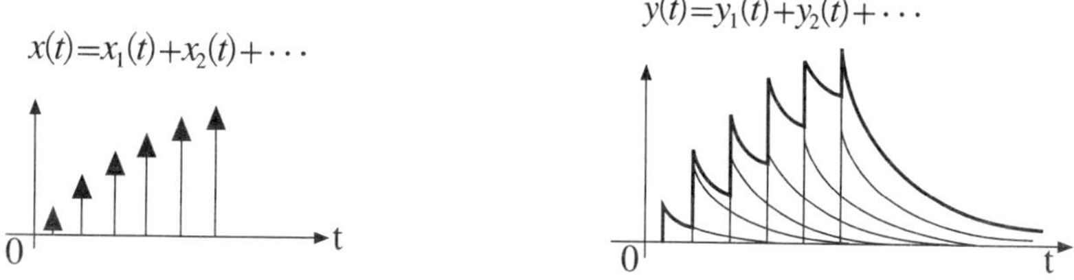

[그림 2.12] 충격파 열인 입력신호에 중첩되어 나타나는 시스템 출력의 예

따라서 다음과 같이 출력 신호 $y(t)$를 입력신호 $x(t)$와 시스템 충격파 응답 $h(t)$의 방정식으로 표현할 수 있다.

$$\begin{aligned} y(t) &\simeq x(0)\Delta\tau\ h(t)+\ ...+x(\tau_i)\Delta\tau\ h(t-\tau_i)+\ ... \\ &= \sum_i x(\tau_i)h(t-\tau_i)\Delta\tau \end{aligned} \tag{2.82}$$

이제 $\Delta\tau$를 0으로 보내면 입력되는 충격파 열은 실제 입력신호와 같아진다고 볼 수 있다. 따라서 $\Delta\tau$를 적분인자 dt로 바꿀 수 있으며 $\sum$ 은 $\int$ 로 된다.

$$\sum_i x(\tau_i)h(t-\tau_i)\Delta\tau \quad \rightarrow_{(\Delta\tau\rightarrow 0)}\rightarrow \int_0^t x(\tau)h(t-\tau)\ d\tau \qquad (2.83)$$

이것은 선형 인과(causal) 시스템에 대한 입출력 연산 관계를 나타내는 것으로서, 입력 신호 $x(t)$ 와 시스템 충격파 응답 $h(t)$가 콘볼루션 과정에 의해 출력 $y(t)$를 만들게 된다는 것을 의미한다.

$$y(t) = \int_0^t x(\tau)h(t-\tau)\ d\tau \qquad (2.84)$$

콘볼루션 과정을 기호 *로 간단히 표현하면 다음과 같다.

$$y(t) = x(t) * h(t) \qquad (2.85)$$

또한 비인과(noncausal) 시스템의 콘볼루션 적분 표현이 보다 일반적으로 쓰인다.

$$y(t) = \int_{-\infty}^{\infty} x(\tau)h(t-\tau)\ d\tau \qquad (2.86)$$

또는

$$y(t) = \int_{-\infty}^{\infty} h(\tau)x(t-\tau)\ d\tau \qquad (2.87)$$

식 (2.87)에서 인과(causal) 시스템의 콘볼루션 식 (2.84)를 구하려면 $\tau<0$ 일 때 $x(\tau)=0$과 $(t-\tau)<0$ 일 때 0과 $h(t-\tau)=0$ 임을 식 (2.86)에 대입하면 쉽게 얻어진다.

한편, 이러한 수식이 주는 콘볼루션 과정의 도식적인 의미는 입력신호를 뒤

집어서 오른쪽으로 평행이동 하면서 시스템 충격파 응답과 겹치는 부분을 서로 곱하여 적분하면 매 시간 출력이 된다는 것이다.

5) 시스템 전달함수 (transfer function)

시스템 함수 또는 전달함수로 불리기도 하는데 이것은 주파수 영역에서 본 신호 입출력 관계이다. 즉 입력신호의 스펙트럼 $X(f)$가 시스템을 거쳐 출력 스펙트럼 $Y(f)$가 되었을 때 출력 대 입력 비인 $X(f)/Y(f)$를 전달함수로 정의하고 있다. 전달함수를 구하기 위해 식 (2.86) 또는 (2.87)에 푸리에 변환을 취해보자.

$$
\begin{aligned}
Y(f) &= FT[y(t)] \\
&= \int_{-\infty}^{\infty} \int_{-\infty}^{\infty} x(\tau)h(t-\tau)\ d\tau \quad e^{-j2\pi ft}dt
\end{aligned}
\tag{2.88}
$$

선형 시스템이므로 적분 순서를 바꿀 수 있다.

$$
\begin{aligned}
Y(f) &= \int_{-\infty}^{\infty} x(\tau) \int_{-\infty}^{\infty} h(t-\tau)e^{-j2\pi ft}dt\ d\tau \\
&= \int_{-\infty}^{\infty} x(\tau)\ H(f)e^{-j2\pi f\tau}\ d\tau \\
&= H(f)\int_{-\infty}^{\infty} x(\tau)e^{-j2\pi f\tau}\ d\tau \\
&= H(f) \cdot X(f)
\end{aligned}
\tag{2.89}
$$

여기서 우리는 선형 시스템의 가장 중요하다고 할 수 있는 전달함수 특성을 얻게 된다. [그림 2.13]에 선형 시스템과 입출력 신호의 시간영역 및 주파수 영역 관계를 나타내었다. 즉, 시간영역에서는 입력 신호와 시스템 충격파 응답이 콘벌류션되어 출력신호가 만들어진다. 그러나 주파수 영역에서는 입력 스펙트럼과 시스템 스펙트럼인 전달함수가 단순히 곱해짐으로서 출력 스펙트럼을 형성한다는 점이다. 따라서 전달함수 $Y(f)/X(f)$는 시스템 충격파 응답의 푸리에 변환인 $H(f)$가 된다.

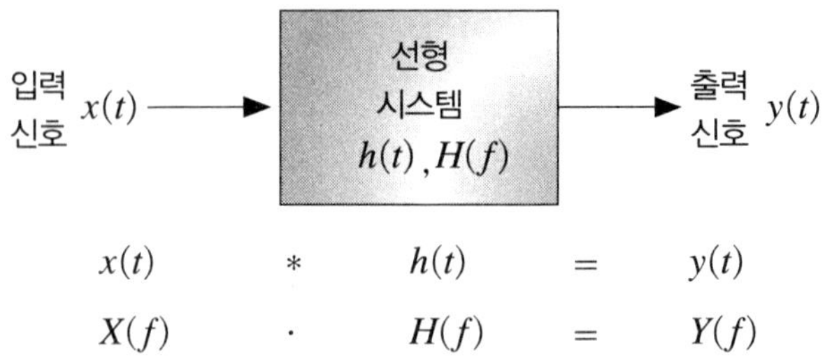

[그림 2.13] 선형 시스템과 입출력 신호의 시간영역, 주파수 영역 관계

3 선형 시스템의 전달 특성

1) 선형 시스템의 무왜곡 전달 특성

시스템 출력 신호 $u(t)$가 입력 신호 $x(t)$와 같아 보일 때 우리는 $y(t)$에 왜곡이 없다고 말한다. 좀더 정확히 말한다면 식 (2.90)과 같이 0초를 포함한 일정한 유한 시간지연 t_0가 입력신호에 발생하면서 1을 포함한 상수배 K로 입력신호가 증감되었다면 시스템의 신호 전송에 왜곡이 없다고 말한다.

$$y(t) = K\ x(t-t_0) \tag{2.90}$$

시간 영역에서 본 무왜곡 조건이 간단해 보이지만 주파수 영역에서는 조금 복잡해진다. 주파수 영역 시스템 전달함수를 크기 스펙트럼과 위상 스펙트럼으로 표현하면 다음과 같다.

$$H(f) = A(f)\,e^{j\theta(f)} \tag{2.91}$$

$A(f)$는 시스템의 신호 전달과정에서 주파수 분포에 따른 신호 진폭

(amplitude) 의 증감을 나타내며 $\theta(f)$ 는 입력신호의 각 주파수 성분에 미치는 위상(phase) 영향을 나타낸다. 무왜곡 조건을 주파수 영역으로 변환해 보면 K와 t_d가 어떻게 표현되는지 알 수 있다.

$$Y(f) = K\,X(f)\,e^{-j2\pi f t_d} \tag{2.92}$$

$$Y(f)\,/\,X(f) = H(f) = K\,e^{-j2\pi f t_d} \tag{2.93}$$

즉, 주파수성분 마다 끼치는 진폭영향 $A(f)$와 위상영향 $\theta(f)$는 다음과 같음을 알 수 있다.

$$A(f) = K, \quad \theta(f) = -2\pi f t_d \tag{2.94}$$

따라서 [그림 2.14]에 나타낸 것과 같이 무왜곡 전송을 위한 시스템의 전달 조건은 해당 주파수 대역 내의 모든 주파수 성분 f 에 대해 일정한 크기(flat) 의 진폭 특성을 가져야 하며 주파수 f 에 대해 위상은 ($-2\pi f t_d$)의 상수 기울기를 갖는 선형 위상 특성을 가져함을 알 수 있다.

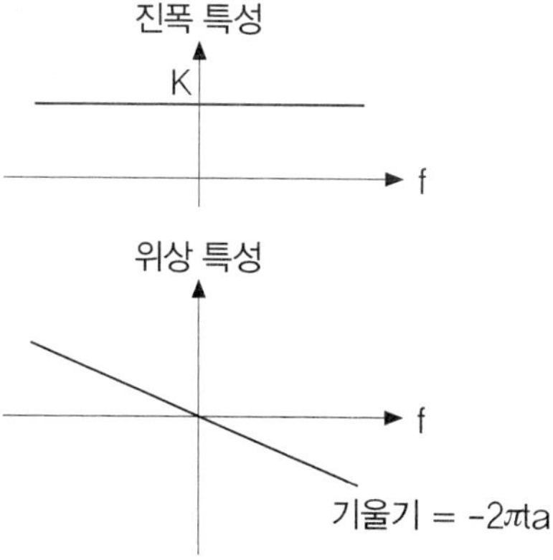

[그림 2.14] 무왜곡 전달 시스템의 주파수에 대한 진폭 및 위상 특성

2) 이상적 저역통과 필터 특성

우리의 귀가 들을 수 있는 영역이 20-20000 Hz로 제한되어 있듯이 현실적 물리적 한계의 결과로 무한 주파수 대역폭을 갖는 시스템 구축은 불가능하다. 이런 주파수 제약에도 불구하고 무왜곡 신호전달이 가능하도록 한 필터에 대해 다루어 보자.

필터의 차단 주파수보다 높은 주파수 성분을 갖지 않는 입력 신호에 대해 이상적인 무왜곡 시스템으로 작동하는 선형 필터로서 이상적 저역통과 필터가 있다. 이 필터의 시스템 전달 함수는 식 (2.95)와 같으며 [그림 2.15]에 진폭 및 위상 특성을 나타내었다.

$$H(f)=\begin{cases} Ke^{-j2\pi f t_0} & |f|< W \\ 0 & |f| > W \end{cases} \tag{2.95}$$

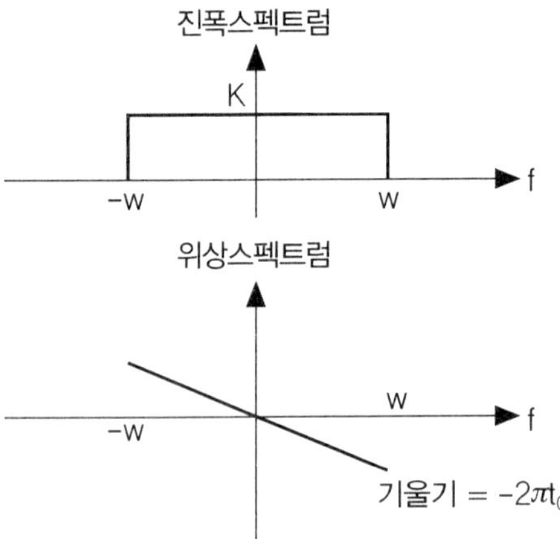

[그림 2.15] 이상적 저역통과 필터의 주파수 특성

이 이상적 저역통과 필터의 충격파 응답 $h(t)$는 $H(f)$를 푸리에 역변환하여 구해진다. 이 때 푸리에 변환의 쌍대성을 이용하자.

$$\begin{aligned} h(t) &= \int_{-W}^{W} Ke^{-j2\pi f t_0}\ e^{+j2\pi f t} df \\ &= 2WK\ \mathrm{sinc}(\ (t-t_0)2W\ ) \end{aligned} \tag{2.96}$$

[그림 2.16]에 나타낸 것과 같이 이 파형은 진폭 $2WK$이고 시간 t_0지연된 표본화 함수 형태이다. 만약 t_0가 0이라면 진폭 스펙트럼에는 변화가 없으나 위상 모양은 기울기 0의 직선이 되어 주파수축과 일치되며 충격파 응답 $h(t)$는 지연되지 않은 표본화 함수 형태가 될 것이다.

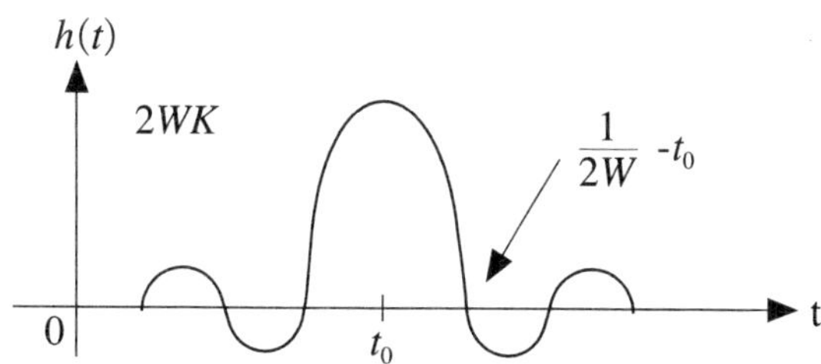

[그림 2.16] 이상적 저역통과 필터의 충격파 응답 특성

[그림 2.16] 이상적 저역통과 필터의 충격파 응답 특성

[그림 2.15]와 [그림 2.16]을 비교해보면 충격파 응답의 폭과 진폭 스펙트럼의 대역폭은 서로 역수관계임을 알 수 있다. 또한 시간 $t<0$에서도 충격파 응답이 존재하여 이상적 저역통과 필터는 인과(causal) 시스템이 아님을 알 수 있다. 그러므로 이 필터는 비록 대역 제한의 문제를 해결하였어도 아직 실현가능한 현실적 필터가 아닌 이상적 필터임을 알 수 있다. 선형 시스템이 인과(causal) 이기 위한 필요 충분조건은 시간 $t<0$에서 충격파 응답이 0이 되어야 한다.

참고문헌

E. Kreyszig, Advanced Engineering Mathematics, fourth edition, John Wiley & Sons, New York, 1979.

A. Papoulis, The Fourier Integral and Its Applications, McGraw-Hill, New York, 1962.

R. Bracewell, The Fourier Transform and Its Applications, second edition, McGraw-Hill, New York, 1978.

A. Papoulis, Circuits and Systems-A Modern Approach, HRW, New York, 1980.

A. V. Oppenheim, A. S. Willsky, and I. T. Young, Signals and Systems, Prentice-Hall, N.J., 1983.

연습문제

1 다음과 같은 구형파 주기 신호가 있다. 주기는 몇 초인가?, 기본 주파수는?, 이 주기 신호를 푸리에 급수의 삼각 함수 형태로 전개할 때 a_0, a_n, b_n을 구하라.

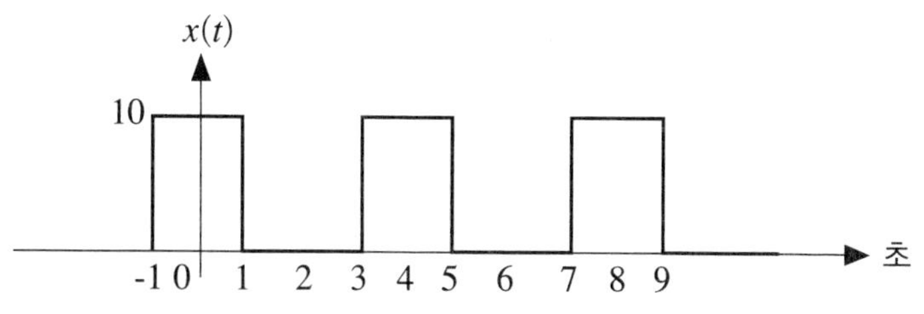

그림 2.16 대칭적인 구형파 주기신호

2 그림 2.16 의 구형파 주기 신호가 오른쪽으로 0.5초 평행이동한 파형에 대해 푸리에 급수의 삼각 함수 형태로 전개하고자 한다. a_0, a_n, b_n을 구하라.

3 그림 2.16 의 구형파 주기 신호에 대해 푸리에 급수의 복소형태로 나타내고자한다. C_n 을 구하라. C_0는 어떻게 구해야 하며 값은 얼마인가?

4 $x(t) = 2\cos 200t$의 평균전력을 시간영역 적분에 의해 구하라.

5 문제 2.4 의 $x(t) = 2\cos 200t$의에 대해, 푸리에 급수 C_n 을 구한 뒤 이것들의 제곱된 값을 모두 더한 값과 문제 2.4 의 답을 비교하라.

6 $\delta(t)$함수가 포함된 적분, $\int_{-\infty}^{\infty} e^{-t}\delta(t-5)dt$ 을 구하라.

7 다음과 같은 comb함수 (comb function) 의 푸리에 계수 C_n 이 1/T 임을 보여라.

8 신호 $x(t)=e^{-2|t|}$ 의 푸리에 변환이 $X(f)=\dfrac{4}{4+4\pi^2 f^2}$ 임을 보여라.

9 문제 2.8 의 신호에 대해 시간영역에서 에너지가 1/2 임을 보여라.

10 문제 2.8 의 신호에 대해 주파수 영역 에너지가 1/2 로 시간영역에서 구한 것과 같음을 보여라.

11 $rect(t/1)$의 푸리에 변환이 $\mathrm{sinc}(\pi f)$임을 보이고 푸리에 변환의 쌍대성을 이용하여 $\mathrm{sinc}(\pi/2)$의 푸리에 변환을 구하라.

12 $m(t)$의 스펙트럼이 $M(f)$ 라 할 때, $m(t)\cos(2\pi f_c t)$의 스펙트럼은 $\frac{1}{2}M(f-f_c)+\frac{1}{2}M(f+f_c)$ 임을 공부했다. $m(t)\cos(2\pi f_m t)$, $f_c \gg f_m$인 조건에서 $m(t)\cos(2\pi f_c t)$의 스펙트럼을 구하라.

13 문제 2.12에서 구한 스펙트럼을 주파수 축에 그려보라.

14 콘벌류션 $rect(t/a)*rect(t/a)$을 계산하라.

15 문제 2.14의 시간영역 콘벌류션 결과의 주파수 변환을 구하라 (시간영역 콘벌류션의 주파수 영역 관계를 이용하면 쉽다).

16 문제 2.1의 구형파에 1 볼트 직류전압이 더해진 신호에 대해, 자기상관

함수 $R(\tau)$를 구하고 그림을 그려라 (주기함수이므로 극한을 취하지 말고 한주기 내에서 계산하면 된다).

17 필터의 시스템 전달 함수가 다음과 같을 때 입력 신호로 $x(t)=10\delta(t)$가 들어간다. 필터의 출력을 구하여 그려보라.

$$H(f)=2e^{-j2\pi f}, \qquad |f|>10$$
$$=0, \qquad |f|>10$$

18 식(2.28)은 시간영역 모양과 주파수 영역 모양이 서로 맞바꿀 수 있다는 것을 의미한다. 증명하라.

$$x(-f) \leftrightarrow X(t)$$

제 3 장

확률이론 및 랜덤과정

01. 확률이론

02. 랜덤변수

03. 랜덤과정

통신시스템에서 전송하는 정보는 본질적으로 불확실성(uncertainty) 혹은 랜덤 특성(random nature)이 있다. 만약 전송할 정보에 불확실성이 전혀 없다면(수신자가 이미 알고 있는 정보라면) 전송할 의미가 없기 때문이다. 전송할 정보뿐만 아니라 채널에서 더해지는 잡음(noise)도 랜덤한 특성이 있으며 수신단에 수신되는 수신 신호 또한 랜덤 신호 형태다. 따라서 이러한 신호는 자연스럽게 랜덤과정(random process)으로 모델링될 수 있으며, 통계학적 수학 도구를 이용해 랜덤과정을 분석하는 것이 필요하다.

본 장에서는 확률이론(probability theory)과 랜덤변수(random variable)의 기초적인 내용을 살펴보고, 이를 이용해 랜덤과정과 이를 분석할 수 있는 수학적 기법을 소개한다.

확률이론

1 용어 정의

확률 개념을 살펴보려면 실제 물리적인 실험(experiment)의 개념에서 출발하는 것이 좋다. 실험을 한 번 실행하는 것을 시행(trial)이라고 하며, 시행에는 반드시 시행결과(outcome)가 존재한다, 예를 들어 정육각형의 주사위를 던진 후 윗면에 나타나는 점의 개수를 관찰하는 실험을 시행하면 시행 결과는 여섯가지로 나타나며, 이 결과들이 발생할 가능성은 모두 1/6이 된다.

어떤 실험에서 발생 가능한 모든 시행결과를 모아 놓은 집합을 표본공간(sample space)이라 하는데 S로 표현한다. 위 실험의 경우 표본공간은 6개의 시행결과 값으로 구성된다. 표본공간은 주어진 실험 결과의 전체 집합이라고 할 수 있으며, 실험이 다르면 표본공간도 달라진다. 주사위를 던지는 실험의 표본공간은 6개의 이산 값으로 구성되는데, 이를 이산 표본공간(discrete sample space)이라고 하며, 구성 원소의 개수가 유한(finite)하므로 유한 표본공간(finite sample space)이라고 한다.

한편, 어떤 실험은 표본공간을 구성하는 원소를 셀 수 없을 때가 있다, 예를 들어 연속 랜덤신호(continuous random signal)의 크기를 측정하는 실험의 시행결과는 측정하는 순간마다 크기가 다르며 셀 수 없는 연속 값을 가지게 된다. 이러한 원소로 구성된 표본공간을 연속 표본공간(continuous sample space)이라고 하며, 구성 원소의 개수가 무한하므로 무한 표본공간(infinite sample space)이라고 한다.

일반적으로 실험의 시행결과 값 자체보다는 특정한 성격이 있는 시행결과 값에 더 관심이 있는 경우가 많다. 이러한 시행결과 값의 집합을 사건(event)이라고 한다. 예를 들면, 정육면체의 주사위를 던지는 시험에서 윗면에 나오는 점의 개수가 짝수인 사건을 정의할 수 있다. 사건은 전체 표본공간의 부분집합(subset)이라고 할 수 있으며, 사건 자체가 집합이므로 집합이론에서 사용되는 모든 수학적 개념을 사건에도 적용할 수 있다. 예를 들면, 주사위를 던지는 실험에서 윗면의 점 개수가 짝수인 사건과 홀수인 사건은 공유하는 원소가 전혀 없으므로 두 사건의 집합은 상호 배타적(mutually exclusive) 사건이라고 할 수 있다.

확률에 대한 정의를 내리기 전에 중요한 네 가지 용어를 정리하면 다음과 같다.

- ○ 시행결과 (outcome) : 예를 들어 주사위를 던지는 행위 자체를 시행 또는 실험(experiment)이라 하며 이 때 나온 결과 즉, 나온 주사위 눈을 시행결과라 한다.
- ○ 표본공간 (sample space) : 어떤 실험에서 발생 가능한 모든 시행결과를 모아 놓은 집합으로 S로 표현
- ○ 사건 (event) : 많은 시행결과 중에 따져보고자 하는 시행결과 또는 따져보고자 하는 시행결과의 특정 조합을 말한다. 표본공간에 N개의 가능한 시행결과들이 있을 때 정의될 수 있는 사건의 총 개수는 2^N개 이다.
- ○ 상호 배타적 사건 (mutually exclusive event) : 임의 두 사건 A와 B에 서로 공통적으로 발생할 수 있는 시행결과나 요소들이 전혀 없는 경우, 사건 A와 B는 상호 배타적 사건이다.

[예제 3.1] 하나의 동전을 던지는 실험을 생각해 보자. 하나의 동전을 던져서 앞면이 나오면 H, 뒷면이 나오면 T로 표현하도록 하자. 그러면 실험을 통해 나온 시행결과의 집합인 표본공간은 다음과 같다.

$$S = \{H, T\}$$

표본공간 안에 2개의 시행결과 만이 존재하므로 다음과 같이 총 4개의 사건을 정의할 수 있다.

사건 A_1: H(앞면)가 나오는 것
사건 A_2: T(뒷면)이 나오는 것
사건 A_3: H(앞면) 또는 T(뒷면)이 나오는 것
사건 A_4: H(앞면) 또는 T(뒷면)이 나오지 않은 것

이때, 사건 A_1과 사건 A_2는 동시에 발생될 수 없기 때문에 사건 A_1과 사건 A_2는 상호 배타적 사건이다.

2 확률의 정의

이제, 한 실험이 N번 시행되었고 어떤 사건 A에 속하는 시행결과가 n번 나왔다고 하자. 만약 N이 충분히 크다면 사건 A의 확률은 비율 n/N으로 주어진다. 즉,

$$P(A) = \lim_{N \to \infty} \frac{n}{N} \qquad (3.1)$$

동전을 던져 앞면이 나오는 사건을 A라고 하면 A의 발생 확률은 $P(A) = 1/2$이다. 이는 동전을 던지는 횟수를 크게 하여 무한대로 근접할수록 1/2값에 수렴되기 때문이다. 사건 A의 확률 $P(A)$에 대해 다음과 같은 공리(axiom)가 성립한다.

$$P(A) \geq 0 \qquad (3.2)$$

$$P(S) = 1 \qquad (3.3)$$

$$P\left(\bigcup_{n=1}^{N} A_n\right) = \sum_{n=1}^{N} P(A) \quad , \quad \begin{matrix} A_m \cap A_n = \varnothing \\ m \neq n = 1,2,3,\cdots,N \end{matrix} \tag{3.4}$$

임의의 사건에 대한 확률 값이 음수인 경우가 없는 것은 자명하며 전체집합 S의 확률 또한 1임은 분명하다. 식 (3.4)는 상호 배타적인 사건의 합집합에 대한 확률이며, 각각의 집합의 확률을 합한 것과 같다는 의미다. 지금까지 우리는 실험을 모델링하기 위해 먼저 표본공간 S를 정의했으며 S의 원소 중에서 관심이 있는 시행결과만을 모아 만든 집합인 사건 A를 정의한 후 이에 대한 확률 $P(A)$를 정의했다.

[예제 3.2] 두 개의 주사위를 던져 나오는 눈의 합을 관찰하는 실험을 생각해보자. 표본공간 S는 다음과 같이 36개의 점들로 구성될 것이다.

(1,1)	(1,2)	(1,3)	(1,4)	(1,5)	(1,6)
(2,1)	(2,2)	(2,3)	(2,4)	(2,5)	(2,6)
(3,1)	(3,2)	(3,3)	(3,4)	(3,5)	(3,6)
(4,1)	(4,2)	(4,3)	(4,4)	(4,5)	(4,6)
(5,1)	(5,2)	(5,3)	(5,4)	(5,5)	(5,6)
(6,1)	(6,2)	(6,3)	(6,4)	(6,5)	(6,6)

이때, 36개의 시행결과를 $A_{i,j}$로 표시하자. 여기에서 i는 행을 j는 열을 나타낸다. 그러면 각 시행결과 값은 $P(A_{i,j}) = 1/36$ 이다.

(a) {두 눈의 합이 7}인 사건을 사건 A라고 할 때 P(A)를 구해보자.

$$P(A) = P(A_{1,6} \cup A_{2,5} \cup A_{3,4} \cup A_{4,3} \cup A_{5,2} \cup A_{6,1})$$

$$= \sum_{i=1}^{6} P(A_{i,7-i}) = 6 \cdot \frac{1}{36} = \frac{1}{6}$$

(b) {8<두 눈의 합 ≦ 11}인 사건을 사건 B라고 할 때 P(B)를 구해보자.

$$P(B) = P(A_{3,6} \cup A_{4,5} \cup A_{5,4} \cup A_{6,3} \cup A_{4,6} \cup A_{5,5} \cup A_{6,4} \cup A_{5,6} \cup A_{6,5})$$

$$= 9 \cdot \frac{1}{36} = \frac{1}{4}$$

(c) {두 눈의 합 > 10}인 사건을 사건 C라고 할 때 P(C)를 구해보자.

$$P(C) = P(A_{5,6} \cup A_{6,5} \cup A_{6,6})$$

$$= 3 \cdot \frac{1}{36} = \frac{1}{12}$$

3 결합 확률 (joint Probability)

사건 A, B가 동시에 발생할 확률을 결합 확률이라 부르며 $P(AB)$로 정의한다. 만약 사건 A와 B가 상호 배타적 사건이면 $P(AB)=0$이다.

4 조건부 확률 (conditional Probability)

사건 B가 주어졌을 때, 사건 A의 조건부 확률은 다음과 같이 정의된다. 이때, 주어진 B의 확률은 0이 아니라고 가정하며 $P(AB)$는 사건 A, B가 동시에 발생할 결합 확률이다.

$$P(A/B) = \frac{P(AB)}{P(B)} \tag{3.5}$$

확률 $P(A/B)$는 사건 A의 확률이 사건 B에 의존한다는 것을 의미하며 만약 A와 B가 상호 배타적 사건이면 $P(AB)=0$이므로 $P(A/B)=0$이다.

조건부 확률의 식 (3.5)로부터 다음의 유용한 몇 가지 관계를 얻을 수 있다.

$$P(AB) = P(A/B)P(B) = P(B/A)P(A) \quad (3.6)$$

$$P(A/B) = \frac{P(B/A)P(A)}{P(B)},\ P(B) \neq 0$$: 베이즈법칙(Bayes Rule) (3.7)

$$P(ABC) = P(A)P(B/A)P(C/AB)$$: 체인법칙(Chain Rule) (3.8)

[예제 3.3] 주머니에 100원짜리 동전 6개와 500원짜리 동전 4개가 있다. 연속하여 한 번에 하나씩 동전을 두 번 집는다고 하자. 이때 500원짜리 동전과 100원짜리 동전이 각각 한 개씩 잡힐 확률을 구하라. 단, 집었던 동전은 다시 넣지 않는다.

[풀이] 첫 번째에 100원짜리 동전을 집는 사건을 A, 두 번째에 100월짜리 동전을 집는 사건을 B, 첫 번째에 500원짜리 동전을 집는 사건을 C, 두 번째에 500원짜리 동전을 집는 사건을 D라고 하자. 순서에 관계없이 100원짜리 동전과 500원짜리 동전이 각각 한 개씩 집하면 되므로 다음가 같이 두 가지 경우가 존재한다.

$$P(AD) + P(CB) = P(D|A)P(A) + P(B|C)/P(C)$$
$$= \left(\frac{4}{9} \times \frac{6}{10}\right) + \left(\frac{6}{9} \times \frac{4}{10}\right) = \frac{8}{15}$$

5 통계적 독립

한 사건의 발생확률이 다른 사건의 발생확률에 영향을 미치지 않는 경우를 우리는 통계적 독립이라고 한다. 수식으로는 다음과 같다.

$$P(AB) = P(A)P(B) \quad (3.9)$$

그러므로

$$P(A/B) = P(A), \quad P(B/A) = P(B) \tag{3.10}$$

이다. 통계적 독립은 복잡한 확률관계들을 아주 간단하게 만들어 주므로 이 책 뿐 아니라 많은 공학적 응용에서도 흔히 사용되고 있다. 주의할 것은 상호 배타적 사건의 경우 $P(AB)=0$이므로 혼돈하지 말기 바란다.

[예제 3.4] 52장의 카드 중에서 2장만을 뽑는 실험을 한다고 가정하자.

(a) 첫 번째 카드를 뽑은 후 다시 넣지 않고 두 번째 카드를 뽑는다. 첫 번째 카드가 하트이고 두 번째 카드도 하트일 확률을 구하라.

(b) 첫 번째 카드를 뽑은 후 다시 넣고 두 번째 카드를 뽑는다. 첫 번째 카드가 하트이고 두 번째 카드도 하트일 확률을 구하라.

[풀이]

(a) 첫 번째 카드가 하트일 사건을 A라고 하고, 두 번째 카드가 하트일 사건을 B라고 하면, 사건 B는 사건 A에 영향을 받는다. 하트는 13장이고 사건 A에 의해 하트가 한 장 없으므로 사건 B의 확률은 $P(B/A)=12/51$이다. 따라서 첫 번째 카드와 두 번째 카드 모두 하트일 확률은

$$P(AB) = P(A)P(B|A) = \frac{13}{52} \times \frac{12}{51} = \frac{3}{51}$$

이다.

(b) 사건 A와 사건 B는 서로 영향을 주지 않으므로 독립 사건으로 볼 수 있다, 따라서 $P(AB)=P(A)P(B)$를 적용할 수 있으므로 첫 번째 카드와 두 번째 카드 모두 하트일 확률은

$$P(AB) = \frac{13}{52} \times \frac{13}{52} = \frac{1}{16}$$

이다.

[예제 3.5] 두 개의 동전을 던지는 실험을 한다고 하자. 사건 A는 두 개의 동전 중 최소한 한 개가 앞면이 나오는 경우라 하고, 사건 B는 두 개가 모두 같은 면이 나오는 경우라고 하자.

(a) 사건 A와 사건 B의 확률을 구하시오.

(b) 조건부 확률 P(A/B)와 P(B/A)를 구하시오.

(c) 두 사건은 서로 독립인가?

[풀이] 동전을 던져서 앞면이 나오면 H, 뒷면이 나오면 T로 표기하도록 하자. 그러면 실험을 통해 나온 모든 결과의 집합인 샘플공간은

$$S = \{HH, HT, TH, TT\}$$

와 같이 되고 사건 A와 사건 B는 $A = \{HH, HT, TH\}$, $B = \{HH, TT\}$와 같이 된다.

(a) P(A)=3/4, P(B)=2/4=1/2

(b) 사건 A와 사건 B가 동시에 일어나는 사건 $AB = \{HH\}$이므로

$$P(B/A) = \frac{P(AB)}{P(A)} = \frac{\frac{1}{4}}{\frac{3}{4}} = \frac{1}{3}$$

$$P(A/B) = \frac{P(AB)}{P(B)} = \frac{\frac{1}{4}}{\frac{1}{2}} = \frac{1}{2}$$

(c) 두 사건이 독립하기 위해서는 $P(AB) = P(A)\ P(B)$을 만족하여야 하므로 먼저 왼쪽과 오른쪽 항을 각각 계산해 보자.

$$P(AB) = \frac{1}{4}$$

$$P(A)P(B) = \frac{3}{4} \cdot \frac{1}{2} = \frac{3}{8}$$

$P(AB) \neq P(AB)\ P(A)\ P(B)$이므로 독립이 아니다.

[예제 3.6] 어느 특정한 트랜지스터를 조사한 결과 다음과 같은 분석이 나왔다.

제조회사	결함분류					합
	B_1 (정상)	B_2 (극심)	B_3 (심각)	B_4 (다소)	B_5 (조건부)	
M_1	124	6	3	1	6	140
M_2	145	2	4	0	9	160
M_3	115	1	2	1	1	120
M_4	101	2	0	5	2	110
합	485	11	99	7 1	8	530

530개의 트랜지시터중에서 한 개를 랜덤하게 뽑을 경우 다음을 구하라.

(a) 제품회사 M_2의 제품으로 정상일 확률

(b) 제품이 극심한 결함일 확률

(c) 제품회사 M_1의 제품일 확률

(d) M_2회사의 제품으로서 극심한 결함일 확률

(e) 극심한 결함으로써 M_1 회사의 제품일 확률

[풀이]

(a) 제품회사 M_2의 제품으로 정상일 확률은 다음과 같다.

$$P(M_2B_1) = \frac{145}{530}$$

(b) 제품이 극심한 결함일 확률은 다음과 같다.

$$P(B_2) = P(M_1B_2) + P(M_2B_2) + P(M_3B_2) + P(M_4B_2)$$
$$= \frac{6}{530} + \frac{2}{530} + \frac{1}{530} + \frac{2}{530} = \frac{11}{530}$$

또한 $P(B_2)$는 표의 밑에 가장자리로부터 직접 구할 수도 있다. 즉,

$$P(B_2) = \frac{11}{530}$$

(c) 제품회사 M_1의 제품일 확률은 표의 오른쪽 가장자리로부터 직접 구할 수 있다.

$$P(M_1) = \frac{140}{530}$$

(d) M_2회사의 제품으로서 극심한 결함일 확률은 다음과 같다.

$$P(B_2/M_2) = \frac{P(B_2M_2)}{P(M_2)} = \frac{2}{160}$$

(e) 극심한 결함으로써 M_1 회사의 제품일 확률은 다음과 같다.

$$P(M_1/B_2) = \frac{P(B_1B_2)}{P(B_2)} = \frac{6}{11}$$

6 전체 확률 (total Probability)

사건 $A_1, A_2 \cdots A_n$이 표본공간 S의 분할을 이룬다고 하자. 즉 사건 A_i는 서로 상호 배타적이고 $\bigcup_{i=1}^{n} A_i = S$이다. 지금 B가 동일한 확률공간에서 정의된 임의의 사건이라 하면 $B \cap A_i$ 의 각각은 상호 배타적이다. 그러므로 사건 B의 확률은 다음과 같다.

$$P(B) = P(A_1 B) + P(A_2 B) + \cdots + P(A_n B) = \sum_{i=1}^{n} P(A_i B) \tag{3.11}$$

이 식에 조건부 확률 식 (3.6)을 적용하면

$$\begin{aligned} P(B) &= P(A_1 B) + P(A_2 B) + \cdots + P(A_n B) \\ &= P(B/A_1)P(A_1) + P(B/A_2)P(A_2) + \cdots + P(B/A_n)P(A_n) \\ &= \sum_{i=1}^{n} P(B/A_i)P(A_i) \end{aligned} \tag{3.12}$$

가 되며 이를 전체 확률이라 한다.

[예제 3.7] 이진 디지털 통신 시스템에서는 송신측에서 0 또는 1에 해당하는 신호를 전송하고 수신측에서는 수신된 신호로부터 정보가 0인지 1인지를 판단한다. 송신측에서 전송할 정보가 0인 사건을 A_0로, 전송할 정보가 1인 사건을 A_1으로 나타내자. 또한 수신측에서 0으로 판단하는 사건을 B_0로, 1로 판단하는 사건을 B_1으로 나타내자. 송신측에서 데이터가 0일 확률과 1일 확률이 각각 $P(A_0)=0.8$과 $P(A_1)=0.2$로 사전에 주어졌다고 가정하자. 잡음의 영향으로 0을 전송하였는데 수신기가 1로 오판할 확률이 p=0.1이며, 반대

로 1을 전송하였는데 수신기가 0으로 오판할 확률도 동일하게 p=0.1이라고 가정하자.

(a) 수신기의 오류 확률을 구하시오.

(b) 어떤 순간에 수신측에서 신호를 1로 판단하였는데 실제로 송신측에서 1을 전송하였을 확률을 구하시오.

[풀이] 주어진 통신 채널의 특성은 다음과 같이 조건부 확률로써 표현된다.

$$P(B_1/A_0)=P(B_0/A_1)=p=0.1$$
$$P(B_0/A_0)=P(B_1/A_1)=1-p=0.9$$

이와 같은 특성의 채널 모델을 이진 대칭채널(binary symmetric channel:BSC)이라 하며, [그림 3.1]과 같다.

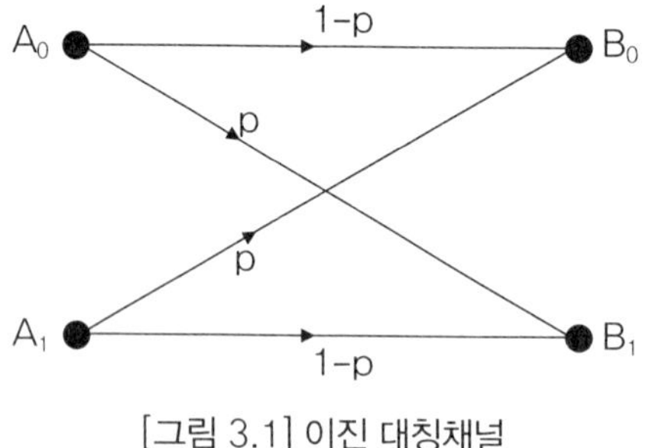

[그림 3.1] 이진 대칭채널

(a) 수신기의 오류확률

$$\begin{aligned} P_e &= P(A_0B_1)+P(A_1B_0) && \text{: 결합 확률로 표현} \\ &= P(B_1/A_0)P(A_0)+P(B_0/A_1)P(A_1) && \text{: 결합 확률을 조건부 확률로 표현} \\ &= 0.1 \cdot 0.8+0.1 \cdot 0.2=0.1 \end{aligned}$$

(b) 수신측에서 신호를 1로 판단하였는데 실제로 송신측에서 1을 전송하였을 확률 $P(A_1/B_1)$은 다음과 같다.

$$P(A_1/B_1) = \frac{P(A_1B_1)}{P(B_1)}$$

$$= \frac{P(A_1B_1)}{P(A_0B_1) + P(A_1B_1)}$$: 분모에 전체 확률을 적용

$$= \frac{P(B_1/A_1)P(A_1)}{P(B_1/A_0)P(A_0) + P(B_1/A_1)P(A_1)}$$: 결합 확률을 조건부 확률 로 표현

$$= \frac{0.9 \cdot 0.2}{0.1 \cdot 0.8 + 0.9 \cdot 0.2} = 0.69$$

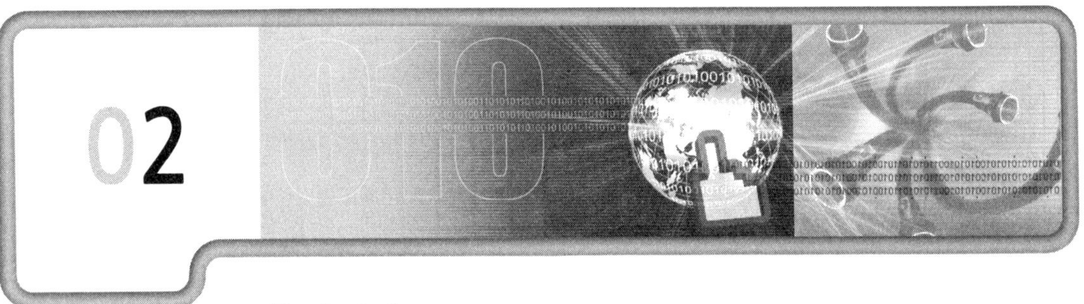

02 랜덤변수

어떤 실험을 실행한 결과에서 특정한 성격이 있는 결과만을 모아 놓은 집합을 사건(event)이라고 정의한 바 있다. 실험의 결과 자체만을 생각하는 것보다 사건을 정의해 실험을 다루는 것이 더 유용하지만, 사건은 서술적으로 표현할 수밖에 없으므로 수학적 혹은 공학적으로 사용하기에는 적절치 못하다. 이러한 사건을 숫자와 연결해 실질적인 확률 문제를 효율적으로 다룰 수 있는 개념이 있다. 이것이 바로 랜덤변수(random variable:RV)이다.

1 랜덤변수의 정의

랜덤변수(random variable:RV)란 임의의 시험으로부터 얻은 결과에 실수(real number)로 일대일 대응시키는 함수(real function) 혹은 규칙(rule)이다. 일반적으로 랜덤변수는 대문자로 나타내며, 랜덤변수에 의해 할당되는 특정 실수 값을 랜덤변수의 값이라고 하며 소문자로 표시한다. 어떤 실험에 대한 표본 공간 S의 원소 s를 특정 규칙에 따라 실수에 할당하면 [그림 3.2]와 같이 이 규칙을 함수 X(s)로 표시할 수 있다. 이때 X(s)를 랜덤변수라고 한다. 랜덤변수에 의해 할당되는 실수 값은 소문자 x로 표시한다. 다시 말해 x는 랜덤변수 X(s)가 가질 수 있는 실제 값이며, x 값들을 통칭하는 것이 랜덤변수 X(s)라고도 볼 수 있다.

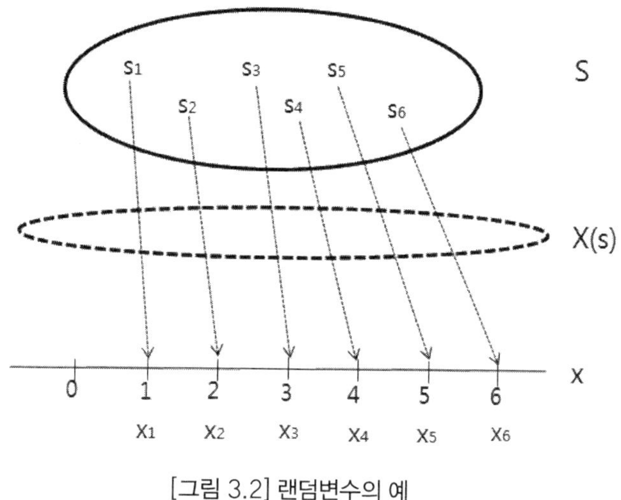

[그림 3.2] 랜덤변수의 예

예를 들어 주사위를 던지는 실험에서 랜덤변수 X가 주사위 윗면에 나타나는 점의 개수로 정의된다고 하자. 표본공간 S의 표본 값 s와 랜덤변수 X와의 관계는 다음 표와 같으며 그림으로 나타내면 [그림 3.2]와 같다.

S	P(S)	X
S_1 : 점이 1	1/6	$X_1 = 1$
S_2 : 점이 2	1/6	$X_2 = 2$
S_3 : 점이 3	1/6	$X_3 = 3$
S_4 : 점이 4	1/6	$X_4 = 4$
S_5 : 점이 5	1/6	$X_5 = 5$
S_6 : 점이 6	1/6	$X_6 = 6$

[그림 3.2]에서 랜덤변수 X가질 수 있는 실수 값 x는 {1, 2, 3, 4, 5, 6} 중의 하나이며 X가 갖는 값은 이산 값이므로 X를 이산 랜덤변수(discrete random variable)라고 한다. 랜덤변수는 원하는 모든 규칙 혹은 함수 형태가 될 수 있으나, 하나의 랜덤변수가 여러 개의 값을 동시에 가질 수 없다. 다시 말해 표본공간의 표본 값 s와 랜덤변수 X의 값은 일대일 대응 관계에 있어야 한다. 또한 랜덤변수 X의 확률 값은 식 (3.13)을 만족해야 한다.

$$P\{X=-\infty\} = 0,\ P\{X=-\infty\} = 0 \tag{3.13}$$

이는 임의의 표본 값 s에 대한 랜덤변수 X의 값이 -∞나 ∞가 되는 것을 방지하기 위함이다. 한편 랜덤변수의 값이 연속적인 값을 갖는 경우를 연속 랜덤변수(continuous random variable)라고 한다.

랜덤변수가 정의되면 우리는 자연스럽게 랜덤변수에 확률 개념을 적용할 수 있다. 예를 들어 [그림 3.2]에서 랜덤변수 X가 갖는 값을 $x_1=1$, $x_2=2, \cdots, x_6=6$이라고 할 때 랜덤변수 X가 5일 확률은 $P(X=x_5) = 1/6$으로 표시할 수 있다. 마찬가지로 주사위 윗면에 나타나는 점의 수가 3개 이상일 확률은 $P(X\geq x_3)=1/2$이다. 또한 주사위 윗면에 나타나는 점의 수가 홀수일 확률은 $P(X=x_1)+P(X=x_3)+P(X=x_5)=1/2$이다.

통신채널에서 부가되는 열잡음과 같은 백색잡음은 일반적으로 0[V]를 중심으로 양의 값과 음의 값을 랜덤한 형태로 갖게 된다. 이와 같은 백색잡음의 크기를 랜덤변수 X로 정의한다면 랜덤변수 X의 실제 값은 연속적인 값을 가지므로 연속 랜덤변수가 된다. 연속 랜덤변수의 경우에도 확률 개념을 쉽게 적용하여 표현할 수 있는데 백색잡음의 크기가 0보다 클 확률은 $P(X>0)=1/2$로 나타낼 수 있다.

앞에서 설명한 바와 같이 랜덤변수는 사건(event)의 결과 값을 숫자와 일대일 대응시켜 정의한 것이므로 사건에 적용된 모든 확률 개념은 랜덤변수에 대해서도 그대로 적용할 수 있다.

예를 들어 이산 랜던변수 X의 전체 확률은 1이므로

$$\sum_i P(X=x_i)=1 \tag{3.14}$$

이 되며, 두 랜덤변수 X와 Y가 서로 독립이면 X와 Y의 결합 확률은

$$P(X=x_{i,} X=y_i)=P(X=x_i)\ P(Y=y_i) \tag{3.15}$$

으로 쓸 수 있다. 이 책에서는 $P(X=x_i)$와 $P_x(x_i)$를 같은 의미로 혼용하여 사용하기로 한다.

2 누적확률분포함수와 확률밀도함수

보통 누적확률분포함수 (cumulative probability distribution function:cdf)를 분포함수 (distribution function)로 부르기도 하며 랜덤변수 X에 대해 $F_x(x)$로 나타낸다. 이것의 의미는 특정 숫자 x까지(그보다 작은 수도 좋다) 랜덤변수 X값이 생길 수 있는 확률이다. 즉,

$$F_x(x)=P(X\leqq x) = \sum_{all\ x_i\leqq x} P(X\leqq x_i) \tag{3.16}$$

누적확률분포함수 $F_x(x)$는 다음과 같은 네 가지 성질을 갖는다.

$$(1)\ 0 \leqq F_X(x) \leqq 1 \tag{3.17}$$

$$(2)\ x_1 \leqq x_2 \rightarrow F_x(x_1) \leqq F_X(x_2) \tag{3.18}$$

$$(3)\ F_x(-\infty) = 0, F_x(\infty) = 1 \tag{3.19}$$

$$(4)\ P(x_1 < X \leq x_2) = F_x(x_2) - F_x(x_1) \tag{3.20}$$

[그림 3.2]에서와 같이 주사위를 던지는 실험에서 "윗면에 나오는 점의 개수"를 랜덤변수 X라고 하면 X는 집합 {1,2,3,4,5,6} 원소 중 하나를 갖게 될 것이다. 주사위 모양이 정육면체라면 각 X 값이 발생할 확률은 모두 1/6이므로 누적확률분포함수를 [그림 3.3]과 같이 나타낼 수 있다.

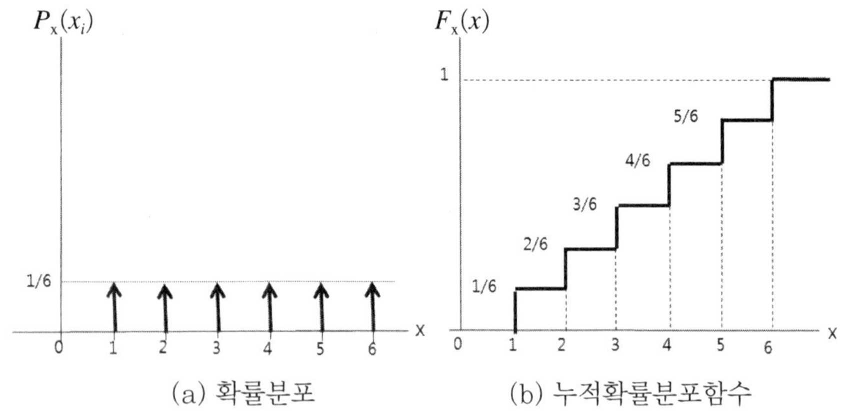

[그림 3.3] [그림 3.2]에서 정의된 랜덤변수 X에 대한 확률분포 및 누적확률분포함수

[그림 3.3]에서 랜덤변수 X는 이산 랜덤변수이며 이산 랜덤변수의 누적확률분포함수는 계단 모양을 하고 있음을 알 수 있다.

[예제 3.8] 균일한 모양의 동전 한 개를 연속해서 세 번 던지는 실험을 가정하자.

(a) 이 실험에서 얻은 앞면의 수를 랜덤변수 X라고 할 때 X 값들의 확률을 구하라.

(b) 랜덤변수 X의 확률분포와 누적확률분포함수를 그려라.

[풀이]

(a) 동전의 앞면을 H, 뒷면을 T로 표시하자. X의 값은 {0,1,2,3}의 네 가지 값을 가지며 X=0인 경우는 {(T, T, T)}, X=1인 경우는 {(T, T, H), (T, H, T), (H, T, T)}, X=2인 경우는 {(T, H, H), (H, T, H), (H, H, T)}, X=3인 경우는 {(H, H, H)}이므로 랜덤변수 X의 확률 분포는 다음과 같다. P(X=0) = 1/8, P(X=1) = 3/8, P(X=2) = 3/8, P(X=3) = 1/8

(b) 랜덤변수 X의 확률분포와 누적확률분포함수는 [그림 3.4]와 같다.

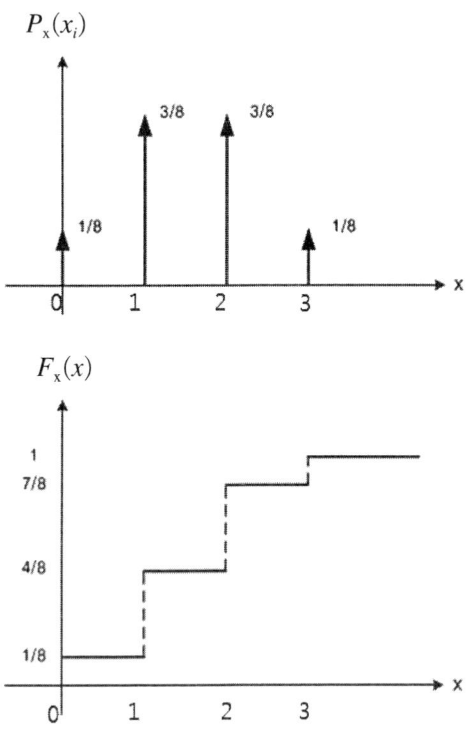

[그림 3.4] 랜덤변수 X의 확률분포 및 누적확률분포함수

연속 랜덤변수 X는 연속된 값을 가지므로 어떤 특정 값에 대한 확률을 정의할 수 없다. 예를 들어 [-10, 10] 사이의 값을 갖는 잡음신호의 크기를 랜덤변수 X라고 하면 X가 가질 수 있는 값은 무한히 많은데 어떤 특정 값, 예를 들어 랜덤변수 X의 값이 정확히 2.3456일 확률을 0으로 볼 수 있다. 그러나 X=2.3456인 경우가 없는 것은 아니므로 발생 확률을 0으로 하는 것은 문제가 있다. 이럴 경우 모든 점의 확률이 0이 되기 때문이다. 확률밀도함수(probability density fuction: pdf)를 정의하면 위와 같은 문제를 해결할 수 있다, 식 (3.20)에서 $x_1=x$, $x_2=x+\Delta x$를 대입하면

$$P(x<X\leq x+\Delta x) = F_X(x+\Delta x) - F_X(x) \tag{3.21}$$

$\Delta x \to 0$일 때 $F_X(x+\Delta x)$를 테일러(Taylor) 급수로 전개하여 처음 두 항만 취하면 다음 식과 같이 쓸 수 있다.

$$F_X(x+\Delta x) \cong F_X(x) + \frac{dF_X(x)}{dx}\Delta x \tag{3.22}$$

$$\begin{aligned} \frac{dF_X(x)}{dx} &= \lim_{\Delta x \to \infty} \frac{F_X(x+\Delta x) - F_X(x)}{\Delta x} \\ &= \lim_{\Delta x \to \infty} \frac{P(x \le X \le x+\Delta x)}{\Delta x} \end{aligned} \tag{3.23}$$

식 (3.23)의 우측 항은 x에 대한 확률밀도라고 할 수 있으며 $F_X(x)$로 표시하면 식 (3.24), (3.25)와 같이 확률밀도함수를 정의할 수 있다.

$$f_X(x) = \frac{dF_X(x)}{dx} \tag{3.24}$$

$$F_X(x) = \int_{-\infty}^{x} f_X(x)dx \tag{3.25}$$

식 (3.21)과 식 (3.25)로부터

$$\begin{aligned} P(x_1 < X \le x_2) &= F_X(x_2) - F_X(x_1) \\ &= \int_{-\infty}^{x_2} f_X(x)dx - \int_{-\infty}^{x_1} f_X(x)dx \\ &= \int_{x_1}^{x_2} f_X(x)dx \end{aligned} \tag{3.26}$$

임을 알 수 있으며, $F_X(\infty)=1$이므로

$$\int_{-\infty}^{\infty} f_X(x)dx = 1 \tag{3.27}$$

임을 알 수 있다.

이번에는 이산 랜덤변수의 확률밀도함수에 대해 살펴보자. [그림 3.3(b)]는 이산 랜덤변수 X의 누적확률분포함수를 나타낸 것으로 계단 모양을 하고 있는데 각 계단의 크기는 랜덤변수 X의 발생 확률과 같다. 랜덤변수 X의 값을 x_1라고 하면 누적확률분포함수 $F_X(x)$는 식 (3.28)과 같다.

$$F_X(x) = \sum_{i=1}^{n} P\{X = x_i\} u(x - x_i) \qquad (3.28)$$

여기에서 $u(x)$는 다음과 같이 정의되는 단위 계단함수(unit impulse function)를 의미한다,

$$u(x) = \begin{cases} 1 & x \geq 0 \\ 0 & x < 0 \end{cases} \qquad (3.29)$$

$P(X=x_i)=P(x_i)$라고 표시하면 식 (3.28)은

$$F_X(x) = \sum_{i=1}^{n} P(x_i) u(x - x_i) \qquad (3.30)$$

이므로 랜덤변수 X의 확률밀도함수는 식 (3.31)과 같이 나타낼 수 있다.

$$f_X(x) = \frac{dF_X(x)}{dx} = \sum_{i=1}^{n} P(x_i) \delta(x - x_i) \qquad (3.31)$$

여기에서 $\delta(x)$는 단위 충격함수(unit impulse fuction)이며, 이산 랜덤변수일 경우 확률밀도 값과 확률 값은 같음을 알 수 있다. 한편 식 (3.31)로부터 $X=x_i$에서의 랜덤변수 X의 확률밀도함수는 $f_X(x_i) = P(x_i)\delta(x-x_i)$이므로 크기가 $P(x_i)$인 충격함수 형태를 갖는다고 할 수 있다. 또한 $\sum_{i=1}^{n} P(x_i)=1$ 이므로 식 (3.32)가 성립한다.

$$\int_{-\infty}^{\infty} f_X(x) dx = \int_{-\infty}^{\infty} \sum_{i=1}^{n} P(x_i) \delta(x - x_i) dx = 1 \qquad (3.32)$$

랜덤변수 X에 대한 확률밀도함수 $f_X(x)$는 다음과 같은 성질을 갖는다.

(1) 모든 x에 대하여 $f_X(x) \geq 0$ (3.33)

(2) $\int_{-\infty}^{\infty} f_X(x)dx = 1$ (3.34)

(3) $F_X(x) = \int_{-\infty}^{x} f_X(\alpha)d\alpha$ (3.35)

(4) $P\{x_1 < X \leq x_2\} = \int_{x_1}^{x_2} f_X(x)dx$ (3.35)

[예제 3.9] 연속 랜덤변수 X의 확률밀도함수가 다음과 같다. 양수 b를 구하라.

$$f_X(x) = \begin{cases} \dfrac{e^{3x}}{4} & 0 \leq x \leq b \\ 0 & \text{그 외} \end{cases}$$

[풀이] 식 (3.34)으로부터 모든 확률의 합이 1이므로

$$\int_{-\infty}^{\infty} f_X(x)dx = \int_0^b \frac{e^{3x}}{4}dx = \frac{1}{12}[e^{3b} - 1] = 1$$

$$\therefore \quad b = \frac{1}{3}ln13$$

[예제 3.10] 연속 랜덤변수 X의 확률밀도함수가 [그림 3.5]와 같다.

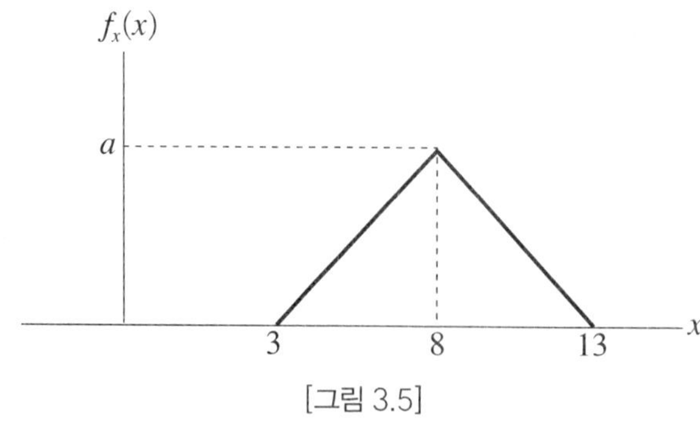

[그림 3.5]

(a) 양수 a를 구하라.

(b) 랜덤변수 X가 구간 $\{4.5< X \le 6.7\}$에 있을 확률을 구하라.

[풀이]

(a) 랜덤변수 X를 전 구간에 대하여 적분을 하면 1이 되어야 한다. 즉 면적이 1이 되어야 하므로 a 값은 1/5이다.

$$\therefore \quad a = \frac{1}{5}$$

(b) 랜덤변수 X에 대한 확률밀도함수 $f_X(x)$는 다음과 같이 쓸 수 있다.

$$f_X(x) = \begin{cases} \dfrac{x-3}{25} & 3 \le x \le b \\ 0.2 - \dfrac{x-8}{25} & 8 \le x < 13 \\ 0 & \text{그 외} \end{cases}$$

구간 $\{4.5< X \le 6.7\}$에 있을 확률은 다음과 같다.

$$P\{4.5 < X \le 6.7\} = \int_{4.5}^{6.7} \frac{x-3}{25} dx = \frac{1}{25}\left[\frac{1}{2}x^2 - 3x\right]_{x=4.5}^{x=6.7}$$

$$= 0.2288$$

3 중요 랜덤변수 분포

1) 균일(Uniform) 랜덤변수

균일 확률밀도함수는 [그림 3.6]과 같이 주어진 영역 내 변수의 발생확률이 균일하게 같은 경우이다. 모든 확률의 합이 1 이므로 면적은 1 이며 다음과 같은 확률밀도함수(pdf)와 적분으로 구해지는 누적확률분포함수(cdf)를 가진다. 디지털 통신에서는 송신 정보의 확률분포가 대체로 이 분포를 따른다.

$$f_X(x) = \begin{cases} 1/(b-a) & a \leq x \leq b \\ 0 & \text{그 외의 영역} \end{cases} \tag{3.37}$$

$$F_X(x) = \begin{cases} 0 & x < a \\ \dfrac{(x-a)}{(b-a)} & a \leq x \leq b \\ 1 & b \leq x \end{cases} \tag{3.38}$$

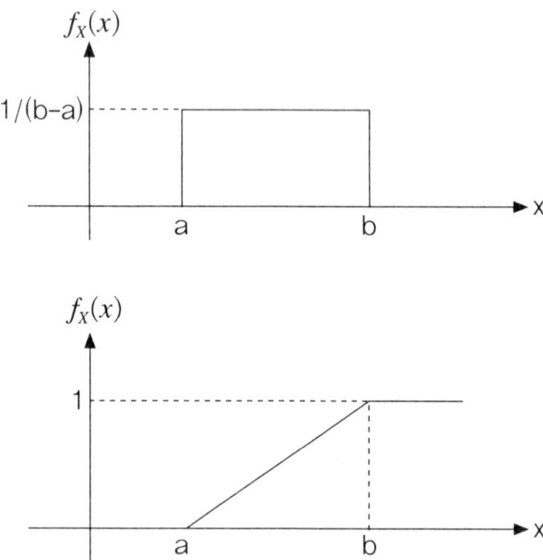

[그림 3.6] 균일분포 랜덤변수의 확률밀도함수(pdf)와 누적확률분포함수(cdf)

2) 가우시안(Gaussian) 랜덤변수

가우시안분포의 랜덤변수가 갖는 확률밀도함수(pdf)는 [그림 3.7]과 같이 종 모양을 이루며 너무나 일반적으로 많이 쓰이고 있다. 디지털 통신에서는 잡음이 가지는 대표적인 분포가 이 가우시안분포이며 이 분포를 가지는 잡음을 우리는 가우시안 잡음이라 한다. 참고로 백색잡음은 이 장의 랜덤과정에서 다룰 것이며 이것은 확률분포와 관계없으며, 시시각각 변하는 잡음의 각 값들이 서로 전혀 연관이 없어서 현재 잡음전압을 알 지라도 다음 잡음전압이 어느 정도일지 전혀 예측할 수 없는 경우를 말한다. 대체로 잡음은 이 두 성질을 모두 나타내는데 이 경우를 가우시안 백색잡음이라 한다. 가우시안 랜덤변수의 확률밀도함수(pdf)는 다음과 같이 표현된다.

$$f_X(x) = \frac{1}{\sqrt{2\pi}\,\sigma} e^{-\frac{(x-m)^2}{2\sigma^2}}, \qquad -\infty < x < \infty \tag{3.39}$$

여기서 m은 랜덤변수 X의 평균값이고 σ는 표준편차, σ^2은 분산을 나타낸다. 즉 σ나 σ^2은 확률밀도함수(pdf)가 얼마나 넓게 분포하는가를 나타내며 쉬운 표현으로 랜덤변수가 얼마나 들쑥날쑥한 값을 가지는지 그 정도를 규정한다. 그럴수록 예측이 어렵게 됨을 쉽게 이해할 수 있을 것이다.

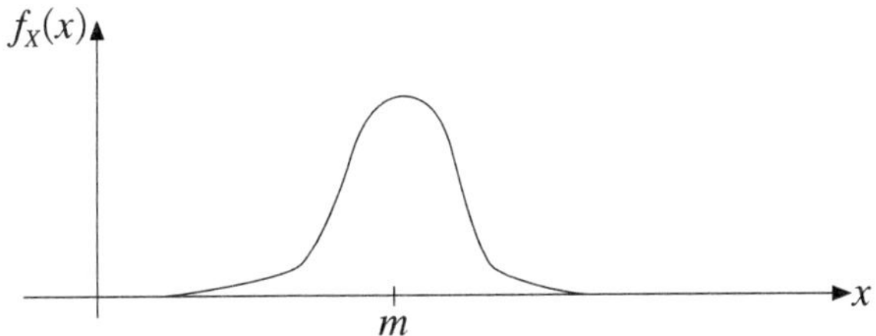

[그림 3.7] 가우시안분포 랜덤변수의 확률밀도함수(pdf)

이 분포의 누적확률분포함수(cdf)는 다음과 같은 적분 형태로 나타낼 수 있다.

$$F_X(x) = \int_{-\infty}^{x} \frac{1}{\sqrt{2\pi}\,\sigma} e^{-\frac{(a-m)^2}{2\sigma^2}} da \tag{3.40}$$

불행히도 이 적분은 닫힌 형태의 깔끔한 수식으로 풀리지 못하므로 다음과 같이 변수 변환 $y=(a-m)/\sigma$에 의해 $F_X(x)$를 다시 쓰면

$$F_X(x) = \int_{-\infty}^{(x-m)/\sigma} \frac{1}{\sqrt{2\pi}} e^{-\frac{y^2}{2}} dy$$

이다. 평균이 0이고 표준편차가 1 인 가우시안 누적확률분포함수(cdf)를 다음과 같이 $G(x)$로 정의하여 놓고 $F_X(x)$와 비교해 보자.

$$G(x) = \int_{-\infty}^{x} \frac{1}{\sqrt{2\pi}} e^{-\frac{y^2}{2}} dy \tag{3.41}$$

$$\text{즉, } F_X(x) = G\left(\frac{x-m}{\sigma}\right) \tag{3.42}$$

전 구간 적분은 1 이므로

$$\int_{-\infty}^{x} \frac{1}{\sqrt{2\pi}} e^{-\frac{y^2}{2}} dy + \int_{x}^{\infty} \frac{1}{\sqrt{2\pi}} e^{-\frac{y^2}{2}} dy = 1 \tag{3.43}$$

여기서 $Q(x)$를 다음과 정의하자.

$$Q(x) = \int_{x}^{\infty} \frac{1}{\sqrt{2\pi}} e^{-\frac{y^2}{2}} dy \tag{3.44}$$

$$G(x) = 1 - Q(x) \tag{3.45}$$

$Q(x)$ 와 $G(x)$의 도식적 의미를 [그림 3.8]에 나타내었다.

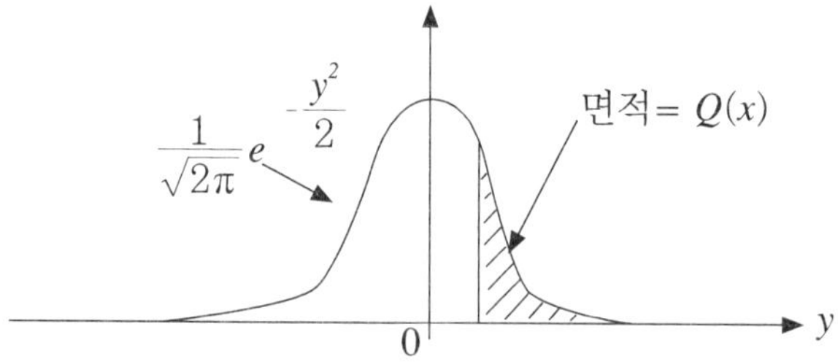

[그림 3.8] 가우시안 정규분포의 $Q(x)$, G(x)의 도식적 의미

또한 그림에서 $Q(0)=1/2$이고 $Q(-x)=1-Q(x)$임을 알 수 있다. 그리고 일일이 구한 $Q(x)$의 값을 [표 3.1]에 나타내었다.

[표 3.1] $Q(x)$ 값

x	Q(x)	x	Q(x)	x	Q(x)	x	Q(x)
0	5.00E-01	1.6	5.48E-02	3.1	9.68E-04	5.0	2.87E-07
0.1	4.60E-01	1.7	4.46E-02	3.2	6.87E-04	5.5	1.90E-08
0.2	4.21E-01	1.8	3.59E-02	3.3	4.83E-04	6.0	9.87E-10
0.3	3.82E-01	1.9	2.87E-02	3.4	3.37E-04	6.5	4.02E-11
0.4	3.45E-01	2.0	2.28E-02	3.5	2.33E-04	7.0	1.28E-12
0.5	3.09E-01	2.1	1.79E-02	3.6	1.59E-04	7.5	3.19E-14
0.6	2.74E-01	2.2	1.39E-02	3.7	1.08E-04	8.0	6.22E-16
0.7	2.42E-01	2.3	1.07E-02	3.8	7.24E-05	8.5	9.48E-18
0.8	2.12E-01	2.4	8.20E-03	3.9	4.81E-05	9.0	1.13E-19
0.9	1.84E-01	2.5	6.21E-03	4.0	3.17E-05	9.5	1.05E-21
1.0	1.59E-01	2.6	4.66E-03	4.5	3.40E-06	10.0	7.62E-24
1.1	1.36E-01	2.7	3.47E-03				
1.2	1.15E-01	2.8	2.56E-03				
1.3	9.68E-02	2.9	1.87E-03				
1.4	8.08E-02	3.0	1.35E-03				
1.5	6.68E-02						

3) 레일레이(Rayleigh) 랜덤변수

레일레이(Rayleigh)분포는 대역통과 필터를 통과한 잡음의 포락선이 가지는 분포이며 이동통신의 다중경로 페이딩 채널을 통과한 수신신호의 포락선도 이 분포를 가진다. 따라서 이동통신 공학에도 크게 쓰이고 있는 분포이다. 레일레이 분포에 대한 확률밀도함수(pdf)와 누적확률분포함수(cdf)를 각각 식 (3.46)과 식 (3.47)에 또한 [그림 3.9]에 나타내었다.

$$f_X(x) = \begin{cases} \dfrac{2}{a} x e^{-x^2/a} & x \geq 0 \\ 0 & x < 0 \end{cases} \quad (3.46)$$

$$F_X(x) = \begin{cases} 1 - e^{-x^2/a} & x \geq 0 \\ 0 & x < 0 \end{cases} \quad (3.47)$$

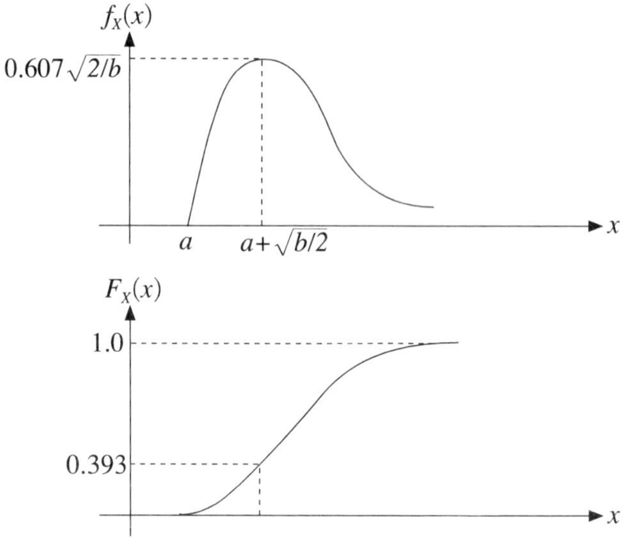

[그림 3.9] 레일레이분포 랜덤변수의 확률밀도함수(pdf)와 누적확률분포함수(cdf)

4) 지수(Exponential)분포 랜덤변수

실수 $-\infty < a < \infty$, $b > 0$에 대하여 지수분포 확률밀도함수(pdf)와 누적확률분포함수는 각각 식 (3.48)및 식 (3.49)와 같으며, [그림 3.10]은 지수분포(exponential distribution)를 갖는 랜덤변수의 지수 확률밀도함수를 나타낸 것이다.

$$f_X(x) = \begin{cases} \dfrac{1}{b} e^{-(x-a)/b} & x > a \\ 0 & x < a \end{cases} \quad (3.48)$$

$$F_X(x) = \begin{cases} 1 - e^{-(x-a)/b} & x > a \\ 0 & x < a \end{cases} \qquad (3.49)$$

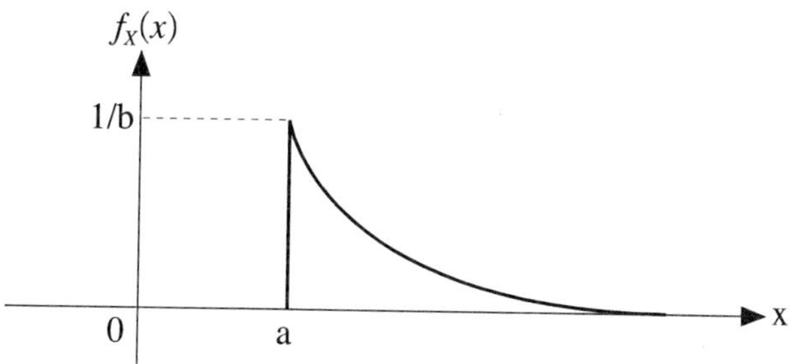

[그림 3.10] 지수분포 랜덤변수의 확률밀도함수(pdf)와 누적확률분포함수(cdf)

5) 이항(Binomial)분포 랜덤변수

$0<p<1$ 이고 $N=1,2,3,\cdots$이라고 할 때 식 (3.50)과 같은 함수를 이항 확률 밀도함수(binomial density function)라고 한다.

$$P_X(x) = \sum_{k=0}^{N} \binom{N}{k} p^k (1-p)^{N-k} \delta(x-k) \qquad (3.50)$$

이때 $\binom{N}{k}$는 다음과 같이 정의된다.

$$\binom{N}{k} = \frac{N!}{k!(N-k)!} \qquad (3.51)$$

이항분포함수는 매 시행마다 나올 수 있는 실험결과가 두 가지 밖에 없을 때 적용될 수 있으며 레이더(rader), 소나(sonar) 등의 신호 검출에 중요하게 이용된다, 누적확률분포함수는 식 (3.52)와 같다.

$$F_X(x) = \sum_{k=0}^{N} \binom{N}{k} p^k (1-p)^{N-k} u(x-k) \qquad (3.52)$$

6) 포아송(Poisson)분포 랜덤변수

포아송 랜덤변수는 중요한 이산 랜덤변수 중의 하나로 일정 시간 동안 랜덤하게 발생하는 사건의 개수를 세는 형태의 응용에 적용될 수 있다. 일정 시간 동안에 걸려온 전화의 수라든가, 일정 시간 동안 교환기에 도착하는 패킷의 수 등이 포아송분포(Possion distribution)를 갖게 된다. 예를 들어 어떤 사건이 매 초 마다 평균적으로 λ번 발생하고 포아송분포를 갖는다는 것은, T초 동안에 사건이 k번 발생할 확률이 식 (3.53)과 같은 포아송 확률 값을 갖게 됨을 의미한다.

$$P(X=k)=\frac{b^k e^{-b}}{k\,!} \tag{3.53}$$

이때 b는 λT의 값을 갖는 상수이다. 일반적인 형태로 다시 나타내면 포아송 이산 랜던변수 X의 확률분포는 식 (3.54)와 같고 누적확률분포함수는 식 (3.55)와 같이 나타낼 수 있다.

$$P_X(x)=e^{-b}\sum_{k=0}^{\infty}\frac{b^k}{k!}\delta(x-k) \tag{3.54}$$

$$F_X(x)=e^{-b}\sum_{k=0}^{\infty}\frac{b^k}{k!}u(x-k) \tag{3.55}$$

[예제 3.11] 주유소에 들어오는 자동차의 수가 포아송분포를 갖고, 자동차가 평균적으로 시간 당 50대의 비율로 도착한다고 한다. 주유소에는 주유 펌프가 단 한 개 밖에 없다고 가정할 경우 주유 펌프에서 줄을 서서 기다릴 확률을 구하라. 단, 모든 차는 기름을 넣는데 1분이 걸린다고 한다.

[풀이] 두 대 이상의 차가 1분 내에 주유소에 들어오게 되면 줄을 서게 되므로, 줄을 서지 않을 확률은 1분 내에 들어오는 자동차의 수가 0대이거나 1대이면

된다. 따라서 줄을 설 확률은 1에서 줄을 서지 않을 확률을 빼면 된다. 주유소에 자동차가 들어오는 평균 비율은 λ = 50/60[대/분]이고 관심을 갖는 시간 구간은 T=1[분]이므로 $b = \lambda T$ = 50/60 × 1 = 5/6 이 된다.

$$P_X(x=0) = e^{-5/6}\frac{(5/6)^0}{0!} = e^{-5/6}$$

$$P_X(x=1) = e^{-5/6}\frac{(5/6)^1}{1!} = \frac{5}{6}e^{-5/6}$$

P{줄을 설 경우} = 1 - $P_X(x=0)$ - $P_X(x=1)$ = 0.2032

따라서 주유 펌프에서 자동차가 줄을 설 확률은 약 20.32%이다.

4 통계적 평균과 분산

1) 기대값

평균(average)와 기대 값(expected value)는 같으나 평균은 지금까지의 랜덤변수 X가 나타낸 데이터를 관찰한 평균값의 개념이고 기대값은 지금까지의 데이터를 관찰한 결과 앞으로 기대할만한 값이 얼마인가 하는 개념이다. 당연히 지금까지의 평균값을 기대하게 되므로 평균값과 기대값은 같다. 랜덤변수 X의 평균 m_X는 랜덤변수 X의 기대 값 $E[X]$ 이며 연속 랜덤변수의 경우 다음과 같이 정의된다.

$$E[X] = \int_{-\infty}^{\infty} x f_X(x)dx = m_X \qquad (3.56)$$

이산 랜덤변수의 경우 X의 값을 x_i라고 표시하면 X의 평균은 식 (3.57)과 같이 나타낼 수 있다.

$$m_X = E[X] = \sum_i x_i P(X = x_i) \qquad (3.57)$$

일반적으로 x^n에 대한 평균을 랜덤변수 X의 n차 모멘트(nth moment)라고 하고 m_X^n으로 표시한다.

$$m_X^n = E[X^n] = \int_{-\infty}^{\infty} x^n f_X(x)dx \tag{3.58}$$

한편, 식 (3.58)에서 n=2인 경우인 X^2의 기대 값은 다음과 같다.

$$E[X^2] = \int_{-\infty}^{\infty} x^2 \ f_X(x) \ dx \tag{3.59}$$

$(X-m_x)$는 랜덤변수 X의 평균을 0으로 이동시킨 변수가 되며$(X-m_x)^n$에 대한 평균 $E[(X-m_X)^n]$을 랜덤변수 X의 n차 중앙 모멘트(nth central moment)라고 한다.

$$E[(X-m_X)^n] = \int_{-\infty}^{\infty} (x-m_X)^n f_X(x)dx \tag{3.60}$$

특별히 n=2인 2차 중앙 모멘트를 랜덤변수 X의 분산(variance)이라고 하며 σ_X^2으로 표시한다.

$$\sigma_X^2 = E[(X-m_x)^2] = \int_{-\infty}^{\infty} (x-m_X)^2 f_X(x)dx \tag{3.61}$$

랜덤변수 X의 분산은 X에 대한 확률밀도함수 $f_X(x)$의 퍼짐 정도(measurement of spreading)를 나타내는 척도이다. 다시 말해, 분산은 변수들이 얼마나 들쑥날쑥하게 나타나는가를 나타내는 것으로 랜덤변수의 평균이 0되도록 평행이동시킨 $(X-m)^2$ 에 기대 값을 취한 것이다. 한편 σ_X를 랜덤변수 X의 표준 편차(standard deviation)라고도 부른다.

랜덤변수 X에 대한 평균과 분산은 다음과 같은 특성을 갖는다. 여기에서, c는 상수이다.

(1) $E[cX] = cE[X]$

(2) $E[c] = c$

(3) $E[X+c] = E[X] + c$

(4) $Var[cX] = c^2 Var[X]$

(5) $Var[c] = 0$

(6) $Var[X+c] = Var[X]$

위의 특성을 이용하면 분산 σ_X^2은 다음의 관계를 가짐을 알 수 있다.

$$\begin{aligned}\sigma_X^2 &= E[(X-m_X)^2] = E[X^2 - 2Xm_x + m_X^2] = E[X^2] - m_X^2 \\ &= E[X^2] - E[X]^2\end{aligned} \tag{3.62}$$

즉, 분산(ac 전력을 의미)은 랜덤변수 X에서 평균(dc를 의미)을 빼고 이를 제곱하여 평균을 하여도 되며 또한 X^2에 대한 평균(총 전력을 의미)에서 X에 대한 평균의 제곱(dc 전력을 의미)을 빼서도 얻어진다.

[예제 3.12] 동전 하나를 던지는 랜덤실험에 대한 랜덤변수 X가 [그림 3.11]과 같이 정의되었다고 하자.

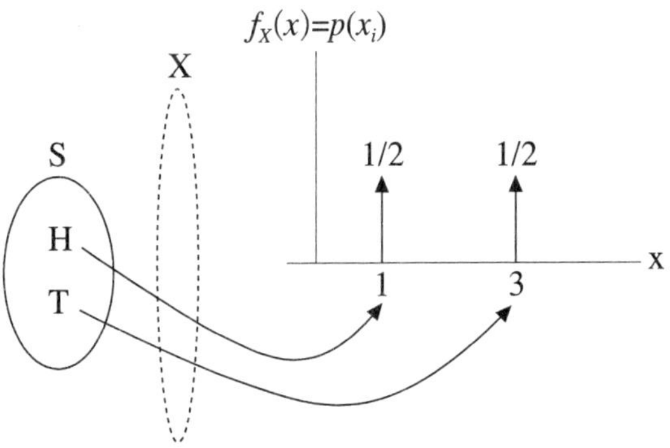

[그림 3.11]

(a) X의 평균 $E[X]$을 구하시오.

(b) X^2의 평균 $E[X^2]$을 구하시오.

(c) 분산 σ_X^2을 구하시오.

(d) 새로운 랜덤변수 Y를 다음과 같이 정의할 때 Y의 평균 $E[Y]$을 구하시오.

$Y=3X^2+3X+1$

[풀이]

(a) 랜덤변수 X의 평균 값은 다음과 같이 계산된다.

$$E[X] = \sum_i x_i P(X=x_i)$$

$$= 1 \cdot \frac{1}{2} + 3 \cdot \frac{1}{2} = 2$$

(b) X^2의 평균 값은 다음과 같이 계산된다.

$$E[X^2] = \sum_i x_i^2 P(X=x_i)$$

$$= 1^2 \cdot \frac{1}{2} + 3^2 \cdot \frac{1}{2} = \frac{10}{2}$$

(c) 분산 σ_X^2은 X^2에 대한 평균에서 X에 대한 평균의 제곱을 빼면 얻어 지므로 다음과 같다.

$$\sigma_X^2 = E[X^2] - E[X]^2$$

$$= \frac{10}{2} - 2^2 = 1$$

(d) 새로운 랜덤변수 Y의 평균은 다음과 같다.

$$E[Y] = E[3X^2 + 3X + 1]$$

$$= 3E[X^2] + 3E[X] + 1$$

$$= 3 \cdot \frac{10}{2} + 3 \cdot 2 + 1$$

$$= \frac{44}{2}$$

[예제 3.13] 랜덤변수 X가 [그림 3.12]와 같은 균일분포를 가질 때 X의 평균 m_x와 분산 σ_X^2을 구하시오.

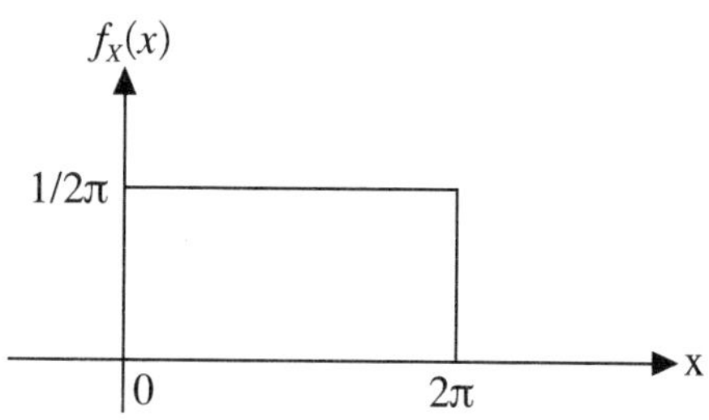

[그림 3.12] 균일분포 랜덤변수

[풀이]

(1) 식 (3.61)의 정의식에 의해 분산을 계산하는 경우

$$m_X = E[X] = \int_{-\infty}^{\infty} x\ f_X(x)\ dx \quad = \frac{1}{2\pi}\int_0^{2\pi} x dx = \pi$$

$$\therefore \quad \sigma_X^2 = E[(X-m_X)^2] = E[(X-\pi)^2]$$

$$= \int_{-\infty}^{\infty} (x-\pi)^2 f_X(x)\ dx = \frac{1}{2\pi}\int_0^{2\pi} (x-\pi)^2 dx = \frac{\pi^2}{3}$$

(2) 식(3.62) 식에 의해 분산을 계산하는 경우

$$E[X^2] = \int_{-\infty}^{\infty} x^2 f_X(x)\ dx = \frac{1}{2\pi}\int_0^{2\pi} x^2 dx = \frac{4\pi^2}{3}$$

$$\therefore \quad \sigma_X^2 = E[X^2] - E[X]^2$$

$$= \frac{4\pi^2}{3} - \pi^2 = \frac{\pi^2}{3}$$

따라서 (1)과 (2)에서 동일 분산 값을 얻을 수 있음을 알 수 있다.

[예제 3.14] 랜덤변수 X와 랜덤변수 Y의 확률밀도함수가 [그림 3.13]과 같다고 하자. 수식을 이용하여 풀지 말고 개념적으로 다음의 물음에 답하시오.

(a) 랜덤변수 X의 평균 $E[X]$와 랜덤변수 Y의 평균 $E[Y]$ 중에서 어느 것이 더 큰가?

(b) 랜덤변수 X의 분산 σ_X^2와 랜덤변수 Y의 분산 σ_Y^2 중에서 어느 것이 더 큰가?

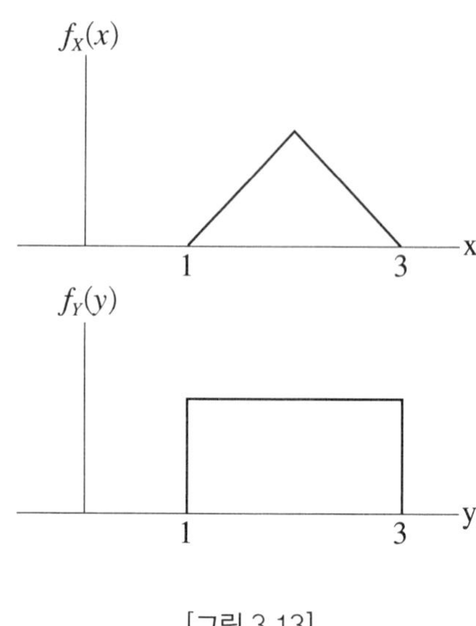

[그림 3.13]

[풀이]

(a) 랜덤변수 X와 랜덤변수 Y는 둘 다 2를 기준으로 대칭으로 분포 되어 있으므로 두 랜덤변수의 평균 값은 2로 동일할 것이다. 즉 $E[X]=E[Y]$ 이다.

(b) 랜덤변수 X는 평균 주위에 많이 분포되어 있고 랜덤변수 Y는 더 넓은 범위에 걸쳐 분포되어 있으므로 랜덤변수 Y의 분산 값이 랜덤변수 X의 분산 값보다 클 것이다. 즉 $\sigma_X^2<\sigma_Y^2$이다.

[예제 3.15] 랜덤변수 X와 랜덤변수 Y의 확률밀도함수가 다음과 같다고 하자. 수식을 이용하여 풀지 말고 개념적으로 다음의 물음에 답하시오.

(a) 랜덤변수 X의 평균 $E[X]$와 랜덤변수 Y의 평균 $E[Y]$ 중에서 어느 것이 더 큰가?

(b) 랜덤변수 X의 분산 σ_X^2와 랜덤변수 Y의 분산 σ_Y^2 중에서 어느 것이 더 큰가?

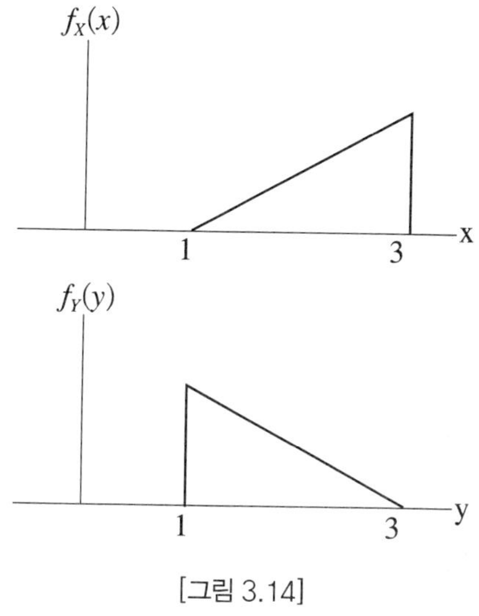

[그림 3.14]

[풀이]

(a) 랜덤변수 X의 평균값은 2보다 크며 랜덤변수 Y의 평균 값은 2보다 작을 것이므로 랜덤변수 X의 평균값이 랜덤변수 Y의 평균 값 보다 클 것이다. 즉 $E[X]>E[Y]$이다.

(b) 랜덤변수 X와 랜덤변수 Y는 평균을 기준으로 퍼진 정도가 같으므로 랜덤변수 X의 분산 값과 랜덤변수 Y의 분산 값은 동일할 것이다. 즉 $\sigma_X^2 = \sigma_X^2$ 이다.

■ 3.2.3절에서 중요한 확률밀도함수에 대하여 다루었으며 [표 3.2]에 중요한 확률밀도함수의 기대 값 및 분산을 나타내었다.

[표 3.2] 중요한 밀도함수의 기대값 및 분산

균일 랜덤변수(uniform)	지수형 랜덤변수(exponential)
$f_X(x) = \frac{1}{(b-a)} \quad a \le x \le b$ $E[X] = \frac{a+b}{2}, \quad \sigma_X^2 = \frac{(b-a)^2}{12}$	$f_X(x) = ae^{-ax}, \quad x \ge 0,\ a > 0$ $E[X] = 1/a, \quad \sigma_X^2 = 1/a^2$
가우시안 랜덤변수(Gaussian)	**이산분포: 이진 랜덤변수(binomial)**
$f_X(x) = \frac{1}{\sigma\sqrt{2\pi}} e^{-\frac{(x-m)^2}{2\sigma^2}}, -\infty < x < \infty$ $E[X] = m, \quad \sigma_X^2 = \sigma^2$	$p(X=k) = \binom{n}{k} p^k (1-p)^{n-k}$ $E[X] = np, \quad \sigma_X^2 = np(1-p)$
레일레이 랜덤변수(Rayleigh)	**이산분포: 포아송 랜덤변수(Poisson)**
$f_X(x) = \frac{2}{a} x e^{-x^2/a}, \quad x \ge 0$ $E[X] = \frac{1}{2}\sqrt{a\pi}, \quad \sigma_X^2 = (2-\pi/2)\frac{a}{2}$	$p(X=k) = \frac{a^k}{k!} e^{-a}$ $E[X] = a, \quad \sigma_X^2 = a$

2) 랜덤변수의 특성함수의 모멘트

임의의 랜덤변수에 대해 모멘트(moment)를 계산할 수 있도록 해 주는 함수로 특성함수(characteristic function)를 들 수 있다. 랜덤변수 X의 특성함수는 식 (3.63)과 같이 정의된다.

$$\Phi_X(w) = E[e^{jwX}] \qquad (3.63)$$

여기에서 $i = \sqrt{-1}$이며 w는 $-\infty < w < \infty$의 범위를 갖는 실수이다. 식 (3.63)을 확률밀도함수를 이용해 표현하면 $f_X(x)$에 대한 푸리에 변환과 동일한 형태를 가

진다.

$$\begin{aligned}\Phi_X(w) &= E[e^{jwX}] \\ &= \int_{-\infty}^{\infty} f_X(x) e^{jwx} dx\end{aligned} \tag{3.64}$$

이와 같은 사실 때문에 $\Phi_X(w)$ 가 주어질 경우 역 푸리에 변환을 통해 $f_X(x)$를 구할 수 있다. 단 x의 부호는 반대가 되어야 한다.

$$f_X(x) = \frac{1}{2\pi}\int_{-\infty}^{\infty} \Phi_X(w) e^{-jwx} dw \tag{3.65}$$

식 (3.64)에서 w에 대해 n번 미분한 후 w=0으로 놓으면 식 (3.66)과 같이 X에 대한 n차 모멘트를 얻을 수 있다.

$$m_n = E[X^n] = (-j)^n \frac{d^n}{dw^n} \Phi_X(w)|_{w=0} \tag{3.66}$$

모멘트를 구할 때 $\Phi_X(w)$를 사용하는 것은 $\Phi_X(w)$는 항상 존재하는 함수이기 때문에 $\Phi_X(w)$가 알려져 있기만 하면 역 푸리에 변환을 통해 모멘트를 항상 구할 수 있기 때문이다. 한편 특성함수의 크기는 최대값이 1인데 이는 w=0일 때의 특성함수의 값이다.

$$|\Phi_X(w)| \le \Phi_X(0) = 1 \tag{3.67}$$

[예제 3.16] 다음과 같은 확률밀도함수를 갖는 랜덤변수 X의 특성함수 $\Phi_X(w)$를 구하고 이를 이용해 평균 m을 구하라.

$$f_X(x) = \begin{cases} \frac{1}{3} e^{-(x-2)/3} & x \ge 2 \\ 0 & x < 2 \end{cases}$$

[풀이]

$$\begin{aligned}\Phi_X(w) &= E[e^{jwx}] \\ &= \int_{-\infty}^{\infty} e^{jwx} f_X(x)dx \\ &= \int_{2}^{\infty} e^{jwx}\frac{1}{3}e^{-(x-2)/3}dx \\ &= \frac{1}{3}e^{2/3}\int_{2}^{\infty} e^{-(\frac{1}{3}-jw)x}dx \\ &= \frac{e^{j2w}}{1-j3w}\end{aligned}$$

$$\begin{aligned}m &= (-j)^1\frac{d}{dw}\Phi_X(w)|_{w=0} \\ &= (-j)\left(e^{j2w}\left[\frac{j2}{1-j3w}+\frac{j3}{(1-j3w)^2}\right]\right)_{w=0} \\ &= 2+3=5\end{aligned}$$

5 랜덤변수의 변환

랜덤 입력이 어느 시스템을 지나면 다른 랜덤 출력으로 바뀐다. 이 경우 입력 랜덤변수의 통계적 특성인 확률밀도함수(pdf)나 기대값, 분산이 출력 랜덤변수에서는 다른 특성을 보이게 되는데 시스템의 입출력 관계를 이용하여 변환된 출력 변수의 통계적 특성을 알아보자는 것이 이 절의 목적이다.

입력변수가 함수 $Y=g(X)$에 의해 출력변수로 변환될 때, $Y=g(X)$가 [그림 3.15]의 그래프와 같다고 하자.

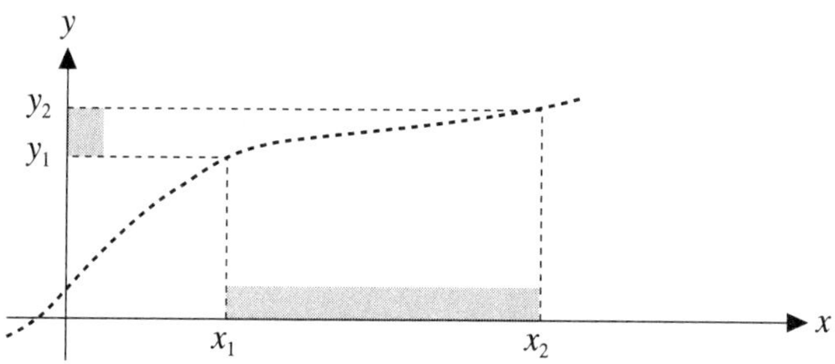

[그림 3.15] 랜덤변수의 변환 함수(1차 단조증가)

그림에서 $x_1 < X \leq x_2$영역에서 발생하는 사건은 $y_1 < Y \leq y_2$영역의 사건으로 연결된다. 따라서 $P(x_1 < X \leq x_2) = P(y_1 < Y \leq y_2)$이 성립한다. 이 확률관계를 확률밀도함수 형태로 바꾸어 표현하면 다음과 같다.

$$\int_{x_1}^{x_2} f_X(x)dx = \int_{y_1}^{y_2} f_Y(y)dy \tag{3.68}$$

여기서 x_2를 x_1에 아주 가까이 접근 시켜 그 간격을 dx라 하면 y_2는 y_1에 아주 가까이 접근된다. 그 간격을 각각 dx, dy라 하면 극히 작은 dx에 대해 $P(x < X \leqq x+dx) \simeq f_X(x)\ dx$이고 dy에 대해 $P(y < Y \leqq y+dy) \simeq f_Y(y)\ dx$ 가 된다.

$$f_X(x)\ dx = f_Y(y)\ dy \tag{3.69}$$

이 관계식에서 $f_Y(y)$를 구할 수 있다.

$$f_Y(y) = \frac{f_X(x)}{dy/dx}\ |_{x \to y} \tag{3.70}$$

한편, $Y=g(X)$함수가 단조감소 형태이면, 즉, $y_1 > y_2$이면 기울기만 음수가 되고 확률은 변함이 없어야 하므로

$$f_Y(y) = \frac{f_X(x)}{|dy/dx|}\ |_{x \to y} \tag{3.71}$$

따라서 다음과 같은 결과식이 만들어진다.

$$f_Y(y) = \frac{f_X(x)}{|dy/dx|} \Big|_{x \to y} \tag{3.72}$$

[그림 3.16]은 Y=g(X)가 일차함수관계가 아닌 경우로, $g(X)=X^2$ 을 예로 보자.

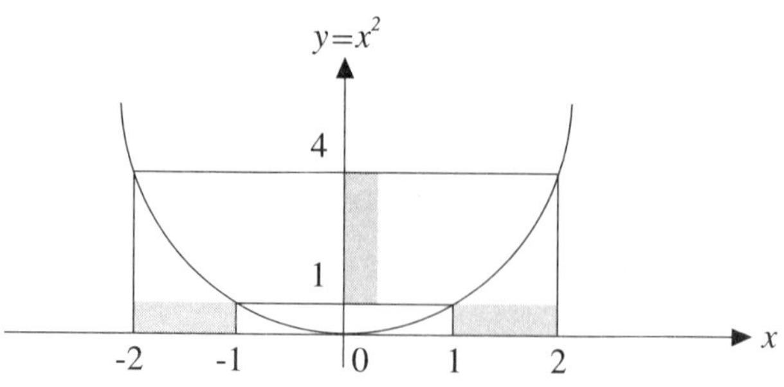

[그림 3.16] 랜덤변수의 변환 함수(2차)

1<Y≤4 영역의 사건들은 1<X≤2영역의 사건들과 연결되며 또한 -2≤X<-1영역 사건들과도 연결되어 있다. 따라서 1<Y≤4 영역의 사건들은 두 영역 사건들과 연결되어 있으므로 하나의 영역과 연결되어 있을 때 보다 확률이 훨씬 크다는 것을 짐작할 수 있을 것이다. 따라서

$$P(1<Y\le 4) = P(1<X\le 2) + P(-2<X\le -1) \tag{3.73}$$

확률밀도함수(pdf) 형태로 다시 쓰면,

$$\int_1^4 f_Y(y)dy = \int_1^2 f_X(x)dx + \int_{-2}^{-1} f_X(x)dx \tag{3.74}$$

따라서 다음과 같은 결론을 얻게 된다.

$$f_Y(y) = \frac{f_X(x)}{|dy/dx|} \Big|_{x = x_a,\ x \to y} + \frac{f_X(x)}{|dy/dx|} \Big|_{x = x_b,\ x \to y} \tag{3.75}$$

이때 x_a, x_b는 해당 y영역에 대응하는 x영역의 대응점들이다. 즉, x=1영역에서는 $dy/\mathrm{d}x=2x$이며 $x=\sqrt{y}$이고, x=-1 영역에서는 $dy/\mathrm{d}x=-2x$ 이며 $x=-\sqrt{y}$ 이다. 그러므로 다음과 같이 출력 y의 확률밀도함수(pdf)가 얻어진다.

$$f_Y(y) = \frac{f_X(\sqrt{y})}{2\sqrt{y}} + \frac{f_X(-\sqrt{y})}{2\sqrt{y}} \tag{3.76}$$

이러한 결과를 확장하면 다음과 같은 일반적인 변환관계를 얻게 된다.

$$f_Y(y) = \frac{f_X(x)}{|dy/dx|}\Big|_{x=x_a,\ x\to y} + \frac{f_X(x)}{|dy/dx|}\Big|_{x=x_b,\ x\to y} + \frac{f_X(x)}{|dy/dx|}\Big|_{x=x_c,\ x\to y} + \cdots \tag{3.77}$$

[예제 3.17] 평균이 0이고 분산이 1인 가우시안 랜덤변수의 확률 밀도함수는

$$f_X(x) = \frac{1}{\sqrt{2\pi}} e^{-x^2/2}$$

이다. 함수 Y=aX+b의 관계를 갖는 랜덤변수 Y의 확률밀도함수 $f_Y(y)$를 구하라. 단 a, b는 상수이다.

[풀이]

Y=aX+b는 1차 단조함수이므로 하나의 y 값에 대해 하나의 x 값이 대응된다. 따라서 식 (3.72)를 이용하여 구하면, $|du/dx|=|a|$이므로

$$\begin{aligned} f_Y(y) &= \frac{f_X(x)}{|a|}\Big|_{x=\frac{y-b}{a}} \\ &= \frac{f_X\left(\dfrac{y-b}{a}\right)}{|a|} = \frac{1}{\sqrt{2\pi a^2}} e^{-(y-b)^2/2a^2} \end{aligned}$$

따라서 랜덤변수 Y도 평균이 b이고 $\sigma_Y^2=a^2$인 가우시안 랜덤변수임을 알 수 있으며, 일반적으로 선형함수(혹은 선형 시스템)을 통해 출력되는 가우시안 랜덤변수의 함수 또한 가우시안 랜덤변수가 된다.

[예제 3.18] $Y=g(X)$가 [그림 3.17]로 주어지고 $f_X(x)$가 다음과 같을 때 $f_Y(y)$를 구하라.

$$f_X(x) = \frac{1}{\sqrt{2\pi}\,\sigma} e^{-\frac{x^2}{2\sigma^2}}$$

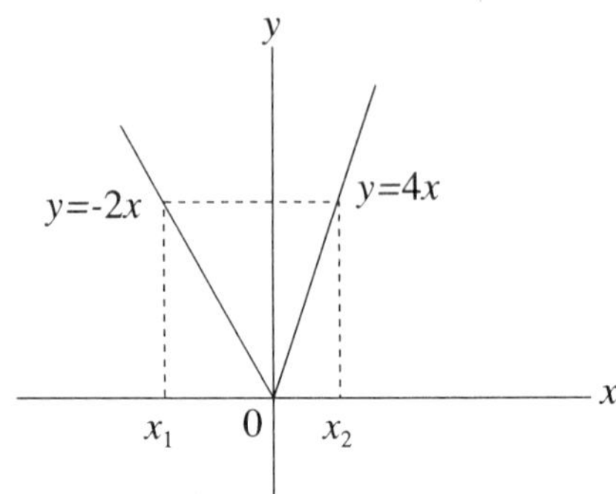

[그림 3.17] $Y=g(X)$ 함수

[풀이] 하나의 y값에 대해 두 개의 x 값이 대응된다. 따라서 식 (3.77)을 이용하여 구하면, $|dy/dx_1|=2$이고 $|dy/dx_2|=4$이므로

$$f_Y(y) = \frac{f_X(x)}{2}\Big|_{x=-\frac{y}{2}} + \frac{f_X(x)}{4}\Big|_{x=\frac{y}{4}}$$

이다. y 값은 항상 0보다 크므로

$$f_Y(y) = \frac{1}{4\sigma\sqrt{2\pi}}[2e^{-y^2/8\sigma^2} + e^{-y^2/32\sigma^2}]u(y)$$

임을 알 수 있다. 여기에서 $u(y)$는 단위 계단함수이다.

[예제 3.19] 랜덤변수 θ가 구간 $[0, 2\pi]$에서 균일분포를 갖는 다고 할 때 함수 $Y = -\frac{1}{\pi}\theta + 1$의 관계를 갖는 랜덤변수 Y의 확률밀도함수 $f_Y(y)$를 구하라.

[풀이] 랜덤변수 θ가 구간 $[0, 2\pi]$에서 균일분포를 갖는 다고 하였으므로 랜덤변수 θ에 대한 확률밀도함수 $f_\theta(\theta)$는 [그림 3.18]과 같다.

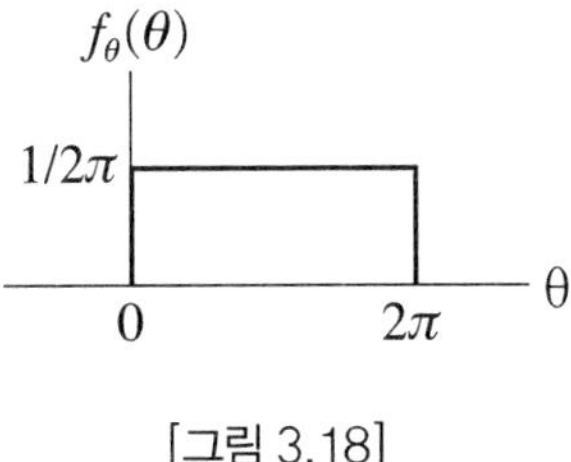

[그림 3.18]

랜덤변수 θ에 대한 확률밀도함수 $f_\theta(\theta)$가 랜덤변수 랜덤변수 Y의 확률밀도함수 $f_Y(y)$로 변환되는 것을 그림으로 나타내면 [그림 3.19]와 같다.

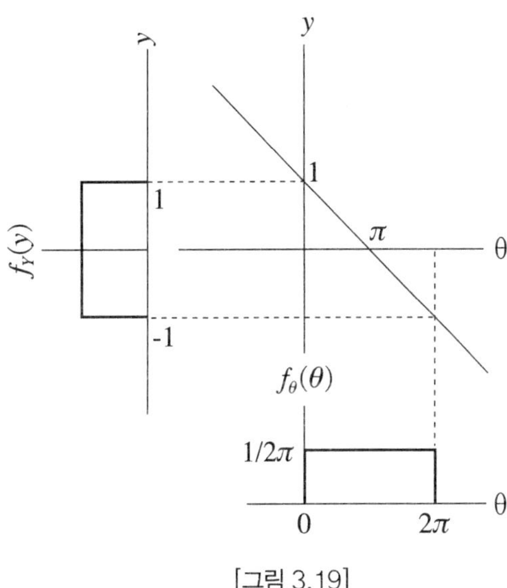

[그림 3.19]

$Y = -\frac{1}{\pi}\theta + 1$은 1차 단조함수이므로 하나의 y 값에 대해 하나의 θ 값이 대응된다. 따라서 식 (3.72)를 이용하여 구하면, $|dy/d\theta| = |-\pi| = \pi$ 이므로

$$f_Y(y) = f_\theta(\theta) \cdot \left|\frac{d\theta}{dy}\right| = \frac{1}{2\pi}\pi = \frac{1}{2}$$

이다. 그 때 y의 구간은 $-1 \le y \le 1$이다.

[예제 3.20] 이산 랜덤변수 X의 확률밀도함수 $f_X(x) = P(x_i)$가 다음과 같다고 하자.

$$f_X(x) = 0.1\delta(x+1) + 0.3\delta(x) + 0.4\delta(x-1) + 0.2\delta(x-2)$$

함수 $Y = 2 - X^2 + X^3/3$의 관계를 갖는 랜덤변수 Y의 확률밀도함수 $f_Y(y)$ 를 구하라.

[풀이] 랜덤변수 X에 대한 확률밀도함수 $f_X(x) = P(x_i)$가 랜덤변수 Y의 확률밀도함수 $f_Y(y)$로 변환되는 것을 그림으로 나타내면 [그림 3.20]과 같다.

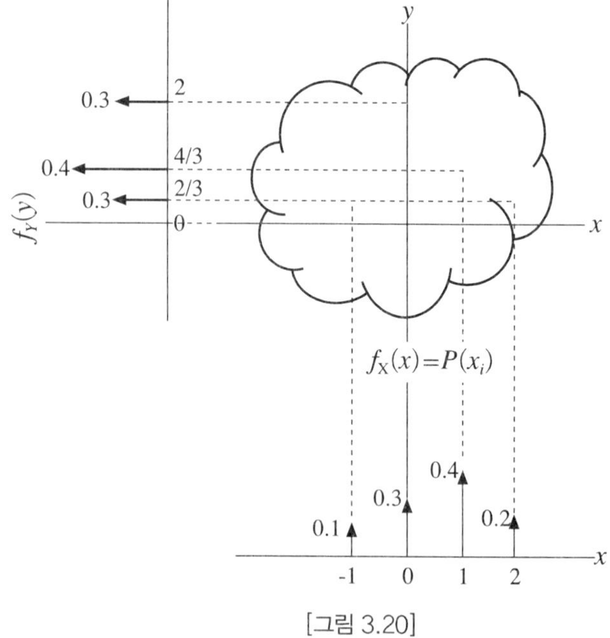

[그림 3.20]

그러므로 랜덤변수 Y의 확률밀도함수 $f_Y(y)$는 다음과 같다.

$$f_Y(y) = 0.3\delta(y - \frac{2}{3}) + 0.4\delta(y - \frac{4}{3}) + 0.3\delta(y - 2)$$

6 두 랜덤변수의 결합 확률분포

레일레이 확률분포를 갖는 다중경로 페이딩 채널(multiple fading channel)의 수신 신호 크기가 두 개의 독립 가우시안 랜덤변수에 의해 모델링 될 수 있다는 것은 잘 알려진 사실이다. 이와 같이 2개 이상의 다중 랜덤변수들에 대해 통계적 특성을 다루는 일은 통신 시스템에서 매우 중요하다. 다행히 통신 시스템에서는 두 개의 랜덤변수를 통해 다룰 수 있는 경우가 대부분이므로 두 랜덤변수의 경우에 대해 중점을 두어 설명한다.

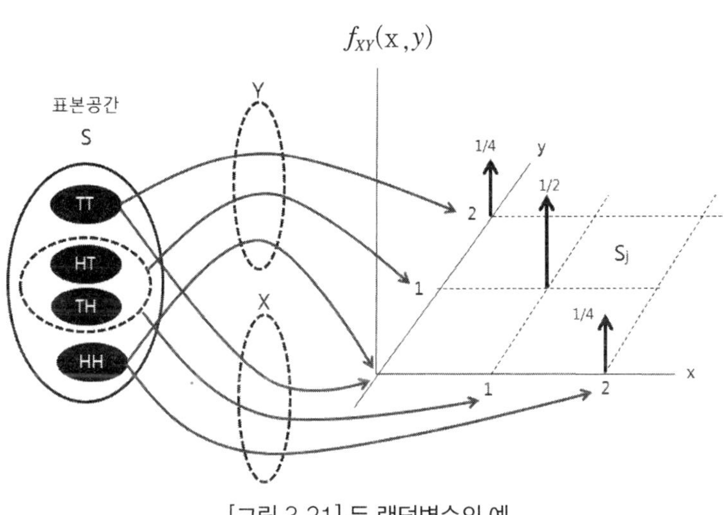

[그림 3.21] 두 랜덤변수의 예

임의의 한 표본공간 S에 속한 표본 값에 대해 서로 다른 관점에서 두 개의 랜덤변수 X, Y를 발생시킬 수 있다. 예를 들어 두 개의 동전을 던지는 실험에서 동전의 앞면을 H, 뒷면을 T라고 표시할 때 발생하는 경우의 수는 S ={(H, H), (H, T), (T, H), (T, T)}의 네 가지이다. 두 동전에 대해 앞면이 나오는 횟수를 랜덤변수 Y, 뒷면이 나오는 횟수를 랜덤변수 Y라고 하면, 두 랜덤변수가 갖는 값은 {0, 1, 2}이고 두 랜덤변수 X와 Y는 서로 독립이며 동일한 표본공간으로부터 발생된다. 두 랜덤변수 X와 Y에 대해 결합 표본공간이 만들어질 수 있는데 [그림

3.21]은 x y-평면상에 두 랜덤변수 X, Y가 이루는 결합 표본공간 S_j와 결합 확률밀도를 나타낸 것이다.

xy-평면상에 새롭게 형성된 표본공간 S_j를 이루는 원소들은 {(2, 0), (1, 1), (0, 2)}의 세 원소가 존재하며 이들의 결합확률은 각각 1/4, 1/2, 1/4이 된다.

이제 다음의 세 가지 사건 A, B, C를 생각해 보자.

$$A=\{X\le x\} \tag{3.78}$$

$$B=\{Y\le y\} \tag{3.79}$$

$$C=\{X\le x,\ Y\le y\} \tag{3.80}$$

사건 A와 사건 B는 표본공간 S에서 정의된 것이고 사건 C는 결합 표본공간 S_j에서 정의된 사건이다. X와 Y에 대한 누적확률분포가 $F_X(x)=P\{X\le x\}$, $F_Y(y)=P\{Y\le y\}$ 로 정의되듯이 두 랜덤변수 X와 Y에 대한 결합 누적확률분포함수(joint cumulative distribution function)는

$$F_{XY}(x,\ y)=P\{X\le x,\ Y\le y\} \tag{3.80}$$

으로 정의된다. [그림 3.22]는 [그림 3.21]의 $f_{XY}(x, y)$에 대한 결합 누적확률 분포함수를 나타낸 것이다.

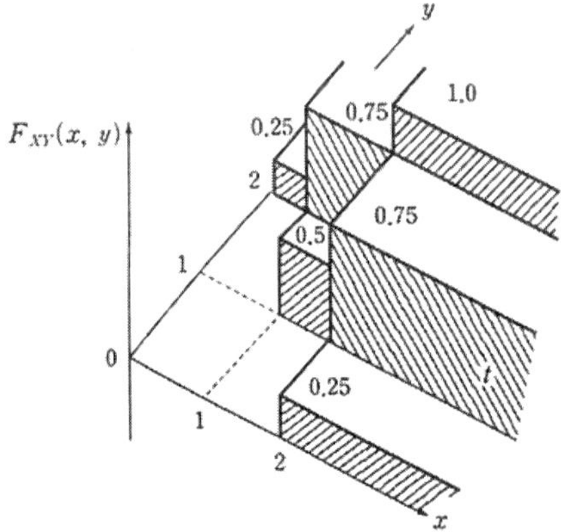

[그림 3.22] [그림 3.21]의 결합 누적확률분포 함수

한편 두 랜덤변수 X, Y에 대한 결합 확률밀도함수(joint probability density function) $f_{XY}(x, y)$는 편미분을 이용해 식 (3.82)와 같이 나태낼 수 있다.

$$f_{XY}(x,y) = \frac{\partial^2}{\partial x \partial y} F_{XY}(x,y) \qquad (3.82)$$

랜덤변수 X, Y가 이산 랜덤변수일 경우에는 [그림 3.22]와 같이 결합 누적확률분포가 계단 형태를 가지므로 결합 확률밀도함수는 불연속점에 [그림 3.21]과 같이 임펄스 함수를 이용해 표현할 수 있다. 이산 랜덤변수 X가 갖는 값이 N개이고 이산 랜덤변수 Y가 갖는 값이 M개일 경우 결합 확률밀도함수 $f_{XY}(x, y)$는 식 (3.83)과 같이 표현된다.

$$f_{XY}(x,y) = \sum_{n=1}^{N} \sum_{m=1}^{M} P(x_n, y_m)\delta(x - x_n)\delta(y - y_m) \qquad (3.83)$$

한편 랜덤변수 X가 $x_1 < X \le x_2$에서 발생하고 랜덤 변수 Y가 $y_1 < Y \le y_2$에서 발생할 확률은 식 (3.84)와 같으므로

$$P(x_1 < X \le x_2, y_1 < Y \le y_2) = \int_{x_1}^{x_2} \int_{y_1}^{y_2} f_{XY}(x,y)\,dx\,dy \qquad (3.84)$$

전 구간에 대하여 적분을 하면 식 (3.85)와 같이 1이 된다.

$$P(-\infty < X < \infty, -\infty < Y < \infty) = \int_{-\infty}^{\infty} \int_{-\infty}^{\infty} f_{XY}(x,y)\,dx\,dy = 1 \qquad (3.85)$$

7 마지널 확률밀도(marginal density)와 조건부 확률밀도

Δx가 미소 간격일 때 랜덤변수 X가 구간 $(x, x+\Delta x)$에서 발생할 확률을 X와 Y의 결합 확률밀도함수 $f_{XY}(x,y)$를 이용해 나타낼 수 있다. 랜덤변수 Y의 구간과는 무관해야 하므로 식 (3.86)과 같이 쓸 수 있다.

$$\begin{aligned}\lim_{\Delta x\to 0} f_x(x)\Delta x &= P(x < X \le x+\Delta x, -\infty < Y < \infty) \\ &= \lim_{\Delta x\to 0}\int_x^{x+\Delta x}\int_{-\infty}^{\infty} f_{XY}(x,y)dxdy \\ &= \lim_{\Delta x\to 0}\int_x^{x+\Delta x}\left[\int_{-\infty}^{\infty} f_{XY}(x,y)dy\right]dx \qquad (3.86)\end{aligned}$$

식 (3.86)의 [*]은 x의 함수이며 $\Delta x\to 0$일 때 $x<X\le x+\Delta x$구간에서 상수로 생각할 수 있다. 따라서

$$\begin{aligned}\lim_{\Delta x\to 0} f_X(x)\Delta x &= \left[\int_{-\infty}^{\infty} f_{XY}(x,y)dy\right]\lim_{\Delta x\to 0}\int_x^{x+\Delta x} dx \\ &= \lim_{\Delta x\to 0}\Delta x\left[\int_{-\infty}^{\infty} f_{XY}(x,y)dy\right] \qquad (3.87)\end{aligned}$$

이므로 식 (3.88)이 성립한다.

$$f_X(x) = \int_{-\infty}^{\infty} f_{XY}(x,y)dy \qquad (3.88)$$

같은 방법으로 랜덤변수 Y에 대한 확률밀도함수 $f_Y(y)$도 결합 확률밀도함수로부터 식 (3.89)와 같이 얻을 수 있다,

$$f_Y(y) = \int_{-\infty}^{\infty} f_{XY}(x,y)dx \qquad (3.89)$$

결합 확률밀도함수 $f_{XY}(x,y)$로부터 식 (3.88)과 식 (3.89)와 같이 얻은 X 혹은 Y만의 확률밀도함수를 마지널 확률밀도(marginal density)라고 부른다.

[예제 3.21] 두 랜덤 변수 X, Y의 결합 확률밀도함수가 다음과 같다.

$$f_{XY}(x,y) = \begin{cases} bx(1-y) & 0 < x < 0.5, 0 < y < 1 \\ 0 & \text{그 외} \end{cases}$$

(a) 상수 b 값은 얼마인가?

(b) 마지널 확률밀도 $f_X(x)$와 $f_Y(y$를 구하라.

[풀이]

(a) 식 (3.85)로부터 전 구간에 대하여 적분을 취하면 1이 된다. 즉

$$\int_{-\infty}^{\infty}\int_{-\infty}^{\infty} f_{XY}(x,y)dxdy = 1$$

이를 계산하면

$$\int_0^1\int_0^{0.5} bx(1-y)dxdy \;\; = \frac{b}{8}\int_0^1 (1-y)\left[\frac{1}{2}x^2\right]_0^{0.5} dy \;\; = \frac{b}{16}$$

이고 이 값이 1이 되어야 하므로 b값이 결정된다.

$$\therefore \quad b = 16$$

최종적인 결합 확률밀도함수는 다음과 같다.

$$\therefore \quad f_{XY}(x,y) = 16x(1-y)$$

(b) 마지널 확률밀도 $f_X(x)$는 식 (3.88)에 의해 다음과 같이 결정된다.

$$f_X(x) = \int_{-\infty}^{\infty} f_{XY}(x,y)dy$$
$$= \int_0^1 16x(1-y)dy = \frac{1}{8}x$$

마지널 확률밀도 $f_Y(y)$도 식 (3.89)에 의해 다음과 같이 결정된다.

$$f_Y(y) = \int_0^{0.5} 16x(1-y)dx = 2(1-y)$$

랜던변수 Y의 값이 y로 미리 주어져 있을 때의 랜덤변수 X의 확률밀도함수를 조건부 활률밀도함수(conditional probability density fuction)라고 하고 식 (3.90)처럼 표시한다.

$$f_{X|Y}(x|Y=y_j) = f_{X|Y}(x|y_j) \tag{3.90}$$

예를 들어 랜덤변수 Y의 값이 y=y로 고정되어 있을 때 $f_X|_Y(x|y_j)\Delta x$는 미소구간 (x<X≤$x+\Delta x$)에서 랜덤변수 X가 발생할 확률이라고 할 수 있다. 마찬가지로 $f_{Y|X}(y|X = x_i)$는 랜덤변수 X의 값이 x_i로 주어질 때 랜덤변수 Y의 조건부 확률밀도를 나타내며 $f_{Y|X}(y|X = x_i)\Delta y$는 랜덤변수 X의 값이 x_i 일 때 미소구간 (y<Y≤$y+\Delta y$)에서 Y가 발생할 확률이 된다. 식 (3.5) 조건부 확률의 정의로부터 식 (3.91)이 성립한다.

$$\begin{aligned} P(X \le x|y < Y \le y+\Delta y) &= \frac{P(X \le x\ ,\ y < Y \le y+\Delta y)}{P(y < Y \le y+\Delta y)} \\ &= \frac{\int_{-\infty}^{x}\int_{y}^{y+\Delta y} f_{XY}(x,y)dydx}{\int_{y}^{y+\Delta y} f_Y(y)dy} \\ &= \frac{\int_{y}^{y+\Delta y}\left[\int_{-\infty}^{x} f_{XY}(x,y)dx\right]dy}{\int_{y}^{y+\Delta y} f_Y(y)dy} \end{aligned} \tag{3.91}$$

$\Delta y \to 0$이면 y의 함수인 분자의 [*]은 미소 구간 $(y, y+\Delta y)$에 대해 상수로 볼 수 있으므로 식 (3.92)가 된다.

$$\lim_{\Delta y \to 0} P(X \le x | y < Y \le y + \Delta y) = \lim_{\Delta y \to 0} \frac{\left[\int_{-\infty}^{x} f_{XY}(x,y)dx\right]\left(\int_{y}^{y+\Delta y} dy\right)}{f_Y(y)\Delta y}$$

$$= \lim_{\Delta y \to 0} \frac{\Delta y \int_{-\infty}^{x} f_{XY}(x,y)dx}{\Delta y f_Y(y)} \tag{3.92}$$

또한 $F_X(x|Y=y) = P(X<x|Y=y)$로 표시할 수 있으므로

$$F_X(x|Y=y) = \frac{\int_{-\infty}^{x} f_{XY}(x,y)dx}{f_Y(y)} \tag{3.93}$$

이며 양변을 미분하면

$$f_X(x|Y=y) = \frac{dF_X(x|Y=y)}{dx} = \frac{f_{XY}(x,y)}{f_Y(y)} \tag{3.94}$$

임을 알 수 있다. 같은 방법으로 Y의 조건부 확률밀도함수에 대해 적용하면 식 (3.95), (3.96)과 같이 정리할 수 있다.

$$f_X(x|Y=y) = \frac{f_{XY}(x,y)}{f_Y(y)} = \frac{f_{XY}(x,y)}{\int_{-\infty}^{\infty} f_{XY}(x,y)dx} \tag{3.95}$$

$$f_X(x|X=x) = \frac{f_{XY}(x,y)}{f_X(x)} = \frac{f_{XY}(x,y)}{\int_{-\infty}^{\infty} f_{XY}(x,y)dy} \quad (3.96)$$

이제 식 (3.95)와 식 (3.96)을 이용하면 식 (3.97)을 얻을 수 있는데

$$f_X(x|Y=y) = \frac{f_Y(y|X=x)f_X(x)}{f_Y(y)} \quad (3.97)$$

이를 랜던변수에 대한 베이즈법칙(Bayes' rule)이라고 한다.

한편 조건부 확률밀도함수 $f_{X|Y}(x|Y=y_j)$혹은 $f_{Y|X}(y|X=x_i)$에서 랜덤변수 X와 Y가 서로 독립(independent)이면 X와 Y는 서로 영향을 주지 않으므로

$$f_{X|Y}(x|Y=y_j) = f_X(x) \quad (3.98)$$

$$f_{Y|X}(y|X=x_i) = f_Y(y) \quad (3.99)$$

임을 알 수 있다, 따라서 두 랜덤변수 X와 Y가 독립이면 결합 확률밀도함수에 대해

$$f_{XY}(x,y) = f_X(x)f_Y(y) \quad (3.100)$$

이 성립함을 알 수 있다.

[예제 3.22] 두 랜덤변수 X와 Y의 결합 확률밀도함수가 다음과 같다. 조건부 확률밀도를 $f_X(x|Y=y_3)$를 구하라.

$$f_{XY}(x,y) = \frac{2}{15}\delta(x-x_1)\delta(y-y_1) + \frac{4}{15}\delta(x-x_1)\delta(y-y_3)$$

$$+\frac{3}{15}\delta(x-x_2)\delta(y-y_1) + \frac{1}{15}\delta(x-x_2)\delta(y-y_2) + \frac{5}{15}\delta(x-x_1)\delta(y-y_3)$$

[풀이] 두 랜덤변수 X와 Y의 결합 확률밀도함수를 나타내면 [그림 3.23]과 같다.

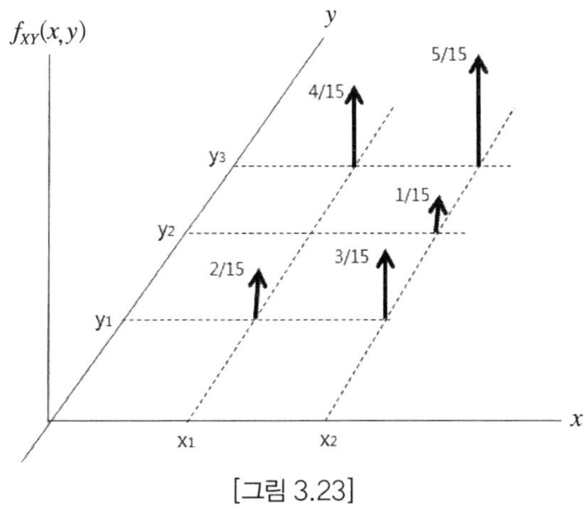

[그림 3.23]

조건부 확률밀도는 식 (3.97)에 의해 다음과 같다.

$$f_X(x \mid Y=y_3) = \frac{f_{XY}(x, Y=y_3)}{f(Y=y_3)} = \frac{P_{XY}(x, Y=y_3)}{P(Y=y_3)}$$

i) $x=x_1$일 때,

$$f_X(x \mid Y=y_3) = \frac{4/15}{9/15} = \frac{4}{9}$$

ii) $x=x_2$일 때,

$$f_X(x \mid Y=y_3) = \frac{5/15}{9/15} = \frac{5}{9}$$

이를 그림으로 나타내면 [그림 3.24]와 같다.

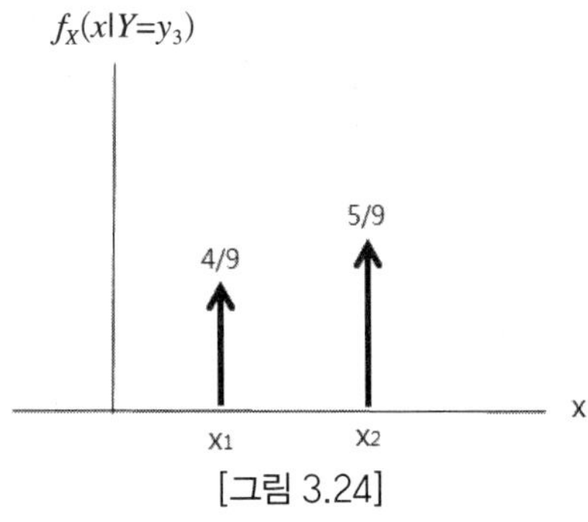

[그림 3.24]

[예제 3.23]

두 랜덤변수 X와 Y의 결합 확률밀도함수가 다음과 같다. X와 Y의 마지널 확률밀도를 구하고 두 랜덤변수가 통계적으로 독립임을 보여라.

$$f_{XY}(x,y) = \begin{cases} \dfrac{xy}{9} & 0 < x < 2, 0 < y < 3 \\ 0 & \text{그 외} \end{cases}$$

[풀이]

$$f_X(x) = \int_{-\infty}^{\infty} f_{XY}(x,y)dy$$

$$= \int_0^3 \frac{xy}{9} dy = \frac{1}{2}x$$

$$f_Y(y) = \int_{-\infty}^{\infty} f_{XY}(x,y)dx$$

$$= \int_0^2 \frac{xy}{9} dx = \frac{2}{9}y$$

$\therefore \quad f_{XY}(x,y) = f_X(x)f_Y(y)$이므로 두 랜덤변수는 독립이다.

[예제 3.24] 두 랜덤변수 X와 Y의 결합 확률밀도함수가 [그림 3.25]와 같다.

$$f_{XY}(x,y) = \begin{cases} 1 & \text{음영영역} \\ 0 & \text{그 외} \end{cases}$$

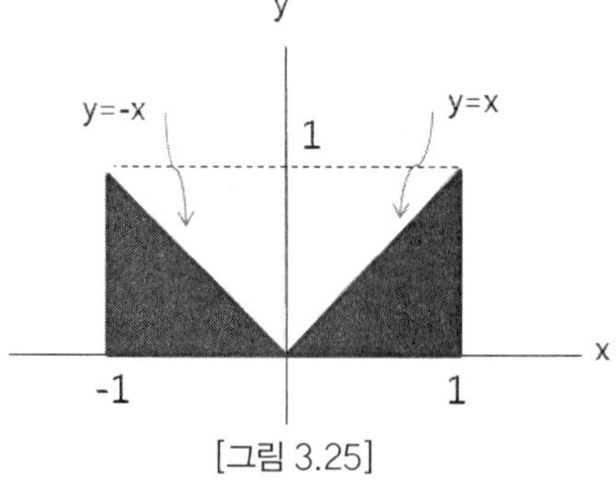

[그림 3.25]

(a) X와 Y의 마지널 확률밀도함수를 구하라.

(b) 조건부 확률밀도를 $f_X(x|Y = 0.5)$를 구하라.

[풀이]

(a)

i) 랜덤변수 X에 대한 마지널 확률밀도함수 $f_X(x)$는 다음과 같이 구해진다.

1) $-1 < x < 0$

$$f_X(x) = \int_{-\infty}^{\infty} f_{XY}(x,y)dy = \int_0^{-x} 1 \cdot dy = -x$$

2) $0 < x < 1$

$$f_X(x) = \int_{-\infty}^{\infty} f_{XY}(x,y)dy = \int_0^{x} 1 \cdot dy = x$$

ii) 랜덤변수 Y에 대한 마지널 확률밀도함수 $f_Y(y)$는 다음과 같이 구해진다.

$$f_Y(y) = \int_{-\infty}^{\infty} f_{XY}(x,y)dx$$

$$= \int_{-1}^{-y} 1 \cdot dx + \int_y^1 1 \cdot dx$$

$$= 2(1-y) \qquad\qquad 0 < y < 1$$

마지널 확률밀도함수 $f_X(x)$와 $f_Y(y)$를 그려보면 [그림 3.26]과 같다.

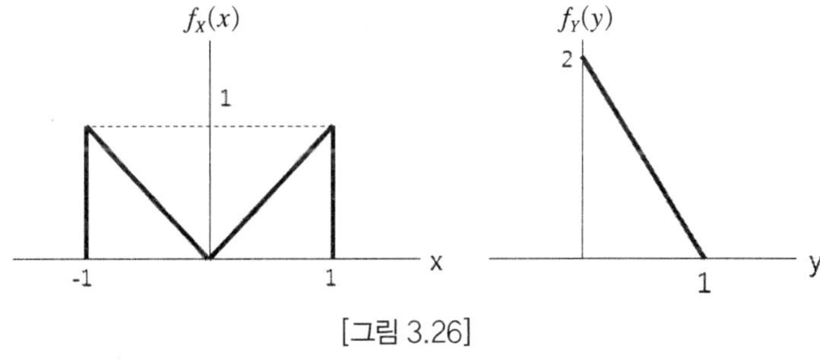

[그림 3.26]

(b) 조건부 확률밀도를 $f_X(x|Y = 0.5)$는 다음과 같으며 그림으로 나타내면 [그림 3.27]과 같다..

$$f_X(x \mid Y = 0.5) = \frac{f_{XY}(x, Y = 0.5)}{f(Y = 0.5)}$$

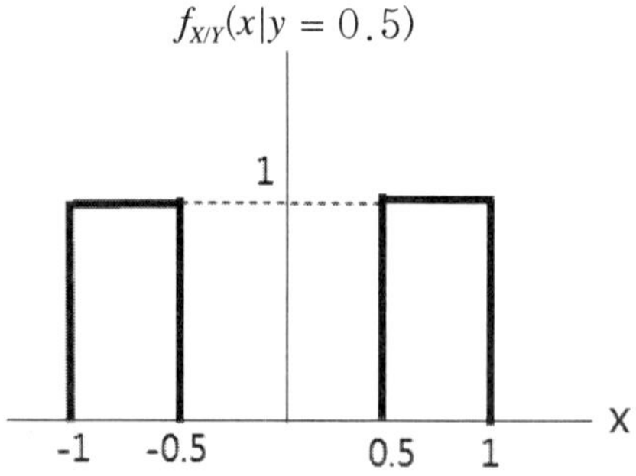

$f_{X/Y}(x|y = 0.5)$

[그림 3.27]

[예제 3.25] 두 랜덤변수 X와 Y의 결합 확률밀도함수가 [그림 3.28]과 같다.

$$f_{XY}(x,y) = \begin{cases} \frac{1}{2} & \text{음영영역} \\ 0 & \text{그 외} \end{cases}$$

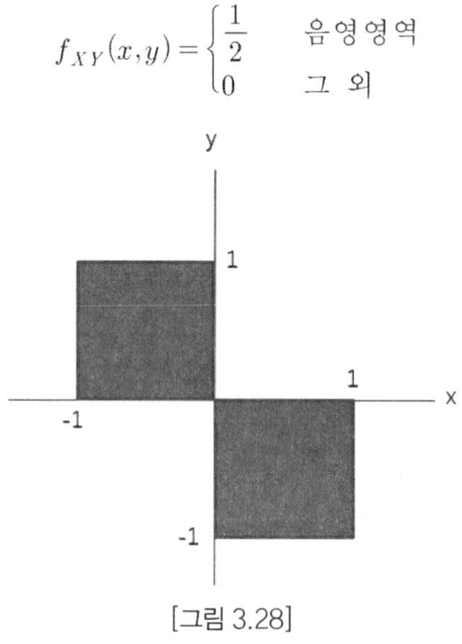

[그림 3.28]

(a) X와 Y의 마지널 확률밀도함수를 구하라.

(b) 두 랜덤변수 X와 Y는 독립한가?

(b) 조건부 확률밀도 $f_Y(y|X = -0.5)$와 $f_Y(y|X = 0.5)$를 구하라.

[풀이]

(a)

i) 랜덤변수 X에 대한 마지널 확률밀도함수 $f_X(x)$는 다음과 같이 구해진다.

1) $x < -1$

$$f_X(x) = 0$$

2) $-1 < x < 0$

$$f_X(x) = \int_{-\infty}^{\infty} f_{XY}(x,y)dy = \int_{0}^{1} \frac{1}{2} \cdot dy = \frac{1}{2}$$

3) $0 < x < 1$

$$f_X(x) = \int_{-\infty}^{\infty} f_{XY}(x,y)dy = \int_{-1}^{0} \frac{1}{2} \cdot dy = \frac{1}{2}$$

4) $x > 1$

$$f_X(x) = 0$$

ii) 랜덤변수 Y에 대한 마지널 확률밀도함수 $f_Y(y)$는 다음과 같이 구해진다.

1) $y < -1$

$$f_Y(y) = 0$$

2) $-1 < y < 0$

$$f_Y(y) = \int_{-\infty}^{\infty} f_{XY}(x,y)dx = \int_{0}^{1} \frac{1}{2} \cdot dx = \frac{1}{2}$$

3) $0 < y < 1$

$$f_Y(y) = \int_{-\infty}^{\infty} f_{XY}(x,y)dx = \int_{-1}^{0} \frac{1}{2} \cdot dx = \frac{1}{2}$$

4) $y > 1$

$$f_Y(y) = 0$$

마지널 확률밀도함수 $f_X(x)$와 $f_Y(y)$는 [그림 3.29]와 같다.

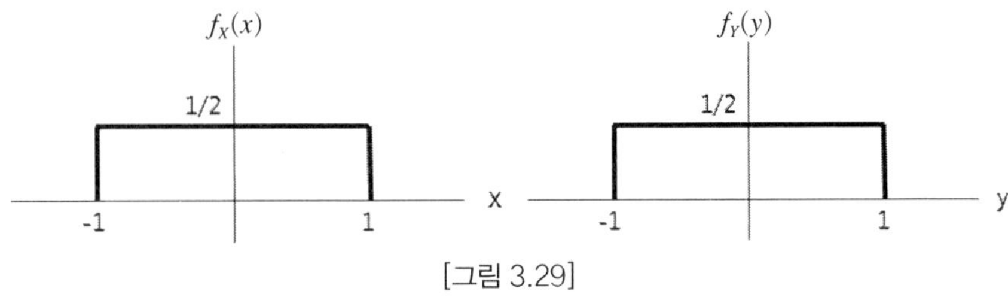

[그림 3.29]

(b) 두 랜덤변수 X와 Y가 독립하기 위해서는 결합 확률밀도함수가 마지널 확률밀도의 곱과 같아야 한다. 즉 $f_{XY}(x,y) = f_x(x)f_Y(y)$이어야 한다. 마지널 확률의 곱은 [그림 3.30]과 같으며 결합 확률밀도와 같지 않으므로 두 랜덤변수 X와 Y는 독립하지 않다.

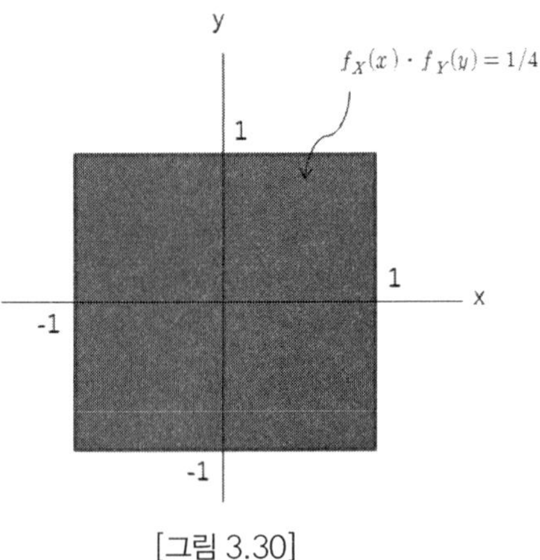

[그림 3.30]

c) 조건부 확률밀도 $f_Y(y|X = -0.5)$와 $f_Y(y|X = 0.5)$를 구해보면 다음과 같다.

i) 조건부 확률밀도 $f_Y(y|X = -0.5)$는 [그림 3.31]과 같다.

$$f_Y(y|X = -0.5) = \frac{f_{XY}(X=-0.5, y)}{f(X=-0.5)}$$

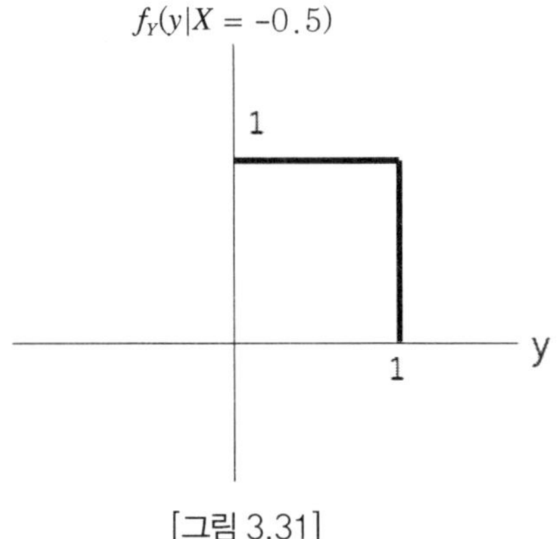

[그림 3.31]

ii) 조건부 확률밀도를 $f_Y(y|X = 0.5)$는 [그림 3.32]와 같다.

$$f_Y(y|X = 0.5) = \frac{f_{XY}(X=0.5, y)}{f(X=0.5)}$$

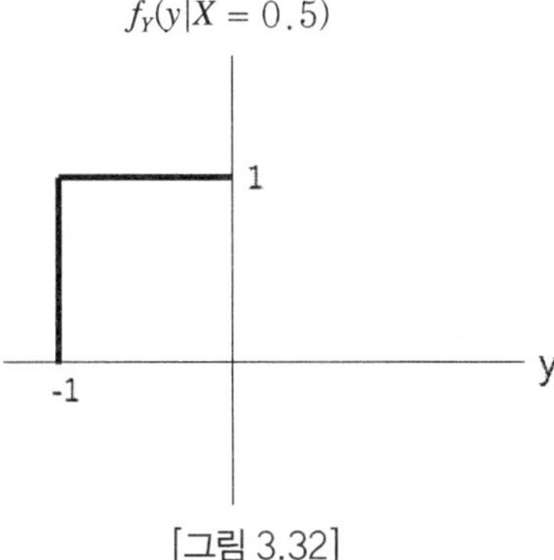

[그림 3.32]

8 다중 랜덤변수의 합

두 랜덤변수가 합쳐져 새로운 랜덤변수를 발생시키는 경우는 통신 시스템에서 흔히 일어난다. 예를 들어 수신기의 상관기에서 출렵되는 신호 값은 신호 성분 랜덤변수와 잡음성분 랜덤변수의 합으로 구성되므로 상관기의 출력 값은 두 랜덤변수의 합으로 표시될 수 있을 것이다. 두 독립 랜덤변수 X와 Y의 합에 의한 새로운 랜덤변수를 Z라고 하자.

$$Z = X + Y \tag{3.101}$$

이 경우 Z의 확률밀도함수(pdf)는 X의 확률밀도함수와 Y의 확률밀도함수의 콘볼루션된 형태가 된다. 즉,

$$f_Z(z) = \int_{-\infty}^{\infty} f_Y(y) f_X(z-y)\,dy \tag{3.102}$$

이다. 이 결과에 대한 증명은 다음과 같다. 우선 $Z<z$인 확률은 $F_Z(z)$이므로

$$F_Z(z) = P(Z \leq z) = P(X + Y \leq z) \tag{3.103}$$

$X+Y=z$인 직선과 $X+Y \leqq z$ 인 영역을 도시하면 [그림 3.33]과 같다.

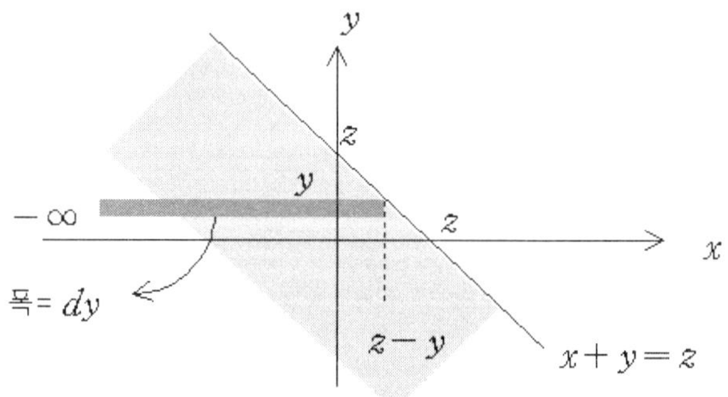

[그림 3.33] $X+Y \leqq z$ 영역을 나타내는 그래프

직선 $X+Y=z$은 $X=z-Y$와 같고 $X+Y\leqq z$ 영역은 $X\leqq Y-z$ 영역과 같다. 이 영역에 대해 $f_{XY}(x,y)$를 적분하면 식 (3.103)의 $F_Z(z)$가 된다. 이 면적은 $X=-\infty$ 부터 $X=z-Y$까지 이르는 옆으로 놓인 막대기가 밑에서부터 차곡차곡 쌓여 있는 것으로 볼 수 있겠다. 즉 막대기 면적을 구한 뒤 이 막대기가 $-\infty$부터 $+\infty$까지 높게 쌓여 있다고 보고 Y에 대해 적분하면 된다.

$$\int_{-\infty}^{\infty}\left[\int_{-\infty}^{z-y} f_{XY}(x,y)dx\right]dy = F_Z(z) \tag{3.104}$$

따라서

$$\begin{aligned} F_Z(z) &= \int_{-\infty}^{\infty}\int_{-\infty}^{z-y} f_X(x)f_Y(y)dxdy \\ &= \int_{-\infty}^{\infty} f_Y(y)\left[\int_{-\infty}^{z-y} f_X(x)dx\right]dy \\ &= \int_{-\infty}^{\infty} f_Y(y)\ F_X(z-y)\ dy \end{aligned} \tag{3.105}$$

이렇게 해서 $F_Z(z)$은 구해졌다. 그러나 우리가 알고자 하는 것은 확률밀도함수이므로 $F_Z(z)$를 z에 대해 미분하여 확률밀도함수를 얻게 된다. 즉,

$$\begin{aligned} f_Z(z) &= \frac{d}{dz}F_Z(z) \\ &= \frac{d}{dz}\left(\int_{-\infty}^{\infty} f_Y(y)F_X(z-y)dy\right) \\ &= \int_{-\infty}^{\infty} f_Y(y)\frac{d}{dz}[F_X(z-y)]dy \\ &= \int_{-\infty}^{\infty} f_Y(y)f_X(z-y)dy \end{aligned} \tag{3.106}$$

이것은 (3.102)와 같으며 랜덤변수가 더해질 때 확률밀도함수는 콘볼루션된다는 결과를 낳는다. 신호에 대해 공부했던 2장을 돌이켜 보면 주파수 영

역에서 곱은 시간영역에서 콘볼루션이 되었던 것과 랜덤변수 영역에서 합은 확률밀도함수 영역에서 콘볼루션이다 라는 이 결과는 묘한 유사성을 남기고 있다.

일반적으로 n개의 독립 랜덤변수 $X_1, X_2, X_3, \cdots, X_n$에 대한 각 확률밀도함수를 $f_{X_1}(x_1)$, $f_{X_2}(x_2)$, $f_{X_3}(x_3)$, $\cdots$, $f_{X_n}(x_n)$이라고 하고 $Z = X_1+X_2+\cdots+X_n$이라고 하면 식 (3.107)과 같이 새로운 랜덤변수 Z의 확률밀도함수는 각 랜덤변수의 확률밀도함수를 콘볼루션한 것과 같다.

$$f_Z(z) = f_{X_1}(x_1) * f_{X_2}(x_2) * \cdots * f_{X_n}(x_n) \tag{3.107}$$

[예제 3.26] 균일분포를 갖는 두 개의 독립 랜덤변수 X와 Y의 확률밀도함수가 다음과 같이 주어진다. 랜덤변수 Z =X+Y의 확률밀도함수 $f_z(z)$를 구하라.

$$f_X(x) = \begin{cases} \frac{1}{2} & 0 < x \le 2 \\ 0 & \text{그 외} \end{cases} \qquad f_Y(y) = \begin{cases} \frac{1}{3} \\ 0 \end{cases}$$

[풀이] X와 Y가 독립이므로

$$f_Z(x) = f_X(x) * f_Y(y) = \int_{-\infty}^{\infty} f_Y(y) f_X(z-y)dy$$

$$= \begin{cases} \frac{1}{6}z & 0 < z \le 2 \\ \frac{1}{3} & 2 < z \le 3 \\ -\frac{1}{6}z + \frac{5}{6} & 3 < z \le 5 \end{cases}$$

이를 그림으로 도시하면 [그림 3.34]와 같다.

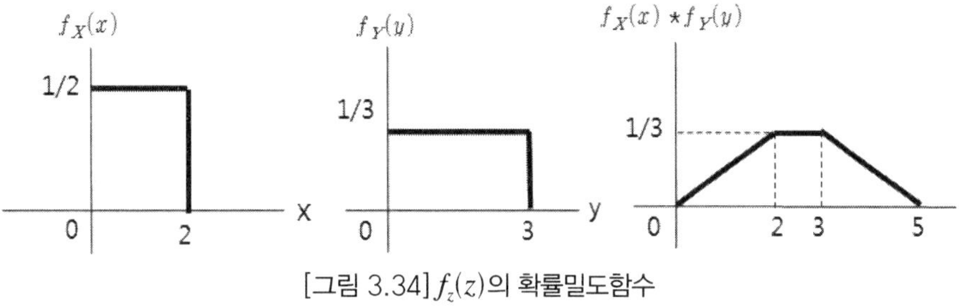

[그림 3.34] $f_z(z)$의 확률밀도함수

[예제 3.26]에서 볼 수 있듯이 두 함수에 대해 콘볼루션을 취하면 함수가 부드러운 곡선 형태로 변하는 경향이 있다. 식 (3.107)과 같이 여러 독립 랜덤변수에 대한 합의 확률밀도함수는 각 랜덤변수들의 확률 밀도함수들을 콘볼루션한 것과 같으며 콘볼루션한 결과는 점차 가우시안 분포로 접근하게 된다. 식 (3.107)에서 n 값이 증가함에 따라 $f_z(z)$는 가우시안함수로 되는데 이를 중앙극한이론(central limit theorem)이라고 한다. 이것은 우리 주위의 일상의 대표적인 확률분포가 왜 정규분포인 가우시안 분포여야 하는지를 암시하는 좋은 근거가 된다. 또한 여러 독립적 발생원에서 발생하여 더해진 열잡음은 가우시안 분포를 가진다.

9 다중 랜덤변수의 함수

두 랜덤변수 U와 V가 식 (3.108)과 같이 랜덤변수 X와 Y의 함수인 경우 X와 Y에 대한 결합 확률밀도함수 $f_{XY}(x,y)$로부터 랜덤변수 U와 V의 결합 확률밀도함수 $f_{UV}(u,v)$를 구할 수 있다.

$$\begin{aligned} U &= u(X,\ Y) \\ V &= v(X,\ Y) \end{aligned} \tag{3.108}$$

미소 면적 $|dxdy|$에서 랜덤변수 X와 Y가 발생할 확률이 미소 면적 $|dudv|$로

부터 랜덤변수 U와 V가 발생할 확률과 같다고 하면

$$f_{UV}(u,v)|du\ dv| = f_{XY}(x,y)|dx\ dy| \tag{3.109}$$

이므로

$$f_{UV}(u,v) = \frac{f_{XY}(x,y)}{\left|\dfrac{du\ dv}{dx\ dy}\right|} \tag{3.110}$$

로 표시할 수 있다. 두 좌표계의 면적 요소 사이의 관계는 야코비안(Jacobian)으로 표현될 수 있으며 식 (3.111)의 관계를 갖는다.

$$du\ dv = J\left(\frac{u,v}{x,y}\right)dx\,dy \tag{3.111}$$

여기에서 J는 다음과 같이 행렬식으로 표현되는 야코비안 변환이다.

$$J\left(\frac{u,v}{x,y}\right) = \begin{vmatrix} \dfrac{\partial u}{\partial x} & \dfrac{\partial u}{\partial y} \\ \dfrac{\partial v}{\partial x} & \dfrac{\partial v}{\partial y} \end{vmatrix} \tag{3.112}$$

[예제 3.27] 두 개의 독립 가우시안 랜덤변수 X와 Y가 다음과 같이 동일한 확률밀도함수를 갖는다.

$$f_X(x) = \frac{1}{\sqrt{2\pi}\,\sigma}e^{-x^2/2\sigma^2} \qquad f_Y(y) = \frac{1}{\sqrt{2\pi}\,\sigma}e^{-y^2/2\sigma^2}$$

X와 Y에 대한 함수로 발생되는 새로운 랜덤변수 R과 Θ를 다음과 같이 정의할 때 새로운 랜덤 변수 R과 Θ는 어떤 확률밀도함수를 가지는가?

$$R = \sqrt{X^2+Y^2}\ ,\quad \Theta = \tan^{-1}\left(\frac{Y}{X}\right)$$

[풀이] X와 Y는 서로 독립이므로 결합 확률밀도는

$$f_{XY}(x, y) = f_X(x) f_Y(y) = \frac{1}{2\pi\sigma^2} e^{-(x^2+y^2)/2\sigma^2}$$

이며 X, Y, R, Θ는 [그림 3.35]와 같은 관계를 갖는다.

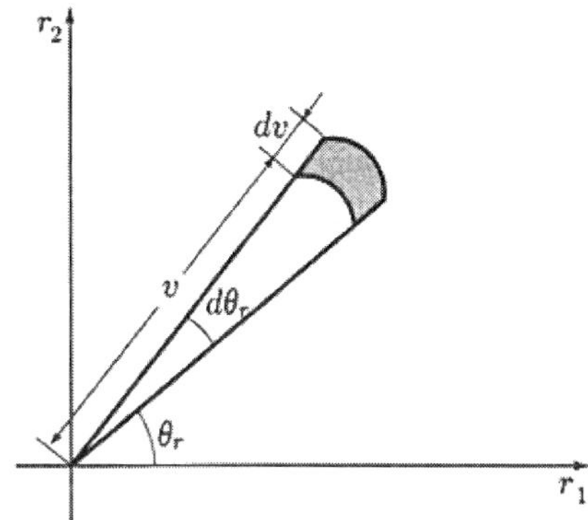

[그림 3.35] 두 랜덤변수의 변환

빗금 친 영역은 $r < R \le r + dr$이고 $\theta < \Theta \le \theta + d\theta$인 영역이며 이 영역에서 랜덤변수 R과 Θ가 발생할 확률은 dr, $d\theta$가 미소 간격일 때

$$P(r < R \le r + dr,\ \theta < \Theta \le \theta + d\theta) = f_{R\Theta}(r, \theta) dr\, d\theta$$

이다. 한편 xy-평면상에서 ($r < R \le r + dr$, $\theta < \Theta \le \theta + d\theta$)에 해당하는 영역은 [그림 3.35]의 칠해진 영역이며 이 영역 면적 $rdrd\theta$에서 두 랜덤변수 X와 Y가 발생할 확률은 $f_{XY}(x,y)rdrd\theta$이므로 다음 식이 성립한다.

$$\frac{1}{2\pi\sigma^2} e^{-(x^2+y^2)/2\sigma^2} r\, dr\, d\theta = f_{R\Theta}(r, \theta) dr\, d\theta$$

따라서

$$f_{R\Theta}(r, \theta) = \frac{r}{2\pi\sigma^2} e^{-(x^2+y^2)/2\sigma^2} = \frac{r}{2\pi\sigma^2} e^{-r^2/2\sigma^2}$$

이며 Θ는 $(0,2\pi)$사이에만 존재하므로

$$f_R(r)=\int_0^{2\pi} f_{R\Theta}(r,\theta)d\theta=\frac{r}{\sigma^2}e^{-r^2/2\sigma^2} \qquad r\ge 0$$

이 된다. 위 식을 레일레이 확률밀도함수라고 한다. 같은 방법으로

$$\begin{aligned}f_\Theta(\theta)&=\int_{-\infty}^{\infty} f_{R\Theta}(r,\theta)dr=\frac{r}{\sigma^2}e^{-r^2/2\sigma^2} \qquad r\ge 0\\&=\frac{1}{2\pi}\int_0^{\infty}\frac{r}{\sigma^2}e^{-r^2/2\sigma^2}dr\\&=\frac{1}{2\pi}\int_0^{\infty}r'e^{-r'^2/2\sigma^2}dr'\\&=\frac{1}{2\pi} \qquad 0\le\theta\le 2\pi \quad (\leftarrow\int_0^{\infty}x\,e^{-ax^2}dx=\frac{1}{2a})\end{aligned}$$

이므로 $f_\theta(\theta)$는 $0\le\theta\le 2\pi$에서 균일분포를 가짐을 알 수 있다.

10 두 랜덤변수의 상관관계 함수

두 랜덤변수 X와 Y의 상관함수(correlation)는 다음과 같이 정의된다.

$$R_{XY}=E[XY]=\int_{-\infty}^{\infty}\int_{-\infty}^{\infty}xyf_{XY}(xy)dxdy \qquad (3.113)$$

두 랜덤변수 X와 Y의 상관함수 R_{XY}값이 0일 때, 즉 $R_{XY}=E[XY]=0$이며 두 랜덤변수 X와 Y는 직교(orthogonal)하다고 한다.

식 (3.61)에서 하나의 랜덤변수 X에 대해 분산(variance)를 $\sigma_X^2=E[(X-m)^2]=\int_{-\infty}^{\infty}(x-m)^2 f_X(x)\,dx$ 로 정의한 것을 기억할 것이다. 이와 유사하게 두 랜덤변수에 대한 covariance C_{XY}를 다음과 같이 정의한다.

$$C_{XY} = E[(X-m_X)(Y-m_Y)] = \int_{-\infty}^{\infty}\int_{-\infty}^{\infty}(x-m_X)(y-m_Y)f_{XY}(x,y)\ dxdy \tag{3.114}$$

이 covariance를 약간 더 정리하면 다음과 하다.

$$C_{XY} = E[XY] - m_X m_Y = R_{XY} - \overline{X}\cdot\overline{Y} \tag{3.115}$$

즉, 두 랜덤변수중 하나 또는 두 랜덤변수의 평균이 0인 경우 상관함수와 covariance가 같게 된다.

두 랜덤변수 X와 Y가 서로 독립인 경우와 서로 완전종속인 $X=Y$에 대해 covariance C_{XY}는 어떤 특성을 보이는지 살펴보자. 서로 독립인 경우 $f_{XY}(x,y)=f_X(x)f_Y(y)$ 이므로 C_{XY}는 다음과 같다.

$$C_{XY} = \int_{-\infty}^{\infty}(x-m_X)f_X(x)dx\int_{-\infty}^{\infty}(y-m_Y)f_Y(y)dy = (m_X-m_X)(m_Y-m_Y) = 0 \tag{3.116}$$

그러나 서로 완전종속인 경우에 대해서는 $X=Y$이므로

$$C_{XY} = \int_{-\infty}^{\infty}(x-m_X)^2\ f_X(x)\ dx = \sigma_X^2 = \sigma_Y^2 = \sigma_X\sigma_Y \tag{3.117}$$

따라서 covariance 는 두 랜덤변수가 얼마나 종속관계인가를 나타내주는 인자가 되므로 이러한 상관정도의 척도로서 최대 값이 1로 정규화한 상관계수 ρ_{XY}를 다음과 같이 정의한다.

$$\rho_{XY} = \frac{E[(X-m_X)(Y-m_Y)]}{\sigma_X\sigma_Y} = \frac{C_{XY}}{\sigma_X\sigma_Y} \qquad -1 < \rho_{XY} \leq 1 \tag{3.118}$$

ρ_{XY}= 0일 때는 X와 Y가 서로 상관관계가 없으므로 무상관(uncorrelated) 하다고 한다.

[예제 3.28] 랜덤변수 X의 평균과 분산 값이 다음과 같다고 하자.

$$E[X] = 3,\ \sigma_X^2 = 2$$

새로운 랜덤변수 Y가 다음과 같다고 할 때 다음을 구하시오.

$$Y = -6X + 22$$

(1) 랜덤변수 Y의 평균

(2) 상관함수 R_{XY}

[풀이]

(1) 랜덤변수 Y의 평균은 다음과 같이 계산된다.

$$E[Y] = E[-6X + 22] = -6 \cdot E[X] + 22 = 4$$

(2) 상관함수 R_{XY}은 다음과 같이 계산된다.

$$\begin{aligned} R_{XY} &= E[XY] = E[X(-6X + 22)] \\ &= E[-6X^2 + 22X] \\ &= -6E[X^2] + 22E[X] \\ &= -6(\sigma_X^2 + E[X]^2) + 22E[X] \\ &= 0 \end{aligned}$$

R_{XY} = 0이기 때문에 두 랜덤 변수 X와 Y는 직교(orthogonal)함을 알 수 있다.

[예제 3.29] 랜덤변수 X의 평균과 분산 값이 $\overline{X}$, σ_X^2라고 하고 새로운 랜덤변수 Y가 다음과 같다고 할 때 상관계수 ρ_{XY}를 구하시오.

$$Y = aX$$

[풀이]

i) $\sigma_X^2 = E[(Y-m_Y)^2]$이며 이때 랜덤변수 Y의 평균은

$$m_Y = E[Y] = E[aX] = aE[X] = a\overline{X}$$

이므로

$$\sigma_Y^2 = E[(Y-m_Y)^2] = E[(aX-a\overline{X})^2]$$

$$= a^2E[(X-\overline{X})^2]$$

$$= a^2 \cdot \sigma_X^2$$

ii) covariance 값은 다음과 같이 계산된다.

$$C_{XY} = E[(X-m_X)(Y-m_Y)]$$

$$= E[(X-\overline{X})(aX-a\overline{X})]$$

$$= aE[(X-\overline{X})^2]$$

$$= a \cdot \sigma_X^2$$

iii) 상관계수 ρ_{XY}는 다음과 같이 계산된다.

$$\therefore \quad \rho_{XY} = \frac{C_{XY}}{\sigma_X \sigma_Y} = \frac{a \cdot \sigma_X^2}{\sigma_X \cdot |a| \cdot \sigma_X} = \frac{a}{|a|}$$

그러므로

(1) a가 양수 이면 $\rho_{XY} = 1$이다.

(2) a가 음수 이면 $\rho_{XY} = -1$이다.

[예제 3.30] 두 개의 랜덤변수 X와 Y의 결합 확률밀도함수가 [그림 3.36]과 같다고 할 때 상관계수 값 ρ_{XY}이 양수인지, 음수인지 또는 영인지를 결정하시오.

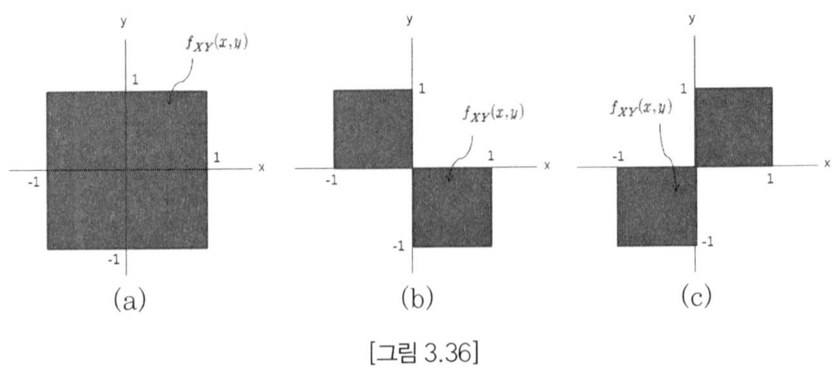

[그림 3.36]

[풀이]

(a) x가 양수일 때 y가 양수와 음수를 갖을 확률이 동일하다. 또한 x가 음수일 때 도 y는 양수와 음수를 갖을 확률이 동일하므로 상관계수 값 ρ_{XY}은 0이 된다,

(b) x가 양수일 때 y는 음수 값을 가지며 x가 음수일 때 y는 양수 값을 가지므로 상관계수 값 ρ_{XY}은 음수가 된다.

(c) x가 양수일 때 y도 양수 값을 가지며 x가 음수일 때 y도 음수 값을 가지므로 상관계수 값 ρ_{XY}은 양수가 된다.

[예제 3.31] 두 랜덤변수 X와 Y의 결합 확률밀도함수가 다음과 같다. 두 랜덤 X와 Y가 무상관(uncorrelated) 임을 보여라.

$$f_{XY}(x,y) = \begin{cases} \dfrac{xy}{9} & 0 < x < 2, 0 < y < 3 \\ 0 & \text{그 외} \end{cases}$$

[풀이]

i) $R_{XY} = E[XY] = \int_{-\infty}^{\infty}\int_{-\infty}^{\infty} xyf_{XY}(xy)dxdy$

$$= \int_0^3\int_0^2 xy\frac{xy}{9}\,dxdy$$

$$= \frac{8}{3}$$

ii) 랜덤변수 X, Y에 대한 마지널 확률밀도 함수는 다음과 같다.

$$f_X(x) = \int_{-\infty}^{\infty} f_{XY}(x,y)dy = \int_0^3 \frac{xy}{9}dy = \frac{1}{2}x$$

$$f_Y(y) = \int_{-\infty}^{\infty} f_{XY}(x,y)dx = \int_0^2 \frac{xy}{9}dx = \frac{2}{9}y$$

랜덤변수 X에 대한 평균은

$$E[X] = \int_{-\infty}^{\infty} xf_X(x)dx = \int_{-\infty}^{\infty} x\cdot\frac{x}{2}dx = \frac{4}{3}$$

랜덤변수 Y에 대한 평균은

$$E[Y] = \int_{-\infty}^{\infty} yf_Y(x)dx = \int_{-\infty}^{\infty} y\cdot\frac{2y}{9}dx = 2$$

iii) $R_{XY} = E[XY] = E[E]\cdot E[Y]$이기 때문에 두 랜덤변수는 무상관이다.

11 결합 가우시안 랜덤변수

가우시안 랜덤변수는 과학과 공학의 대부분 영역에서 이용되므로 매우 중요하다. 여기서는 우선 2개의 가우시안 랜덤변수의 경우를 살펴본다. 2개의 랜덤변수 X및 Y의 결합 확률밀도함수가

$$f_{XY}(x,y)=\frac{1}{2\pi\sigma_X\sigma_Y\sqrt{1-\rho^2}}\cdot\exp\left\{\frac{-1}{2(1-\rho^2)}\cdot\left[\frac{(x-m_X)^2}{\sigma_X^2}-\frac{2\rho(x-m_X)(y-m_Y)}{\sigma_X\sigma_Y}+\frac{(y-m_Y)^2}{\sigma_Y^2}\right]\right\} \quad (3.119)$$

의 형태이면 결합 가우시안이라 말하며, 때때로 2변량 가우시안 밀도(bivariate Gaussian density)라고도 부르며 [그림 3.37]에 나타내었다. 여기서

$$m_X=E[X] \quad (3.120)$$

$$m_Y=E[Y] \quad (3.121)$$

$$\sigma_X^2=E[(X-m_X)^2] \quad (3.122)$$

$$\sigma_Y^2=E[(Y-m_Y)^2] \quad (3.123)$$

$$\rho=\frac{E[(X-m_X)(Y-m_Y)]}{\sigma_X\sigma_Y} \quad (3.124)$$

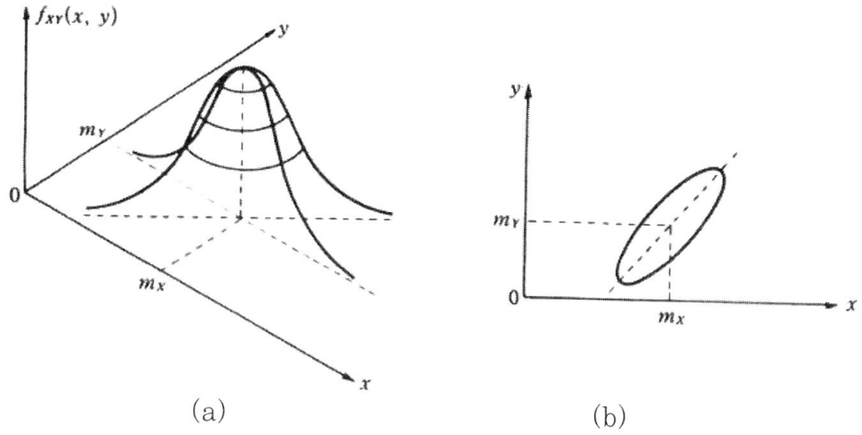

[그림 3.37] 2개의 가우시안 랜덤변수의 결합 확률밀도함수

[그림 3.37(a)]는 결합 가우시안 확률밀도함수인 식 (3.119)의 설명도이다. 그의 최대값은 점 (m_X, m_Y)에 위치하며 그 때의 최대 값은

$$f_{XY}(x, y) = f_X(m_X \ ,m_Y) = \frac{1}{2\pi\sigma_X\sigma_Y\sqrt{1-\rho^2}} \qquad (3.125)$$

로 얻어진다. $f_{XY}(x,y)$의 상수값 궤적은 [그림 3.37(b)]와 같은 타원이 된다. 이것은 xy평면에 평행한 면으로 잘라서 만든 단면이 타원이라는 말이다.

만약 X와 Y가 무상관(uncorrelated)이면 즉, ρ=0이면 식 (3.119)는

$$f_{XY}(x, y) = f_X(x)f_Y(y) \qquad (3.126)$$

와 같이 쓸 수 있다. ρ=0일 때 $\sigma_X = \sigma_Y$이면 타원은 원이 된다. 여기서 $f_X(x)$와 $f_y(y)$는 X와 Y의 마지널 확률밀도함수로서

$$f_X(x) = \frac{1}{\sqrt{2\pi}\,\sigma_X} e^{-\frac{(x-m_X)^2}{2\sigma_X^2}} \qquad (3.127)$$

$$f_Y(y) = \frac{1}{\sqrt{2\pi}\,\sigma_Y} e^{-\frac{(y-m_Y)^2}{2\sigma_Y^2}} \tag{3.128}$$

으로 주어진다. 지금 식 (3.126)은 랜덤변수 X및 Y의 통계적 독립임을 입증하는데 충분하다. 그러므로 어떠한 무상관한 2개의 가우시안 랜덤변수는 통계적으로 독립하다고 말할 수 있다.

일반적으로 N개의 랜덤변수 $X_1, X_2, \cdots, X_N$ 들이 무상관이면 그 랜덤변수들은 통계적으로 독립이 되어 이들의 결합 확률밀도함수는

$$\begin{aligned} f_{X_1, X_2, \cdots, X_N}(x_1, x_2, \cdots, x_N) &= \prod_{n=1}^{N} f_{X_n}(x_n) \\ &= (2\pi\sigma^2)^{-N/2} \exp\left[-\sum_{n=1}^{N} \frac{x_{n^2}}{2\sigma^2}\right] \end{aligned} \tag{3.129}$$

가 된다. 여기에서 $\sigma_{X_1} = \sigma_{X_2} = \cdots = \sigma_{X_N} = \sigma$라 한다.

랜덤과정

1 랜덤과정의 개념

랜덤과정(random process: RP) X(t)는 랜덤변수(random variable: RV) X를 확장한 개념으로 랜덤신호를 다루는데 유용한 수학적 도구이다. 임의의 실험으로부터 얻은 결과를 s_i라고 할 때 랜덤변수가 s_i에 대해 실수 값(real value)으로 일대일 대응시켰듯이 랜덤과정은 s_i에 대해 실수 랜덤신호(real random signal)로 대응시키는 과정을 말한다. [그림 3.38]은 이러한 랜덤과정의 개념을 잘 보여준다.

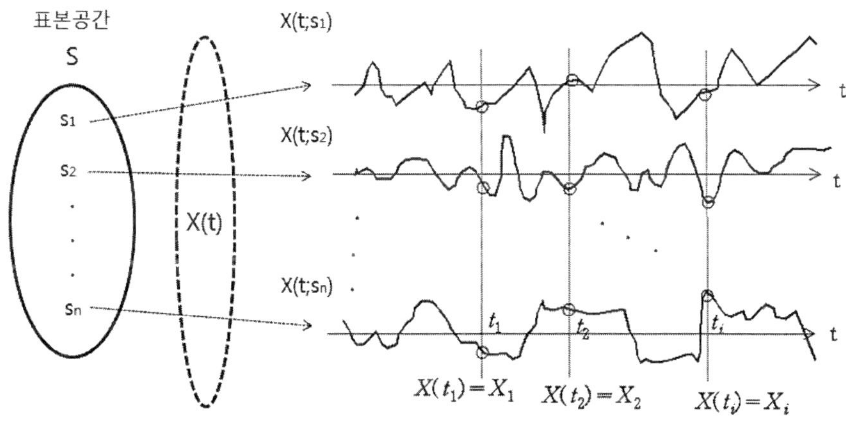

[그림 3.38] 랜덤과정의 개념

각 실험 결과 s_i에 대응하여 얻은 랜덤신호를 $x(t;s_i)$로 표시하며 이를 표본함수(sample function)라고 부른다. 앙상블(ensemble)은 이러한 표본 함수들을 모두 모아 놓은 전체 집합이라고 할 수 있다. 그림에서 시간을 $t=t_1$로 고정하면 t_1에 대한 표본함수 값 $x(t_1;s_i)$를 얻을 수 있는데 각각의 s_i에 대한 이들 표본함수 값 $x(t_1;s_i)$등이 모여 하나의 랜덤변수를 형성한다. 이렇게 얻은 랜덤변수를 $X(t_1)$로 표시하기로 한다. 다시 말해 랜덤과정에서 시간을 고정시킬 때마다 각각의 랜덤변수를 발생시킬 수 있으며 이들 랜덤변수들의 집합 $X(t_1)$, $X(t_2)$, $\cdots$,$X(t_n)$에 대한 통계적 특성을 통해 랜덤과정 $X(t)$를 표현하게 된다. 시간 t가 실수 값을 가지면 $X(t)$를 연속 랜덤과정(continuous random process)이라고 하고 t가 정수 값을 가지면 $X(t)$를 이산 랜덤과정(discrete ramdom process)이라고 한다. 임의로 선택된 시간 $(t_1,t_2,\cdots,t_n)$에 대해 $\{X(t_1),X(t_2),\cdots, X(t_n)\}$의 결합 확률밀도가 주어지면 랜덤과정 $X(t)$는 n개의 랜덤변수들에 의한 통계 특성으로 표현할 수 있다. 특히 $n\le M$인 모든 n에 대해 $\{X(t_1),X(t_2),\cdots, X(t_n)\}$의 결합 확률밀도 $f_{X(t_1)X(t_2)\cdots X(t_n)}(x_1,x_2,\cdots,x_n)$이 주어지면 랜덤과정 $X(t)$는 M차 통계(M^{th} order statistics)에 의해 표현되는데, 특히 $M=2$인 2차 통계에 의한 랜덤과정의 표현은 통신 시스템에서 매우 중요한 역할을 한다. 2차 통계로 랜덤과정 $X(t)$가 표현된다는 것은 모든 시간 t에 대한 랜덤변수 $X(t)$의 확률밀도함수 $f_x(t)$가 주어진다는 것(1차 통계)일 뿐만 아니라, 임의로 선택한 시간 (t_1,t_2)에 대한 랜덤변수 $X(t_1)$, $X(t_2)$의 결합 확률밀도 $f_{X(t_1)X(t_2)}(x_1,x_2)$도 주어지므로(2차 통계) 자기상관함수(autocorrelation function) 등과 같은 중요한 통계적 특성을 알 수 있기 때문이다.

2 랜덤 과정의 통계적 평균과 자기상관함수

랜덤과정 X(t)에서 임의로 고정된 시간 $t = t_1$에 대한 랜덤변수 $X(t_1)$의 평균 $E[X(t_1)]$는 모든 t 값에 대해 존재한다. 이때 이들에 의해 형성되는 함수 $m_X(t)$를 랜덤과정 X(t)의 통계적 평균(statistical average)이라고 하고 식 (3.130)과 같이 표현한다.

$$m_X(t) = E[X(t)] \tag{3.130}$$

임의의 고정 시간 t_1에 대한 랜덤변수 $X(t_1)$의 확률밀도함수는 $f_{X(t_1)}(x)$이므로 각 시간에 대한 $X(t_1)$의 평균은 식 (3.131)로 구할 수 있다.

$$m_X(t_1) = E[X(t_1)] = \int_{-\infty}^{\infty} x f_{X(t_1)}(x)dx \tag{3.131}$$

$m_X(t)$는 $m_X(t_1)$들이 연속하여 만들어내는 함수로 [그림 3.39]에 나타내었다. 앙상블의 시간 t에서 평균은 랜덤변수 $X(t_i)$의 평균이 되며 이것은 표본함수(sample function)들의 집합인 앙상블에 대해 시간 t에서 관측한 평균이므로 앙상블 평균(ensemble average)이라고도 한다.

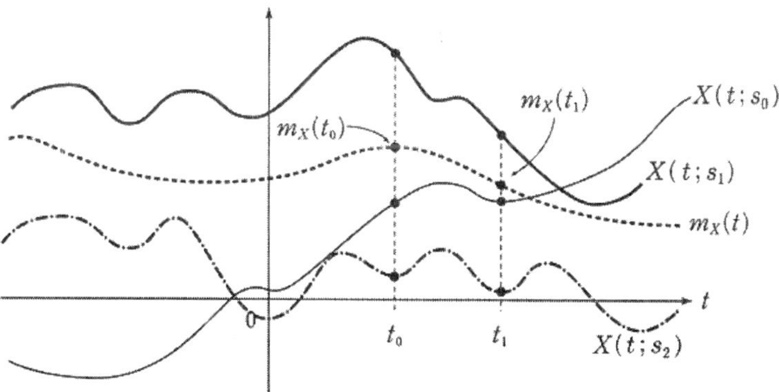

[그림 3.39] 랜덤과정의 평균

[예제 3.32] 다음과 같이 정의되는 랜덤과정 X(t)에 대한 평균을 구하라.

$$\mathrm{X}(\mathrm{t}) = \mathrm{A} \cdot \cos(w_o t + \theta)$$

단 θ는 $[0, 2\pi]$구간에서 균일한 분포를 갖는 랜덤변수이다.

$$f_\theta(\theta) = \begin{cases} \dfrac{1}{2\pi} & 0 \le \theta < 2\pi \\ 0 & \text{그 외} \end{cases}$$

[풀이] 임의의 시간 t'에 대한 랜덤변수 $X(t')$은 $\mathrm{X}(t') = \mathrm{A}\cos(2\pi f_0 t' + \theta)$이며 랜덤변수 θ의 함수임을 알 수 있다. 따라서 평균은 다음과 같다.

$$\begin{aligned} E[\mathrm{X}(t')] &= E[A\cos(2\pi f_0 t' + \theta)] \\ &= \int_{-\infty}^{\infty} A\cos(2\pi f_0 t' + \theta) f_\theta(\theta) d\theta \\ &= \int_0^{2\pi} A\cos(2\pi f_0 t' + \theta) \frac{1}{2\pi} d\theta \\ &= 0 \end{aligned}$$

$m_X(t) = E[\mathrm{X}(t)] = 0$이므로 즉, 모든 시간에 대하여 일정한 값을 가지므로 랜덤과정 X(t)의 평균은 시간 t에 대해 독립임을 알 수 있다.

랜덤과정 X(t)에 대한 통계적 평균 개념 중 통신 시스템에서 중요한 역할을 하는 것으로 자기상관함수(autocorrelation function)을 들 수 있다. 자기상관함수는 랜덤 특성을 갖는 디지털 통신 신호의 주파수 스펙트럼 정보를 갖고 있기 때문에 통신 신호의 전력밀도스펙트럼을 구할 때 반드시 필요한 개념이다. 랜덤과정 X(t)의 자기상관함수 $\mathrm{R_{XX}}(t_1, t_2)$는 다음과 같이 정의된다.

$$\begin{aligned} \mathrm{R_{XX}}(t_1, t_2) &= E[\mathrm{X}(t_1)\mathrm{X}(t_2)] \\ &= \int_{-\infty}^{\infty}\int_{-\infty}^{\infty} x_1 x_2 f_{X(t_1)X(t_2)}(x_1, x_2)\, dx_1\, dx_2 \end{aligned} \tag{3.132}$$

앞으로 랜덤과정 X(t)에 대한 자기상관함수 $R_{XX}(t_1, t_2)$는 편의상 $R_X(t_1, t_2)$와 혼용하여 사용하도록 한다.

[예제 3.33] [예제 3.32]의 랜덤과정 X(t)에 대한 자기상관함수를 구하라.

[풀이]

$$\begin{aligned} R_X(t_1, t_2) &= E[X(t_1)X(t_2)] \\ &= E[(A\cos 2\pi f_0 t_1 + \theta)(A\cos 2\pi f_0 t_2 + \theta)] \\ &= A^2 E\left[\frac{1}{2}cos 2\pi f_0(t_1 - t_2) + \frac{1}{2}\cos(2\pi f_0(t_1 + t_2) + 2\theta)\right] \\ &= \frac{A^2}{2}cos 2\pi f_0(t_1 - t_2) \end{aligned}$$

두 번째 항에 대하여 평균을 계산한 것은 다음과 같이 0이 된다.

$$E[\cos(2\pi f_0(t_1 + t_2) + 2\theta)] = \int_0^{2\pi} \cos(2\pi f_0(t_1 + t_2) + 2\theta)\frac{1}{2\pi}d\theta = 0$$

앞에서 말한 바와 같이 자기상관함수는 랜덤과정 X(t)의 스펙트럼 정보를 제공해 준다. [그림 3.40]은 두 랜덤과정에 대한 자기상관함수의 형태를 비교한 것으로 랜덤과정이 천천히 변화할수록 자기상관함수의 모양은 $\tau = 0$에 대하여 퍼짐 정도는 커진다. 반대로 랜덤과정이 빨리 변화 할수록 자기상관함수의 모양은 더 좁은 형태가 된다. 다시 말해 자기상관함수 모양이 시간 간격 $\tau = |t_2 - t_1|$ 에 대해 폭이 좁은 형태를 가질수록 해당 랜덤과정은 높은 주파수 성분(빨리 변화하는 성분)을 많이 포함하며, 반대로 자기상관함수 모양이 τ에 대해 넓은 폭을 가진 형태를 취할수록 랜덤과정은 대체로 낮은 주파수 성분을 많이 포함하는 것을 알 수 있다.

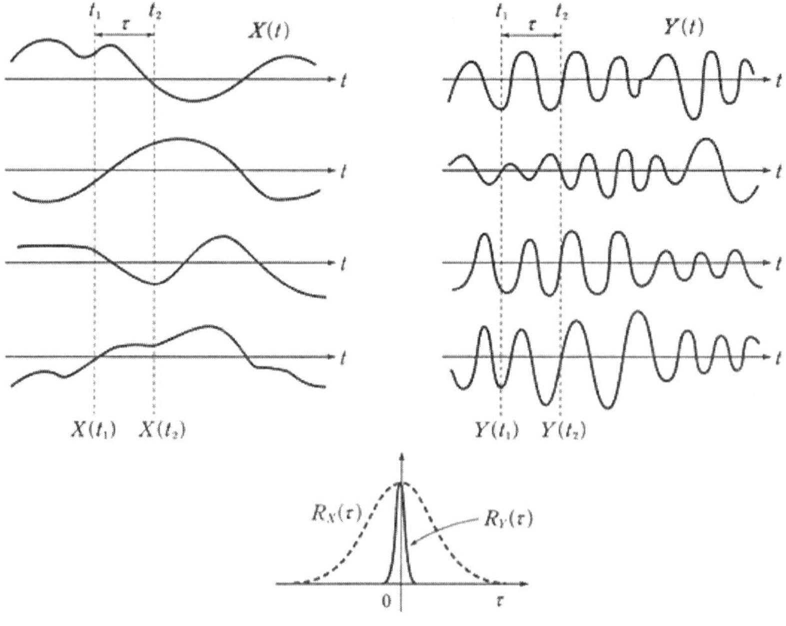

[그림 3.40] 랜덤과정에 따른 자기상관함수

[예제 3.34] 두 개의 동전을 던지는 실험에 대한 랜덤과정 X(t)가 [그림 3.41]과 같다고 가정하자.

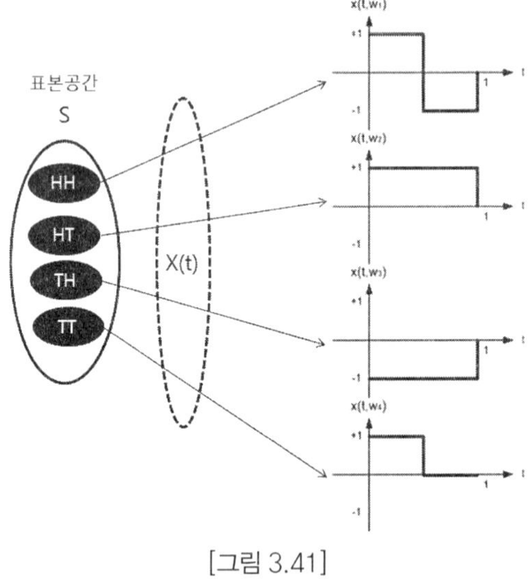

[그림 3.41]

(1) X(t=0.25)에서의 확률밀도함수를 그리시오.

(2) X(t=0.25)의 평균을 구하시오.

(3) X(t=0.75)의 평균을 구하시오.

(4) $R_{XX}(0,0.3)$을 구하시오.

(5) $R_{XX}(0.45,0.75)$을 구하시오.

[풀이]

(1) 시간 t가 0.25로 고정된 경우 랜덤과정은 랜덤변수 X가 되며 첫 번째에서 네 번째까지의 샘플함수는 1, 1, -1, 1값을 갖고 각각의 값을 갖을 확률은 1/4씩이다. 그러므로 값 -1이 발생할 확률은 1/4이고 값 0이 발생할 확률은 0되며 값 1이 발생할 확률은 3/4이 되므로 t=0.25에서 확률밀도함수 $f_X(x)$는 [그림 3.42]와 같다.

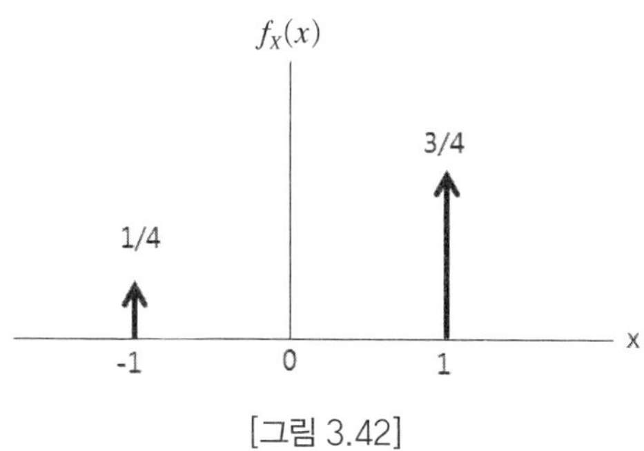

[그림 3.42]

(2) t=0.25에서 확률밀도함수 $f_X(x)$을 구했으므로 X(t=0.25)의 평균값은 다음과 같이 구해진다.

$$
\begin{aligned}
E[X(t=0.25)] &= \overline{X(t=0.25)} \\
&= (-1)\cdot\frac{1}{4} + (0)\cdot\frac{1}{4} + (1)\cdot\frac{3}{4} \\
&= \frac{1}{2}
\end{aligned}
$$

(3) t=0.75에서 첫 번째에서 네 번째까지의 샘플함수는 -1, 1, -1, 0값을 갖고 각 각의 값을 갖을 확률은 1/4씩이다. 그러므로 t=0.75에서 X(t=0.75)의 평균값은 다음과 같이 구해진다.

$$E[X(t=0.75)] = \overline{X(t=0.75)}$$

$$= (-1)\cdot\frac{1}{4} + (1)\cdot\frac{1}{4} + (-1)\cdot\frac{1}{4} + (0)\cdot\frac{1}{4}$$

$$= -\frac{1}{4}$$

(4) 시간 t=0에서의 랜덤변수와 시간 t=0.3에서의 랜덤변수 간의 자기상관함수 $R_{XX}(0,0.3)$는 다음과 같이 계산된다.

$$R_{XX}(0,0.3) = E[X(t=0)X(t=0.3)]$$

$$= (1)(1)\frac{1}{4} + (1)(1)\frac{1}{4} + (-1)(-1)\frac{1}{4} + (1)(1)\frac{1}{4}$$

$$= 1$$

(5) 시간 t=0.45에서의 랜덤변수와 시간 t=0.75에서의 랜덤변수 간의 자기상관함수 $R_{XX}(0.45,0.75)$는 다음과 같이 계산된다.

$$R_{XX}(0.45,0.75) = E[X(t=0.45)X(t=0.75)]$$

$$= (1)(-1)\frac{1}{4} + (1)(1)\frac{1}{4} + (-1)(-1)\frac{1}{4} + (1)(0)\frac{1}{4}$$

$$= \frac{1}{4}$$

3 통계적 시불변 랜덤과정(Stationary Random Process)

랜덤과정 X(t)를 표현하는 데 있어 임의의 n에 대한 시간 $(t_1, t_2, \cdots, t_n)$에 해당하는 랜덤변수 집합 $X(t_1), X(t_2), \cdots, X(t_n)$을 만든 후 이들의 결합 확률밀도를 이용하여 랜덤과정 X(t)의 통계적 특성을 알 수 있음을 보았다. 일반적으로 결합 확률밀도 $f_{X(t_1)X(t_2)\cdots X(t_n)}(x_1, x_2, \cdots, x_n)$은 적용되는 기준(origin) 시간에 따라 달라지지만 어떤 랜덤과정은 $(t_1, t_2, \cdots, t_n)$의 기준 시간이 어디인가에 관계없이 각 시간들의 상대적 위치에 의해서만 통계적 특성 혹은 확률밀도가 변화되는 경우가 있다. 이러한 랜덤과정을 통계적 시불변 랜덤과정(stationary random process)이라고 하고, 특별히 $(t_1, t_2, \cdots, t_n)$의 기준 시간에 관계없이 결합 확률밀도 $f_{X(t_1)X(t_2)\cdots X(t_n)}(x_1, x_2, \cdots, x_n)$가 변하지 않는 랜덤과정을 엄격한 의미의 통계적 시불변 랜덤과정 또는 SSS 랜덤과정(strictly sense stationary random process)이라고 한다. 예를 들어 1차 통계를 통해 SSS 랜덤과정을 표현하는 경우 모든 t_1, t_2에 대해 $f_{X(t_1)}(x) = f_{X(t_2)}(x)$일 것이므로 SSS 랜덤과정의 확률밀도함수는 시간 t에 독립이라고 할 수 있다. SSS 랜덤과정이 실제로 발생하는 경우는 거의 없으며 보다 넓은 의미로 본 통계적 시불변 랜덤과정이 널리 사용되는데 이것을 광의의 통계적 시불변 랜덤과정 또는 WSS 랜덤과정(wide sense stationary randomo process) 이라하며 다음 조건을 만족하는 통계적 시불변 랜덤과정을 말한다.

$$(1)\quad E[X(t)] = m_X = \text{상수} \qquad (3.133)$$

$$(2)\quad R_X(t_1, t_2) = R_X(t_2 - t_1) = R_X(\tau) \quad , \ \tau = |t_2 - t_1| \qquad (3.134)$$

$R_X(\tau)$가 의미하는 것은 시간에 따라 통계적 특성이 어느 정도 변하더라도 두 측정 시간에 대해서 나타난 유사성(correlation)이 시간간격의 함수이지 시간 그 자체의 함수로 나타나지 않는 경우를 말한다.

WSS 랜덤과정의 자기상관함수는 여러 가지 유용한 특성을 가지며 주된 것들은 다음과 같다.

$$(1)\ R_X(-\tau) = R_X(\tau) \tag{3.135}$$

$$(2)\ |R_X(\tau)| \le R_X(0) \tag{3.136}$$

$$(3)\ R_X(0) = E[X^2(t)] \tag{3.137}$$

또한 랜덤과정 $X(t)$가 주기적 성분을 갖지 않는 한, 두 시간 간격이 상당히 멀면 $X(t_1)$과 $X(t_2)$는 서로 독립이라 볼 수 있게 되고 결국 $R_X(\tau)=E[X(t)X(t+\tau)]=E[X(t)]E[X(t+\tau)]$된다. 즉,

$$(4)\ \lim_{|\tau|\to\infty} R_X(\tau) = m_X^2 \tag{3.138}$$

[예제 3.35] 다음과 같은 랜덤과정 $X(t)$가 WSS 랜덤과정임을 보여라

$$X(t) = A \cdot \cos(w_o t + \theta)$$

단 θ는 $[0, 2\pi]$구간에서 균일한 분포를 갖는 랜덤변수이다.

$$f_\theta(\theta) = \begin{cases} \dfrac{1}{2\pi} & 0 \le \theta < 2\pi \\ 0 & \text{그 외} \end{cases}$$

[풀이] [예제 3.32]와 [예제 3.33]에서 랜덤과정 $X(t)$는 평균이 $m_X(t)=E[X(t)]=0$이고 자기상관함수 $R_X(t_1, t_2) = \frac{A^2}{2}\cos 2\pi f_0(t_1 - t_2)$ 임을 이미 계산하였다. 즉, 평균 값이 0으로 일정하고 자기상관함수가 시간차의 함수이므로 WSS 랜덤과정임을 알 수 있다.

[예제 3.36] 랜덤과정 X(t)의 평균 값과 자기상관함수가 다음과 같이 주어진 경우를 생각하자.

$$E[\mathrm{X}(t)] = 3$$

$$\mathrm{R}_{\mathrm{XX}}(t_1, t_2) = 9 + 4e^{-0.2|t_1 - t_2|}$$

시간 t=5에서의 램덤변수를 Z=X(5)라하고 시간 t=8에서의 램덤변수를 W=X(8)라고 하자. 다음을 구하시오.

(1) E[Z] (2) E[W] (3) $E[\mathrm{Z}^2]$ (4) $E[\mathrm{W}^2]$ (5) E[ZW]

[풀이]

(1) E[Z] = E[X(5)] = 3

(2) E[Z] = E[X(8)] = 3, (1)과 비교를 해보면 랜덤과정 X(t)의 평균 값이 일정하므로 시간에 관계없이 일정한 값을 갖음을 알 수 있다.

(3) $E[\mathrm{Z}^2] = E[\mathrm{X}(5)\mathrm{X}(5)] = \mathrm{R}_{\mathrm{XX}}(5,5) = 13$

(4) $E[\mathrm{W}^2] = E[\mathrm{X}(8)\mathrm{X}(8)] = \mathrm{R}_{\mathrm{XX}}(8,8) = 13$, (3)과 비교를 해보면 랜덤과정 X($t$)의 자기상관함수가 시간차의 함수이므로, 즉 t_1-t_2=0이므로 $\mathrm{R}_{\mathrm{XX}}(0)$로 일정한 값을 갖음을 알 수 있다.

(5) $E[\mathrm{ZW}] = E[\mathrm{X}(5)\mathrm{X}(8)] = \mathrm{R}_{\mathrm{XX}}(5,8) = 9+4e^{-0.6} = 11.195$, 즉 t_2-t_1=3이므로 $\mathrm{R}_{\mathrm{XX}}(3)$의 값이다.

[예제 3.37] 랜덤과정 X(t)의 자기상관함수가 다음과 같이 주어진 경우 다음을 구하시오.

$$R_X(\tau) = 25 + \frac{4}{1+6\tau^2}$$

(1) 랜덤과정 X(t)의 평균 값을 구하시오.

(2) 랜덤과정 X(t)의 분산 값을 구하시오.

[풀이]

(1) 랜덤과정 X(t)의 자기상관함수가 주기적 성분을 갖지 않으므로 식 (3.138)에 의해 다음 식이 성립한다.

$$E[X(t)]^2 = \lim_{|\tau|\to\infty} R_X(\tau) = \lim_{|\tau|\to\infty}\left(25 + \frac{4}{1+6\tau^2}\right) = 25$$

$$\therefore \quad E[X(t)] = \pm 5$$

(2) 랜덤과정 X(t)의 분산 값은 다음과 같이 구해진다.

$$\begin{aligned}\sigma^2_{X(t)} &= E[X^2(t)] - E[X(t)]^2 \\ &= R_{XX}(0) - E[X(t)]^2 \\ &= 29 - 25 = 4\end{aligned}$$

통신시스템에서 자주 이용되는 랜덤 과정 중 통계적 시불변 랜덤과정과 밀접한 관련이 있는 것이 있는데 이를 주기적인 통계적 시불변 랜덤과정(cyclostationary random process)이라고 하며 다음과 같은 조건을 만족해야 한다.

(1) $m_X(t+kT_0)=mx(t)$ $\quad T_0$는 임의의 주기	(3.139)

(2) $R_X(t+\tau+kT_0, t+kT_0)=R_X(t+\tau, t)$	(3.140)

위의 조건으로부터 주기적인 통계적 시불변 랜덤과정은 WSS 특성이 주기적으로 발생하는 경우임을 알 수 있다.

[예제 3.38] 평균이 m이고 자기상관함수가 $R_X(\tau)$인 WSS 랜덤과정 $X(t)$에 대해 다음과 같은 함수 형태를 갖는 랜덤과정 $Y(t)$의 평균과 자기상관함수를 구하라

$$Y(t) = X(t)\cos(2\pi f_0 t)$$

[풀이]

i) $m_Y(t) = E[X(t)\cos 2\pi f_0 t] = m \cdot \cos 2\pi f_0$

ii) $$\begin{aligned} R_Y(t, t+\tau) &= E[Y(t)Y(t+\tau)] \\ &= E[X(t)\cos 2\pi f_0 t \cdot X(t+\tau)\cos(2\pi f_0(t+\tau))] \\ &= E[X(t)X(t+\tau)]\left(\frac{1}{2}cos 2\pi f_0\tau + \frac{1}{2}cos(4\pi f_0 t + 2\pi f_0\tau)\right) \end{aligned}$$

따라서 랜덤과정 $Y(t)$는 평균과 자기상관함수가 모두 $T_0 = 1/f_0$의 주기를 갖는 주기적인 통계적 시불변 랜덤과정(cyclostationary random process)임을 알 수 있다.

3 시평균과 어고딕(Time average & Ergodicity)

SSS 랜덤과정 X(t)의 경우 임의의 시간 t_i에 대한 랜덤변수 X(t_i)의 확률 밀도함수 $f_{X(t_i)}(x)$는 시간 t에 독립이며 랜덤변수 X(t_i)에 대한 통계적 평균(statistical average) 또는 앙상블 평균은 식 (3.141)과 같이 얻을 수 있다.

$$m_X = E[\mathrm{X}(t_i)] = \int_{-\infty}^{\infty} x f_{X(t_i)}(x)dx \tag{3.141}$$

식 (3.141)의 평균도 시간 t에 대해 독립이므로 m_x는 SSS 랜덤과정 X(t)의 통계적 평균이 된다. 한편 X(t)의 표본함수 $x(t;s_i)$는 시간 t의 함수이며 식 (3.142)와 같이 시간 평균(time average)을 정의할 수 있다.

$$< x(t;s_i) >= \lim_{T\to\infty} \frac{1}{T}\int_{-T/2}^{T/2} x(t;s_i)dt \tag{3.142}$$

물론 $<x(t;s_i)>$도 시간 t에 대해 적분한 값이므로 시간에 독립인 실수 값을 가지며, s_i에 따라 그 값이 달라지는 것이 일반적이다. 하지만 어떤 랜덤과정은 표본함수들이 s_i에 관계없이 일정한 시간 평균을 갖는 경우가 있다. 이와 같이 시간 평균 값이 통계적 평균 값 E[X(t)]와 같으면 랜덤과정 X(t)를 어고딕 랜덤과정(ergodic random process)이라고 하는데 어고딕 랜덤과정이 되기 위해서는 랜덤과정 X(t)가 다음의 두 가지 조건을 만족해야 한다. 즉, 랜덤과정 X(t)를 형성하는 앙상블 내에 있는 하나의 샘플함수 $x(t)$에 대해서 시간적으로 시행한 시평균이 앙상블 평균과 같아야 한다,

$$E[\mathrm{X}(t)] = \int_{-\infty}^{\infty} x f_{X(t)}(x)dx = \lim_{T\to\infty}\frac{1}{T}\int_{-T/2}^{T/2} x(t)dt = \langle x(t)\rangle \tag{3.143}$$

$$\mathrm{R}_X(\tau) = E[\mathrm{X}(t)\mathrm{X}(t+\tau)] = \lim_{T\to\infty}\frac{1}{T}\int_{-T/2}^{T/2} x(t)x(t+\tau)dt = \langle x(t)x(t+\tau)\rangle \tag{3.144}$$

어고딕 랜덤과정(ergodic process)이라 함은 통계적 시불변(stationary)임과 동시에 하나의 샘플함수(sample function)만으로도 앙상블 전체의 통계를 알 수 있음을 의미한다. 이렇게 되면 통계적 평균이 신호의 평균인 직류 세기를 그대로 의미하게 되며 $R_X(\tau)$는 신호의 전력과 유사한 량이 된다. 식 (3.144)로부터

$$R_X(0) = \lim_{T\to\infty}\frac{1}{T}\int_{-T/2}^{T/2} x^2(t)dt = \text{전체 평균전력} \tag{3.145}$$

식 (3.138)로부터

$$\lim_{|\tau|\to\infty} R_X(\tau) = m_X^2 = \text{직류전력} \tag{3.146}$$

따라서 랜덤과정 X(*t*)의 분산 $\sigma_{X(t)}^2$는 식 (3.62)를 활용하여 다음과 같은 물리적 량이 됨을 알 수 있다.

$$\begin{aligned}\sigma_{X(t)}^2 &= E[X^2(t)] - E[X(t)]^2 \\ &= R_X(0) - \lim_{|\tau|\to\infty} R_X(\tau) = \text{교류(AC) 평균전력}\end{aligned} \tag{3.147}$$

또한, 표준편차 $\sigma_{X(t)}$ 는 랜덤신호의 RMS(Root Mean Square) 전압이 되는 것이다.

[예제 3.39] [예제 3.35]의 랜덤과정 X(*t*)가 어고딕 랜덤과정임을 보여라

[풀이]

i) 표본함수는 $x(t)=A\cos(2\pi f_0 t+\theta)$, $[0<\theta\le 2\pi]$이므로 시간 평균은 다음과 같이 구할 수 있다.

$$< x(t) > = \lim_{T\to\infty}\frac{1}{T}\int_{-T/2}^{T/2} A\cos(2\pi f_0 t+\theta)\,dt$$

$\alpha = 2\pi f_0 t + \theta$로 변환하면 다음과 같이 구할 수 있다.

$$
\begin{aligned}
< x(t) > &= \lim_{T \to \infty} \frac{A}{T} \int_{-\pi f_0 T}^{\pi f_0 T} \cos(\alpha)\,(2\pi f_0 t) d\alpha \\
&= \lim_{T \to \infty} \frac{4A\pi f_0 \sin(\pi f_0 T + \theta)}{T} \\
&= 0
\end{aligned}
$$

[예제 3.35]에서와 같이 $\mathbf{X}(t)$의 통계적 평균 값과 동일함을 알 수 있다.

ii) 샘플함수에 대한 상관함수를 계산해 보면

$$
\begin{aligned}
\langle x(t)x(t+\tau) \rangle &= \lim_{T \to \infty} \frac{1}{T} \int_{-T/2}^{T/2} x(t)x(t+\tau) dt \\
&= \lim_{T \to \infty} \frac{1}{T} \int_{-T/2}^{T/2} A\cos(2\pi f_0 t + \theta) \cdot A\cos(2\pi f_0 (t+\tau) + \theta) dt \\
&= \frac{A^2}{2} \cos 2\pi f_0 (\tau)
\end{aligned}
$$

[예제 3.35]에서와 같이 $\mathbf{X}(t)$의 자기상관함수 $\mathrm{R}_X(t_1, t_2) = \frac{A^2}{2}\cos 2\pi f_0 (t_1 - t_2)$와 동일 함을 알 수 있어 $\mathbf{X}(t)$는 어고딕 랜덤과정이다.

5 랜덤과정의 전력밀도스펙트럼

랜덤과정 X(t)의 표본함수를 $x(t;s_i)$라고 표시하면 $x(t;s_i)$의 전력밀도스펙트럼(power spectral density:psd)는 다음과 같이 구할 수 있다. 먼저 표본함수 $x(t;s_i)$를 시간 구간 (-T/2, T/2)에 대해 절단(truncation)하면 절단된 신호 $x_T(t;s_i)$는 식 (3.148)과 같이 표시할 수 있다.

$$x_T(t;s_i) = x_{T_i}(t) = \begin{cases} x(t;s_i) & |t| < T/2 \\ 0 & \text{그 외} \end{cases} \qquad (3.148)$$

$x_T(t;s_i)$는 에너지 신호이므로 푸리에 변환을 취할 수 있으며 이를 $X_{Ti}(f)$ 라고 표시하면 에너지 신호의 에너지밀도스펙트럼(energy spectral density)는 $|X_{T_i}(f)|^2$이므로 $|X_{T_i}(f)|^2/T$는 구간 $(-T/2, T/2)$에서의 전력밀도스펙트럼이라고 할 수 있다. 이제 $T\to\infty$로 하면 표본함수 $x(t;s_i)$의 전력밀도스펙트럼은 식 (3.149)와 같이 정의할 수 있다.

$$S_{X_i}(f) = \lim_{T\to\infty} \frac{|X_{T_i}(f)|^2}{T} \qquad (3.149)$$

랜덤과정 X(t)의 각 표본함수들은 서로 다른 전력밀도스펙트럼 함수 $S_{Xi}(f)$를 가질 것이며 주파수 f를 특정 값으로 고정시키면 랜덤변수를 얻을 수 있다. 이들 랜덤변수 값은 고정된 주파수 f에 대한 표본함수들의 전력밀도스펙트럼 값을 의미한다. 따라서 이들 랜덤변수에 대한 통계적 평균(ensemble average)을 취하면 랜덤과정 X(t)의 전력밀도스펙트럼을 얻을 수 있을 것이다. 식 (3.150)은 이렇게 얻은 랜덤 과정 X(t)의 전력밀도스펙트럼을 나타낸 것이다.

$$S_{X_i}(f) = E[\lim_{T\to\infty}\frac{|X_{T_i}(f)|^2}{T}] = \lim_{T\to\infty}\frac{E[|X_{T_i}(f)|^2]}{T} \qquad (3.150)$$

위에서 정의한 랜덤과정 X(t)의 전력밀도스펙트럼은 쉽게 계산할 수 없는 경우가 많은데 랜덤과정의 자기상관함수를 이용해 전력밀도스펙트럼을 구할 수도 있다.

우리는 앞에서 자기상관함수는 랜덤과정의 주파수 정보를 가지고 있음을 알았다. 랜덤과정의 $R_X(\tau)$에서 긴 시간간격 τ에 대해 비슷한 값을 나타낸다면 시간 t에서 추출한 샘플 값과 $t+\tau$에서 샘플 값이 평균적으로 비슷함을 의미한다. 이것은 랜덤과정이 주파수 영역에서 볼 때 직류나 저주파 성분을 많이 가지고 있다는 뜻이 된다. 반대로 $R_X(\tau)$가 τ에 대해 급격히 줄어드는 형태를 가지면 이것은 시간 t에서 추출한 샘플 값과 $t+\tau$에서 샘플 값이 같을 확률이 적어진다는 뜻이고 결국 주파수 영역에서 랜덤과정이 고주파 성분을 많이 가지고 있다는 뜻이 된다. 랜덤과정의 자기상관함수는 주파수 정보를 가지고 있음을 알 수 있으며 랜덤 과정의 자기 상관함수로부터 전력밀도스펙트럼을 얻어 내는 것을 위너-키친 정리(Wiener-Khinchin theorem)이라고 하며 다음과 같다. 랜덤과정 X(t)가 통계적 시불변 랜덤 과정(stationary random process)이라면 자기상관함수는 시간 간격 τ만의 함수이므로 $R_X(\tau)$의 푸리에 변환을 통해 X(t)의 전력밀도스펙트럼 $S_X(f)$을 얻을 수 있다. 즉, 자기상관함수 $R_X(\tau)$와 전력밀도스펙트럼 $S_X(f)$ 간에는 푸리에 변환 쌍 관계가 성립한다.

$$\text{랜덤과정 X}(t)\text{의 } R_X(\tau) \leftrightarrow S_X(f) \qquad (3.151)$$

즉,

$$\begin{aligned} S_X(f) &= FT\{\ R_X(\tau)\} \\ &= \int_{-\infty}^{\infty} R_X(\tau)e^{-j2\pi f\tau}d\tau \end{aligned} \qquad (3.152)$$

$$R_X(\tau) = IFT\{S_X(f)\} = \int_{-\infty}^{\infty} S_X(f) e^{j2\pi f\tau} df \tag{3.153}$$

전력밀도스펙트럼 $S_X(f)$는 주파수에 대한 전력밀도이므로 [W/Hz]의 단위를 가지며 통계적 시불변 랜덤과정 X(t)의 평균전력은 $P_X = R_X(0) = E[X^2(t)]$ 이므로 식 (3.153)으로부터 다음과 같이 표현할 수 있다.

$$P_X = R_X(0) = \int_{-\infty}^{\infty} S_X(f) df = 2\int_{0}^{\infty} S_X(f) df \tag{3.154}$$

전력스펙트럼 분포인 $S_X(f)$는 디지털 통신에서 랜덤과정인 신호나 잡음의 대역폭을 정하는데 결정적인 기준이 된다.

[예제 3.40] [예제 3.35]의 랜덤과정 X(t)에 대한 전력밀도스펙트럼 $S_X(f)$를 구하시오.

[풀이] [예제 3.35]의 랜덤과정 X(t)의 자기상관함수는 $R_X(\tau) = \frac{A^2}{2} cos 2\pi f_0 \tau$ 이므로 X(t)의 전력밀도스펙트럼 $S_X(f)$는 다음과 같이 구할 수 있으며 [그림 3.43]에 나타내었다.

$$\begin{aligned} S_X(f) &= FT\{ R_X(\tau)\} \\ &= \int_{-\infty}^{\infty} R_X(\tau) e^{-j2\pi f\tau} d\tau = \int_{-\infty}^{\infty} \frac{A^2}{2} \cos 2\pi f_0 \tau \cdot e^{-j2\pi f\tau} d\tau \\ &= \frac{A^2}{4}[\delta(f-f_0) + \delta(f+f_0)] \end{aligned}$$

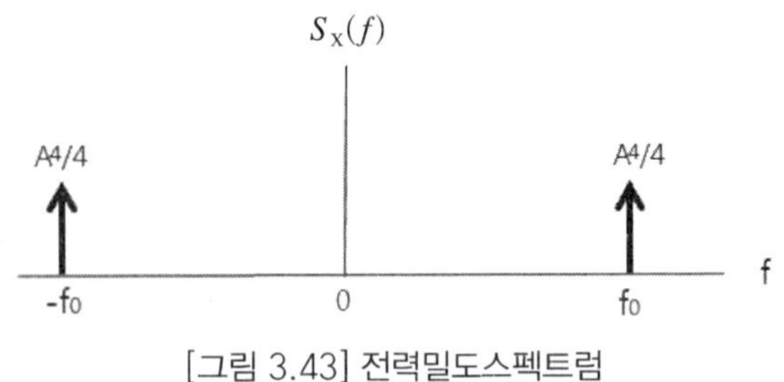

[그림 3.43] 전력밀도스펙트럼

랜덤과정 X(t)의 표본함수들이 모두 $f = f_0$[Hz]의 주파수를 갖는 정현파이므로 X(t)의 스펙트럼 성분이 f_0에 집중되어 있음을 알 수 있다.

6 백색잡음

[그림 3.44]와 같이 백색잡음의 전력스펙트럼 분포인 $S_n(f)$는 모든 주파수에 대하여 일정한 상수량을 가진다. 즉 $S_n(f) = N_0/2$로 모든 주파수 성분을 골고루 가지는 랜덤과정이다. 백색이라는 명칭은 백색광의 스펙트럼이 모든 주파수 성분을 골고루 가지는 플랫(flat) 스펙트럼이라는 것이다. 즉, 모든 색깔의 빛이 다 모이면 백색이 된다는 것에서 유래하였다. 백색잡음이 가지는 모든 주파수에 대해 일정한 전력밀도를 $N_0/2$로 약속하여 사용하고 있다.

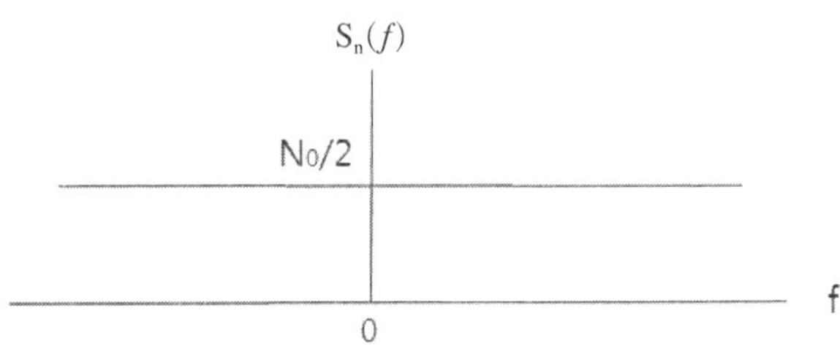

[그림 3.44] 백색잡음의 전력밀도스펙트럼

백색잡음의 자기상관함수 $R_n(\tau)$는 상수량 $N_0/2$를 가지는 $S_n(f)$의 역푸리에 변환에 의해 구해진다.

$$R_n(\tau) = \mathrm{IFT}\{\ S_n(f)\} \\ = \frac{N_0}{2}\delta(\tau) \tag{3.155}$$

[그림 3.45]에 나타내었다. 의미하는 것은 자기 자신($\tau=0$) 외의 어떤 신호점과도($\tau\neq0$) 상관관계가 없다는 뜻으로 백색잡음의 모든 전압 값은 다음 전압 값과 아무런 연관성 없이 발생하며 이런 이유로 어떤 전압 값이 측정되었다한들 다음 전압 값은 전혀 예측될 수 없다는 뜻이 된다.

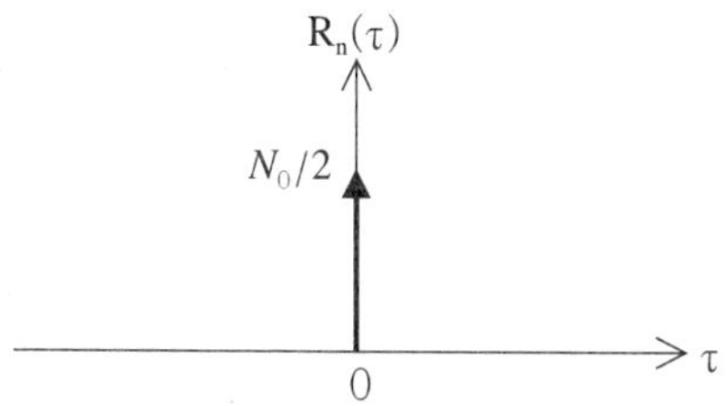

[그림 3.45] 백색잡음의 자기상관함수 $R_n(\tau)$

그러나 대역폭이 무한대여서 전체 전력이 무한대가 되므로 이런 잡음 모델은 현실적으로 불가능하다. 따라서 대역 제한된 백색잡음 모델이 통신 시스템 설계에 많이 이용되고 있으며 대부분의 열잡음은 해당 대역에서 플랫한 상수 스펙트럼을 나타낸다. 한편 열잡음의 전압분포를 확률밀도함수(pdf)로 보면 가우시안 확률밀도함수(pdf) 형태를 따르므로 대부분의 통신 시스템 해석 및 설계에 가우시안 백색잡음이라는 용어를 많이 접하고 있는 것이다.

04 랜덤 입력을 갖는 선형 시스템의 입출력 관계

[그림 3.46]과 같이 통계적 시불변(stationary) 랜덤과정 X(t)가 $h(t)$ (또는 $H(f)$) 의 임펄스 응답을 갖는 선형 시불변 시스템의 입력에 인가되어 랜덤과정 Y(t)가 출력된다고 하자.

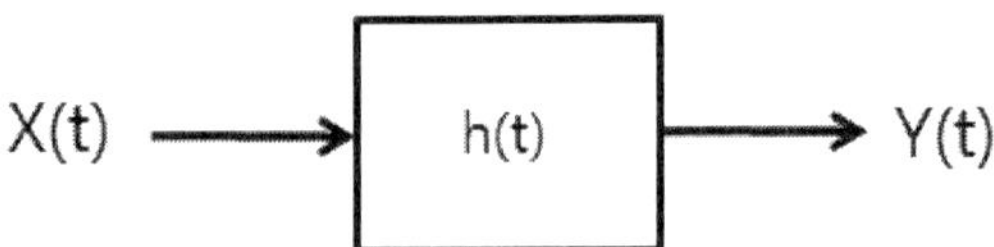

[그림 3.46] 선형 시불변 시스템을 통과하는 랜덤과정

X(t)는 통계적 시불변(stationary) 랜덤과정이므로 평균을 m_X, 자기상관함수를 $R_X(\tau)$로 놓을 수 있다. 이때 Y(t)의 평균은 다음과 같이 구할 수 있다.

$$\begin{aligned} m_Y(t) &= E[\mathrm{Y}(t)] \\ &= E\left[\int_{-\infty}^{\infty} \mathrm{X}(\alpha)h(t-\alpha)d\alpha\right] \\ &= \int_{-\infty}^{\infty} E[\mathrm{X}(\alpha)]\,h(t-\alpha)d\alpha \\ &= \int_{-\infty}^{\infty} m_{\mathrm{X}}\,h(t-\alpha)d\alpha \\ &= m_{\mathrm{X}}\int_{-\infty}^{\infty} h(t-\alpha)e^{-j\cdot 0\cdot \alpha}\ d\alpha = m_{\mathrm{X}}\cdot H(0) \end{aligned} \quad (3.156)$$

식 (3.156)에서 출력 랜덤과정 Y(t)의 평균은 상수로 시간 t에 독립임을 알 수 있다.

한편 X(t)와 Y(t)의 상호상관 $R_{XY}(\tau)$를 구해보면,

$$\begin{aligned} R_{XY}(\tau) &= E[X(t)Y(t-\tau)] \\ &= E\left[X(t)\int_{-\infty}^{\infty} X(t-\tau-\alpha)h(\alpha)d\alpha\right] \\ &= \int_{-\infty}^{\infty} E[X(t)X(t-\tau-\alpha)]h(\alpha)d\alpha \\ &= \int_{-\infty}^{\infty} R_X(\tau+\alpha)h(\alpha)d\alpha \\ &= R_X(\tau)*h(-\tau) \end{aligned} \tag{3.157}$$

이며 상호상관 $R_{XY}(\tau)$은 시간 간격 τ에만 영향을 받는다.

또한 Y(t)의 자기상관함수 $R_Y(\tau)$는 다음과 같이 구할 수 있다.

$$\begin{aligned} R_Y(\tau) &= E[Y(t)Y(t-\tau)] \\ &= E\left[\int_{-\infty}^{\infty} X(t-\alpha)h(\alpha)d\alpha \cdot Y(t-\tau)\right] \\ &= \int_{-\infty}^{\infty} E[X(t-\alpha)X(t-\tau)]h(\alpha)d\alpha \\ &= \int_{-\infty}^{\infty} R_{XY}(\tau-\alpha)h(\alpha)d\alpha \\ &= R_{XY}(\tau)*h(\tau) \end{aligned} \tag{3.158}$$

식 (3.157)을 식 (3.158)에 대입하면

$$R_Y(\tau) = R_X(\tau)*h(-\tau)*h(\tau) \tag{3.159}$$

을 얻으며 자기상관함수 $R_Y(\tau)$는 시간 간격 τ에만 영향을 받음을 알 수 있다.

따라서 출력 랜덤과정 $Y(t)$의 평균은 시간 t에 독립이고 자기상관함수는 τ에만 영향을 받으므로 통계적 시불변(stationary) 랜덤과정임을 알 수 있다. 결국 선형 시불변 시스템에 통계적 시불변 랜덤과정이 인가되면 출력되는 랜덤과정도 통계적 시불변 랜덤과정이 되며 입력 랜덤과정과 출력 랜덤과정은 서로 결합 통계적 시불변 랜덤과정의 관계에 있음을 알 수 있다. 다시 말해, 식 (3.156)과 식 (3.159)의 결과는 선형 시불변 시스템의 입력랜덤과정이 WSS 일 때 출력 랜덤과정도 WSS 임을 보여준다.

한편 출력 랜덤과정의 자기상관함수를 푸리에 변환함으로서 입력 $X(t)$의 전력밀도스펙트럼 $S_X(f)$와 출력 전력밀도스펙트럼 $S_Y(f)$ 사이의 관계를 알아낼 수 있다. 식(3.158)의 $R_Y(\tau)=R_{XY}(\tau)*h(\tau)$의 양변을 푸리에 변환하고 시간영역 콘볼루션과 주파수 영역 곱의 관계를 이용하면 다음과 같다.

$$\begin{aligned} S_Y(f) &= FT[R_{XY}(\tau)*h(\tau)] \\ &= S_{XY}(f) \cdot H(f) \end{aligned} \tag{3.160}$$

여기서 $S_{XY}(f)$는 다음과 같다.

$$\begin{aligned} S_{XY}(f) &= FT[R_{XY}(\tau)] = FT[R_X(\tau)*h(-\tau)] \\ &= S_X(f) \cdot H^*(f) \end{aligned} \tag{3.161}$$

식 (3.161)을 식 (3.160)에 대입하여 출력 전력밀도스펙트럼 $S_Y(f)$를 구할 수 있다.

$$S_Y(f) = S_X(f)|H(f)|^2 \tag{3.162}$$

이 결과 식은 입력이 랜덤신호일 때 시스템 출력의 평균전력이 주파수 상에 어떻게 분포되어있는지를 알려준다.

[예제 3.41] [예제 3.35]의 랜덤과정이 $H(f) = j2\pi f$인 미분기를 통과할 경우 출력 랜덤과정 $Y(t)$의 전력밀도스펙트럼을 구하라.

[풀이] 입력 랜덤과정 $X(t)$의 전력밀도스펙트럼은 [예제 3.40]에 다음과 같이 계산되었다.

$$S_X(f) = \frac{A^2}{4}[\delta(f - f_0) + \delta(f + f_0)]$$

선형 시불변 시스템의 전달함수는 $H(f) = j2\pi f$이므로

$$|H(f)|^2 = 4\pi^2 f^2$$

이고 출력 랜덤과정 $Y(t)$의 전력밀도스펙트럼 $S_Y(f)$는 다음과 같이 계산된다.

$$\begin{aligned} S_Y(f) &= S_X(f)|H(f)|^2 \\ &= \frac{A^2}{4}[\delta(f - f_0) + \delta(f + f_0)] \cdot 4\pi^2 f^2 \\ &= A^2\pi^2 f_0^2[\delta(f - f_0) + \delta(f + f_0)] \end{aligned}$$

따라서 선형 시불변 시스템을 통과하는 랜덤과정의 주파수 성분은 변하지 않음을 알 수 있다.

참고문헌

A. Papoulis, Probability, Random Variables and Stochastic Processes, second
edition, McGraw-Hill, New York, 1984.

A. Leon-Garcia, Probability and Random Processes for Electrical Engineering,
Addison-Wesley, Reading, Massachusetts, 1989.

P. Z. Peeble, Probability, Random Variables, and Random signal principles,
third edition, McGraw-Hill, New York, 1993.

W. A. Gardner, Introduction to Random Processes with Applications to
Signals Systems, second edition, McGraw-Hill, New York, 1990.

B. Sklar, "Rayleigh Fading Channels in Mobile Digital Communication Systems
Part I: Characterization", IEEE Communications Magazine, pp. 90-100,
July, 1997.

연습문제

1 다음과 같이 랜덤변수 Θ가 입력되어 정현파 Y가 발생되는 함수관계가 있다. pdf $f_{\Theta}(\Theta)$가 0에서 2π까지 균일밀도함수를 나타낼 때, 정현파 Y의 기대값 $E[Y]$를 구하라.

$$Y=\sin(2\pi f_0 t+\Theta)$$

2 입력 랜덤변수 X는 변환관계 $Y=g(X)$에 의해 변환된다. 랜덤변수 X의 pdf가 -2에서 2까지 균일분포일 때 Y의 pdf 및 cdf를 구하라.

$$Y=g(X), \qquad g(x)=\begin{pmatrix} x^2 & ;x \geqq 0 \\ 0 & ;x<0 \end{pmatrix}$$

3 X, Y, Z 세 랜덤변수는 서로 독립이며 -a 와 a 사이에 균일분포된 pdf를 가진다고 할 때, $W=X+Y+Z$의 pdf $f_W(w)$를 구하고 그려보라.

4 X, Y, Z 세 랜덤변수는 서로 무상관(uncorrelated)이고 평균이 모두 0이며 분산이 각각 $\sigma_X^2, \sigma_Y^2, \sigma_Z^2$일 때, $W=aX+bY+cZ$의 평균과 분산을 구하라. 단, a, b, c는 상수다.

5 두 랜덤변수 X, Y가 다음과 같은 $g(x,y)$의 관계에 의해 Z로 바뀔 때 Z의 cdf $F_Z(z)$를 구하고 pdf 가 $f_Z(z)=\frac{z}{\sigma^2}exp(\frac{-z^2}{2\sigma^2})$ $;z \geq 0$임을 보여라.

$$Z=g(X,Y)=\sqrt{X^2+Y^2}$$

6 다음과 같이 랜덤변수 A로부터 랜덤과정 $X(t)$가 만들어지는 시스템이 있다고 하자. 랜덤변수 의 pdf를 $f_A(a)=\frac{1}{2\pi}exp(\frac{-a^2}{2})$ $;|a|<\infty$라 할 때 $f_X(x_1;t_1)$이 다음과 같음을 보여라.

$$X(t) = At + k, \quad k = const.$$

$$f_X(x_1;t_1) = \frac{1}{\sqrt{2\pi}|t_1|} exp(-\frac{(x_1-k)^2}{2t_1^2})$$

7 다음 그림과 같은 자기상관함수가 주어질 때 전체 평균전력 $E[X^2(t)]$이 50이고 교류성분만의 평균전력 $\sigma^2_{X(t)}$ =30 임을 보여라.

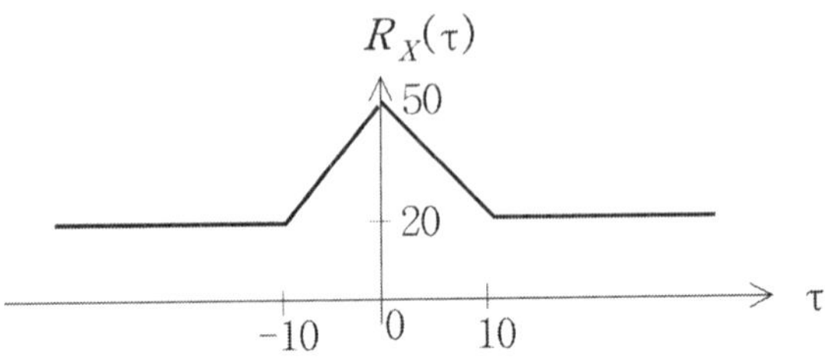

[그림 3.47] 문제3.7의 자기상관함수 Rx(τ)

8 다음 랜덤과정 $X(t)$의 랜덤변수 A는 $E[A]=0$, $\sigma^2_A=1$인 가우시안 분포를 가지며 Θ는 (0, 2π)사이의 균일분포를 가질 때 $R_X(t_1,t_2)=\frac{1}{2}cos(t_2-t_1)$임을 보여라.

$$X(t) = A\cos(t+\Theta)$$

9 문제 3.8의 자기상관함수는 $\tau=t_2-t_1$의 함수가 됨을 알 수 있다. 상관계수를 이용하여 $X(t_1)$ 과 $X(t_2)$가 무상관(uncorrelated) 되는 $\tau=t_2-t_1$가 다음과 같음을 보여라.

$$\tau=\pi/2, 3\pi/2, 5\pi/2, \ldots$$

10 다음 랜덤과정 $X(t)$의 랜덤변수 Θ는 (0, π/2)사이의 균일분포를 가질 때 $E[X^2(t)]$을 구해봄으로서 $X(t)$가 WSS인지 아닌지를 판정하라.

$$X(t) = A\cos(t+\Theta)$$

11 랜덤과정 $X(t)$의 자기상관함수가 다음과 같을 때 전력밀도스펙트럼을 구하라 $R_X(\tau)=\frac{A^2}{4}(e^{j2\pi f_0\tau}+e^{-j2\pi f_0\tau})$

12 다음 WSS 잡음 $N(t)$이 다음과 같은 자기상관함수를 가진다고 할 때, 전력 밀도 $R_N(\tau)=Ae^{-3|\tau|}$

13 어느 R $x(t)=\frac{L}{R}\frac{d}{dt}y(t)+y(t)$ 력 y(t)의 관계가 다음과 같다.

이 시스템에 입력으로 다음과 같은 백색잡음이 들어가 출력 랜덤과정 $Y(t)$를 $S_N(f)=N_0/2$ 력의 전력밀도스펙트럼을 구하라.

14 문제 3.13에서 출력의 전체 평균전력이 $\frac{N_0R}{4L}$임을 보여라.

시험문제

[문제1] 주사위 하나를 던지는 랜덤실험에 대한 랜던변수를 다음과 같이 정의하자. 다음 물음에 답하시오.

랜덤변수 X : (나온 눈의 수)-3

① 랜덤변수 X의 pdf를 그리시오.
② 랜덤변수 X의 cdf를 그리시오.
③ 랜덤변수 X의 평균을 구하시오.
④ 새로운 랜덤변수 Y를 다음과 같이 정의한다고 하자.

$$y = 2 \cdot x^2$$

랜덤변수 Y의 pdf를 그리시오.
⑤ 랜덤변수 Y의 평균을 구하시오
⑥ 랜덤변수 Y의 분산을 구하시오.

[풀이]

① 랜던변수 X는 주사위를 던져 나온 눈의 수에서 3를 뺀 것으로 정의를 하고 있으므로 즉, 눈이 1이 나오면 -2로 2가 나오면 -1로 3이 나오면 0으로 4가 나오면 1로 5가 나오면 2로 6이 나오면 3으로 매핑되므로 확률밀도함수(pdf)는 [그림 3.48]과 같다,

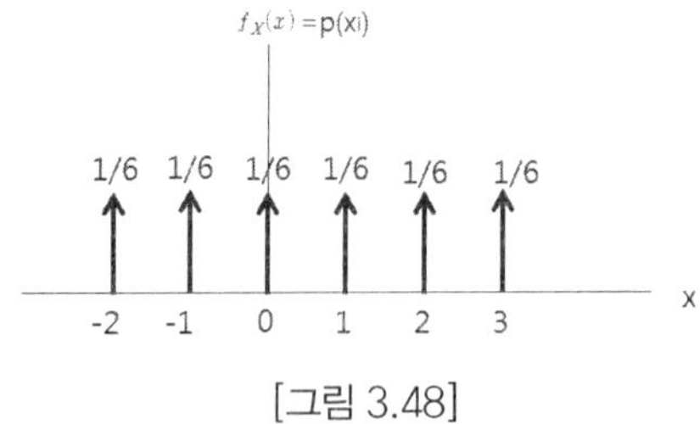

[그림 3.48]

② 랜덤변수 X의 누적확률분포함수(cdf) $F_X(x)$는 [그림 3.49]와 같이 얻어진다.

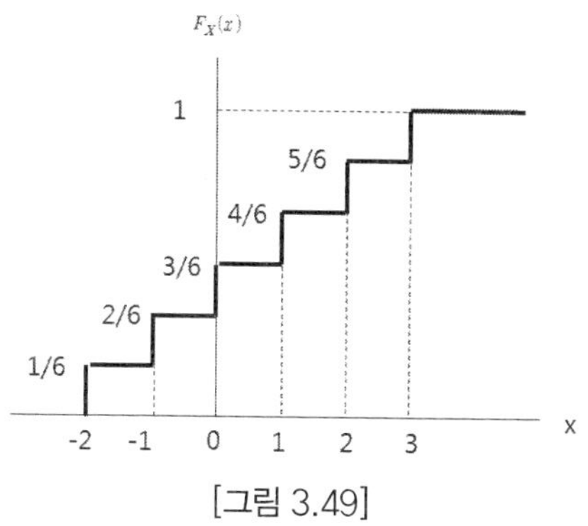

[그림 3.49]

③ 랜덤변수 X에 대한 확률밀도함수(pdf)를 구했으므로 랜덤변수 X 대한 평균값은 다음과 같이 구해진다.

$$
\begin{aligned}
E[X] &= \sum_i x_i \cdot P(x_i) \\
&= (-2)\cdot\frac{1}{6}+(-1)\cdot\frac{1}{6}+(0)\cdot\frac{1}{6}+(1)\cdot\frac{1}{6}+(2)\cdot\frac{1}{6}+(-3)\cdot\frac{1}{6} \\
&= \frac{1}{2}
\end{aligned}
$$

④ 랜던변수 X의 값 -2와 2는 함수변환에 의해 새로운 랜덤변수 Y에 값 8로 변환되며 값 -1과 1은 2로 0은 0으로 또한 3은 값 18로 변환되므로 새로운 랜덤변수 Y의 확률밀도함수(pdf)는 [그림 3.50]과 같이 변환된다,

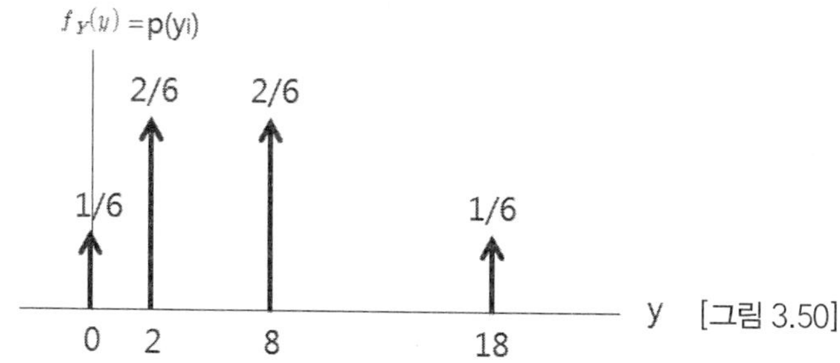

[그림 3.50]

⑤ 랜덤변수 Y에 대한 확률밀도함수(pdf)를 구했으므로 랜덤변수 Y에 대한 평균값은 다음과 같이 구해진다.

$$E[Y] = \sum_i y_i \cdot P(y_i)$$

$$= 0 \cdot \frac{1}{6} + 2 \cdot \frac{2}{6} + 8 \cdot \frac{2}{6} + 18 \cdot \frac{1}{6}$$

$$= \frac{19}{3}$$

⑥ 랜덤변수 Y의 분산 σ_Y^2는 다음과 같이 계산된다.

$$\sigma_Y^2 = E[Y^2] - E[Y]^2$$

이때 Y에 대한 평균값은 이미 위에서 계산을 하였으며 랜덤변수 Y의 제곱평균을 계산하면 다음과 같다.

$$E[Y^2] = \sum_i y_i^2 \cdot P(y_i)$$

$$= 0^2 \cdot \frac{1}{6} + 2^2 \cdot \frac{2}{6} + 8^2 \cdot \frac{2}{6} + (18)^2 \cdot \frac{1}{6}$$

$$= \frac{230}{3}$$

그러므로 랜덤변수 Y의 분산 σ_Y^2는 다음과 같이 계산된다.

$$\therefore \ \sigma_Y^2 = E[Y^2] - E[Y]^2$$

$$= \frac{230}{3} - \left(\frac{19}{3}\right)^2 = \frac{329}{9}$$

[문제2] 랜덤변수 X의 확률밀도함수(pdf)가 [그림 3.51]과 같다고 하자.

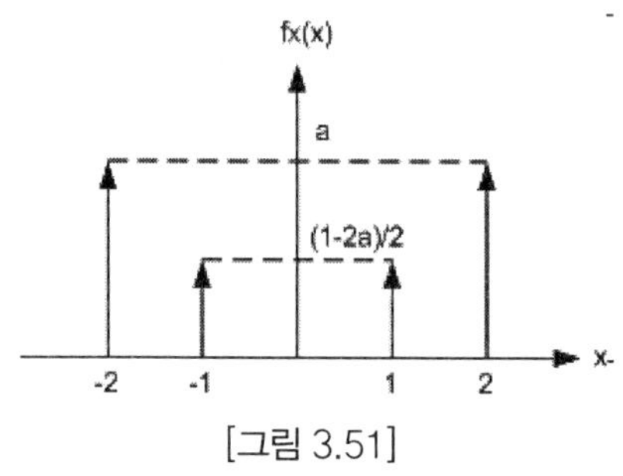

[그림 3.51]

① 랜덤변수 X의 분산 값이 3이 되도록 a값을 결정하시오.

② 랜덤변수 X의 누적확률분포(cdf)를 그리시오.

③ $y=-x+1$에 의한 랜덤변수 Y의 확률분포함수(pdf) $f_Y(y)$를 구하고 그림으로 나타내시오.

④ 랜덤변수 Y의 평균을 구하시오.

⑤ 랜덤변수 Y의 분산을 구하시오.

[풀이]

① 랜덤변수 Y의 분산 값이 3이 되도록 a값을 결정하여보자.

i) 랜덤변수 Y의 평균을 계산

$$E[X] = \sum_i x_i \cdot P(x_i)$$

$$= (-2) \cdot a + (-1) \cdot \frac{1-2a}{2} + (1) \cdot \frac{1-2a}{2} + (2) \cdot a = 0$$

ii) 분산 σ_X^2을 계산

$$\sigma_X^2 = E[X^2] - E[X]^2 = E[X^2]$$

$$= (-2)^2 \cdot a + (-1)^2 \cdot \frac{1-2a}{2} + (1)^2 \cdot \frac{1-2a}{2} + (2)^2 \cdot a$$

$$= 6a + 1$$

iii) 분산 값이 3이 되도록 a값을 구하면 다음과 같다,

$$\sigma_X^2 = 6a + 1 = 3$$

$$\therefore \quad a = \frac{1}{3}$$

② 랜덤변수 X의 누적확률분포(cdf)는 [그림 3.52]와 같다.

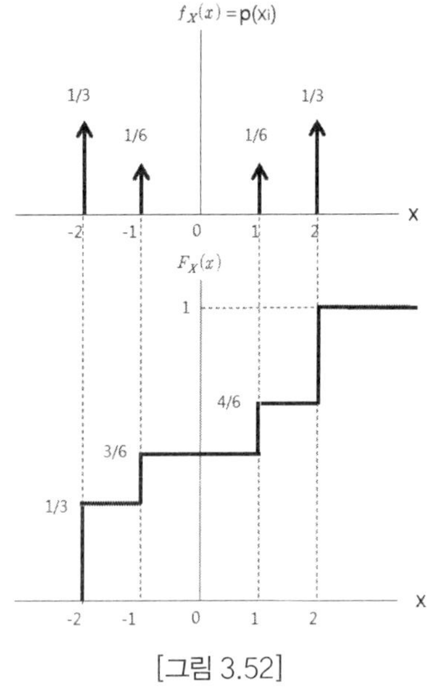

[그림 3.52]

③ 랜덤변수 X의 확률분포함수(pdf) $f_X(x)$는 함수 $y=-x+1$에 의해 다음과 같은 랜덤변수 Y의 확률분포함수(pdf) $f_Y(y)$로 변환된다.

$$\therefore \quad f_Y(y) = f_X(x)\left|\frac{dx}{dy}\right| = f_X(x)|(-1)| = f_X(x)$$

즉, 랜덤변수 Y의 확률분포함수(pdf) $f_Y(y)$는 랜덤변수 X의 확률분포함수(pdf) $f_X(x)$와 확률 값은 동일하나 x의 값 -2, -1, 1, 2는 함수에 의해 3, 2, 0, -1로 변환된다. 이를 [그림 3.53]에 나타내었다.

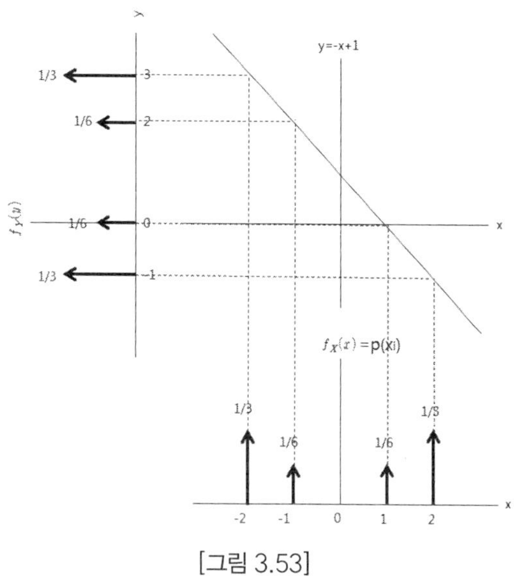

[그림 3.53]

④ 랜덤변수 Y의 확률분포함수(pdf) $f_Y(y)$를 구하였으므로 Y의 평균은 다음과 같이 계산된다.

$$
\begin{aligned}
E[Y] &= \sum_i y_i \cdot P(y_i) \\
&= (-1) \cdot \frac{1}{3} + (0) \cdot \frac{1}{6} + (2) \cdot \frac{1}{6} + (3) \cdot \frac{1}{3} \\
&= 1
\end{aligned}
$$

⑤ 랜덤변수 Y분산 σ_Y^2은 다음과 같이 계산된다.

$$\sigma_Y^2 = E[Y^2] - E[Y]^2$$

여기에서 랜덤변수 Y의 제곱평균을 먼저 계산하면

$$E[Y^2] = \sum_i y_i^2 \cdot P(y_i)$$

$$= (-1)^2 \cdot \frac{1}{3} + (0)^2 \cdot \frac{1}{6} + (2)^2 \cdot \frac{1}{6} + (3)^2 \cdot \frac{1}{3}$$

$$= \frac{24}{6}$$

이다. 그러므로 최종적인 분산 값 σ_Y^2은 다음과 같이 계산된다.

$$\therefore \quad \sigma_Y^2 = E[Y^2] - E[Y]^2$$

$$= \frac{24}{6} - (1)^2$$

$$= 3$$

[문제3] 랜덤변수 X의 확률밀도함수(pdf)가 [그림 3.54]와 같다고 하자. 랜덤변수 X의 분산 값이 최대가 되도록 a값을 결정하시오.

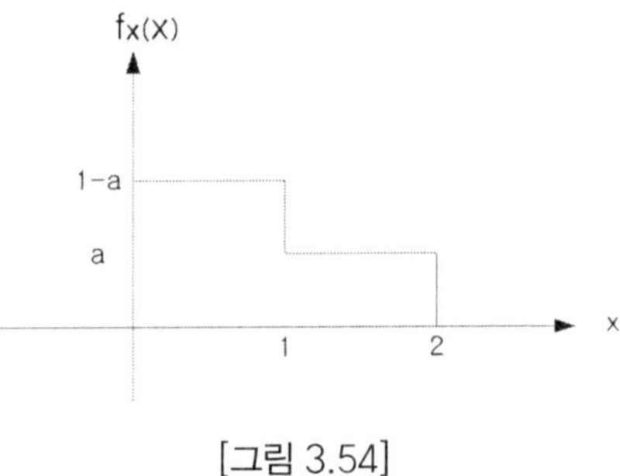

[그림 3.54]

[풀이]

i) 랜덤변수 X의 평균을 계산

$$E[X] = \int_{-\infty}^{\infty} x f_X(x) dx$$

$$= \int_0^1 x \cdot (1-a)dx + \int_1^2 x \cdot (a)dx$$
$$= \frac{1+2a}{2}$$

ii) 랜덤변수 X의 제곱평균을 계산

$$E[X^2] = \int_{-\infty}^{\infty} x^2 \cdot f_X(x)dx$$
$$= \int_0^1 x^2 \cdot (1-a)dx + \int_1^2 x^2 \cdot (a)dx$$
$$= \frac{1+6a}{3}$$

iii) 분산 σ_X^2을 계산

$$\sigma_X^2 = E[X^2] - E[X]^2$$
$$= \frac{1+6a}{3} - \frac{1+4a+4a^2}{4}$$
$$= \frac{-12a^2+12a+1}{12} = -a^2 + a + \frac{1}{12}$$

iv) 분산이 최대가 되는 a값을 찾기 위하여 a에 대하여 미분을 하고 미분 값이 0이 되는 a값을 구하면 다음과 같다.

$$\frac{d\sigma_X^2}{da} = -2a + 1 = 0$$
$$\therefore \quad a = \frac{1}{2}$$

[문제4] 두 랜덤변수 X와 Y는 독립한 랜덤변수로 아래와 같은 확률밀도함수(pdf)를 갖는다고 한다.

$$f_X(x) = \frac{1}{\sqrt{4\pi}} e^{-\frac{(x-3)^2}{4}}$$
$$f_Y(y) = \frac{1}{\sqrt{6\pi}} e^{-\frac{(y-2)^2}{6}}$$

새로운 랜덤변수 Z를 다음과 같이 정의한다고 하자.

$$Z = X+Y$$

랜덤변수 Z의 확률밀도함수(pdf)를 구하시오.

[풀이] 두 개의 랜덤변수 X와 Y는 독립하며 가우시안 분포를 갖는다고 하였으므로 각 랜덤변수 X와 Y의 평균과 분산 값은 다음과 같이 얻어낼 수 있다.

랜덤변수 X의 확률밀도함수(pdf)가 다음과 같은 가우시안 분포를 갖는다고 하였으므로

$$f_X(x) = \frac{1}{\sqrt{4\pi}} e^{-\frac{(x-3)^2}{4}}$$

랜덤변수 X의 평균과 분산 값은 다음과 같다.

$$\mathrm{E}[\mathrm{X}] = 3$$
$$\sigma_{\mathrm{X}}^2 = 2$$

또한 랜덤변수 Y의 확률밀도함수(pdf)가 다음과 같은 가우시안 분포를 갖는다고 하였으므로

$$f_Y(y) = \frac{1}{\sqrt{6\pi}} e^{-\frac{(y-2)^2}{6}}$$

랜덤변수 Y의 평균값과 분산값은 다음과 같은 값을 갖는다.

$$\mathrm{E}[\mathrm{Y}] = 2$$
$$\sigma_{\mathrm{Y}}^2 = 3$$

새로운 랜덤변수 Z는 두 개의 독립한 가우시안 랜덤변수 X와 Y의 합이므로 새로운 랜덤변수 Z의 확률밀도함수(pdf) 또한 가우시안분포를 갖는다. 랜덤변수 Z의 평균과 분산은 다음과 같이 계산된다.

i) 랜덤변수 Z의 평균 E[Z]

$$E[Z] = E[X+Y] = E[X] + E[Y]$$
$$= 3 + 2 = 5$$

ii) 랜덤변수 Z의 분산 σ_Z^2

랜덤변수 Z의 분산 σ_Z^2는 다음과 같이 계산된다.

$$\sigma_Z^2 = E[Z^2] - E[Z]^2$$

이때 Z에 대한 평균값은 이미 위에서 계산을 하였으며 랜덤변수 Z의 제곱평균을 계산하면 다음과 같다.

$$E[Z^2] = E[(X+Y)^2] = E[X^2 + Y^2 + 2XY]$$
$$= E[X^2] + E[Y^2] + 2 \cdot E[X]E[Y]$$
$$= (\sigma_X^2 + E[X]^2) + (\sigma_Y^2 + E[Y]^2) + 2 \cdot E[X]E[Y]$$
$$= (2+9) + (3+4) + 2 \cdot 3 \cdot 2$$
$$= 30$$

그러므로 랜덤변수 Z의 분산 σ_Z^2는 다음과 같다.

$$\therefore \ \sigma_Z^2 = E[Z^2] - E[Z]^2$$
$$= 30 - 25 = 5$$

i) 과 ii)로부터 랜덤변수 Z는 평균이 5이고 분산이 5인 가우시안 확률밀도함수(pdf)으므로 확률밀도함수(pdf)는 다음과 같이 쓸 수 있다.

$$\therefore \quad f_Z(x) = \frac{1}{\sqrt{2\pi}\,\sigma} e^{-\frac{(z-E[Z])^2}{2\sigma_Z^2}} = \frac{1}{\sqrt{2\pi}\cdot\sqrt{5}} e^{-\frac{(z-5)^2}{2\cdot 5}}$$

$$= \frac{1}{\sqrt{10\pi}} e^{-\frac{(z-5)^2}{10}}$$

[문제5] 두 랜덤변수 X와 Y의 확률밀도함수(pdf)가 다음과 같다고 가정하자.

$$f_{XY}(x,y) = 0.4\delta(x+1)\delta(y-2) + 0.3\delta(x-1)\delta(y-2)$$
$$+ A\delta(x-1)\delta(y-1)$$

① A 값을 구하시오.

② 마지널 확률밀도함수(marginal pdf) $f_X(x)$, $f_Y(x)$를 그림으로 나타내시오.

③ 랜덤변수 Y의 평균을 구하시오.

[풀이] 두 랜덤변수 X와 Y의 결합 확률밀도함수를 그려보면 [그림 3.55]와 같다.

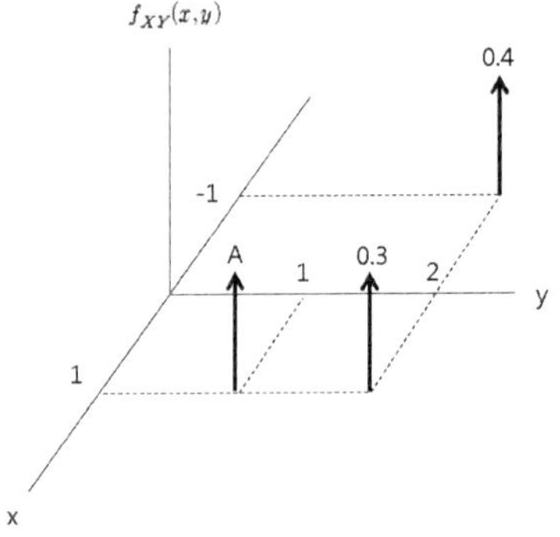

[그림 3.55]

① 전 구간에 대하여 적분을 하면 1이 되어야 하므로 즉, 확률 값은 1은 되어야 하므로 A 값은 0.3이 된다.

$$\therefore \quad A = 0.3$$

② 랜덤변수 X와 Y에 대한 마지널 확률밀도함수는 [그림 3.56]과 같다.

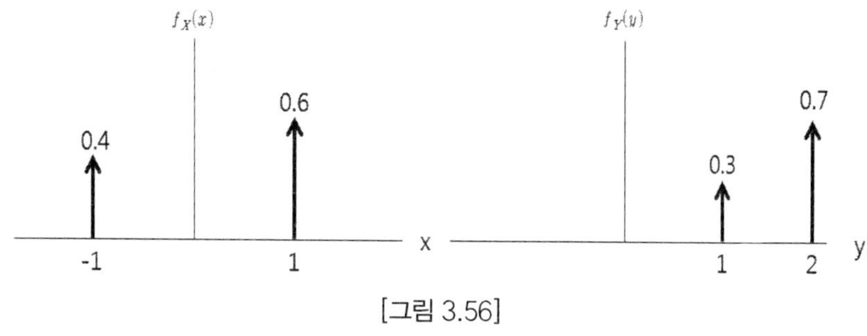

[그림 3.56]

③ 랜덤변수 Y에 대한 확률밀도함수(pdf)를 구했으므로 랜덤변수 Y에 대한 평균값은 다음과 같이 구해진다.

$$E[Y] = \sum_i y_i \cdot P(y_i)$$

$$= 1 \cdot (0.3) + 2 \cdot (0.7) = 1.7$$

[문제6] 두 랜덤변수 X와 Y의 확률밀도함수(pdf)가 다음과 같다고 가정하자.

$$f_{XY}(x,y) = 0.4\delta(x+\alpha)\delta(y-2) + 0.3\delta(x-\alpha)\delta(y-2)$$

$$+ 0.1\delta(x-\alpha)\delta(y-\alpha) + 0.2\delta(x-1)\delta(y-1)$$

① 상관함수(correlation)이 최소가 되는 값을 구하시오.

② 그때의 최소 상관 값을 구하시오.

[풀이]

① 두 랜덤변수 X와 Y의 상관함수(correlation) R_{XY}는 다음과 같이 계산된다.

$$\begin{aligned} R_{XY} &= E[XY] \\ &= (-\alpha)(2)\cdot 0.4 + (\alpha)(2)\cdot 0.3 + (\alpha)(\alpha)\cdot 0.1 + (1)(1)\cdot 0.2 \\ &= 0.1\alpha^2 - 0.2\alpha + 0.2 \end{aligned}$$

상관함수 R_{XY}이 최소가 되는 α값을 찾기 위하여 에 대하여 미분을 하고 미분 값이 0이 되는 α값을 구하면 다음과 같다.

$$\frac{dR_{XY}}{\alpha} = 0.2\alpha - 0.2 = 0$$

$$\therefore \quad \alpha = 1$$

② 최소 상관 값은 α가 1일 때 값은 다음과 같다.

$$\therefore \quad R_{XY}|_{\alpha=1} = 0.1 - 0.2 + 0.2 = 0.1$$

[문제7] 두 랜덤변수 X와 Y의 결합 확률밀도함수가 [그림 3.57]과 같다고 하자.

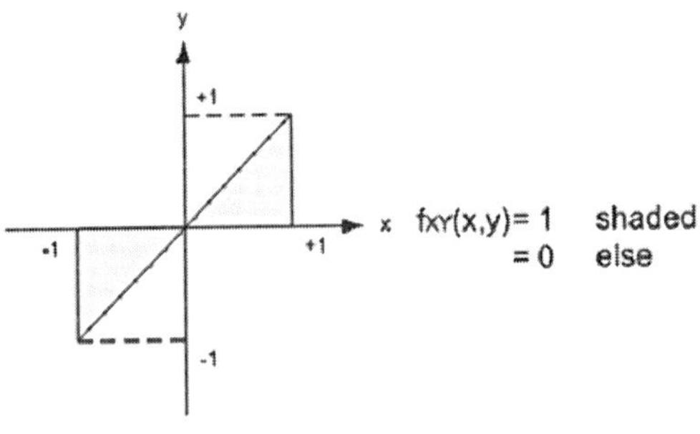

[그림 3.57]

① 두 랜덤변수 X와 Y는 독립한가 아니면 독립하지 않는가? 이유를 설명하시오.

② 마지널 확률밀도함수 $f_X(x)$를 구하고 그림으로 나타내시오.

③ 마지널 확률밀도함수 $f_Y(y)$를 구하고 그림으로 나타내시오.

④ $f_{X/Y}(x/y=0.5)$을 그림으로 나타내시오.

[풀이]

① 두 랜덤변수 X와 Y는 서로 관계가 있으므로 독립하지 않다.

② 랜덤변수 X에 대한 마지널 확률밀도함수 $f_X(x)$는 결합 확률밀도함수 $f_{XY}(x,y)$을 고정된 x에 대하여 y의 전 구간에 대하여 적분을 하면 얻어진다. 즉

$$f_X(x) = \int_{-\infty}^{\infty} f_{XY}(x,y)dy$$

이다. x의 구간에 따라 적분 구간이 다르므로 다음과 같이 계산된다.

i) x<-1

$$f_X(x) = 0$$

ii) -1≤x<0

$$f_X(x) = \int_{-\infty}^{\infty} f_{XY}(x,y)dy = \int_{x}^{0} 1 \cdot dy = -x$$

iii) 0≤x<1

$$f_X(x) = \int_{-\infty}^{\infty} f_{XY}(x,y)dy = \int_{0}^{x} 1 \cdot dy = x$$

iv) x≥1

$$f_X(x) = 0$$

그러므로 마지널 확률밀도함수 $f_X(x)$는 [그림 3.58]과 같다.

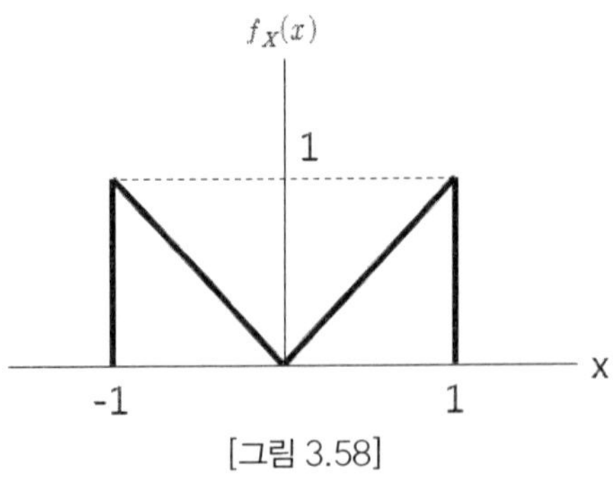

[그림 3.58]

③ 랜덤변수 Y에 대한 마지널 확률밀도함수 $f_Y(y)$또한 결합 확률밀도함수 $f_{XY}(x,y)$을 고정된 y에 대하여 x의 전 구간에 대하여 적분을 하면 얻어진다. 즉

$$f_Y(y) = \int_{-\infty}^{\infty} f_{XY}(x,y)dx$$

이다. y의 구간에 따라 적분 구간이 다르므로 다음과 같이 계산된다.

i) $y<-1$

$$f_Y(y) = 0$$

ii) $-1 \le y < 0$

$$f_Y(y) = \int_{-\infty}^{\infty} f_{XY}(x,y)dx = \int_{-1}^{y} 1 \cdot dx = y+1$$

iii) $0 \le y < 1$

$$f_Y(y) = \int_{-\infty}^{\infty} f_{XY}(x,y)dx = \int_{y}^{1} 1 \cdot dx = 1-y$$

iv) $y \ge 1$

$$f_Y(y) = 0$$

그러므로 마지널 확률밀도함수 $f_Y(y)$는 [그림 3.59]와 같다.

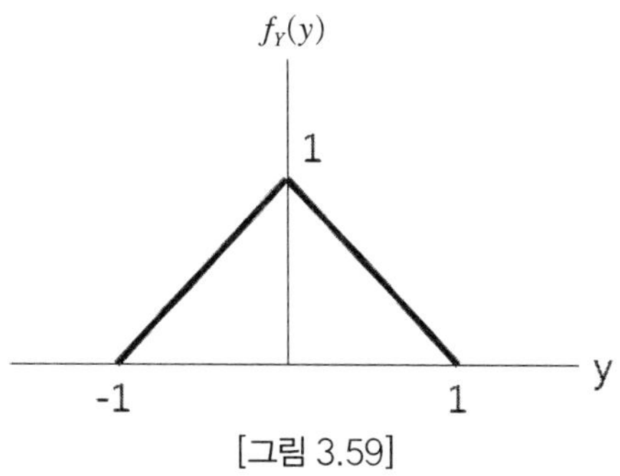

[그림 3.59]

④ y값이 0.5로 고정되었을 때 랜덤변수 X의 확률밀도함수(pdf) $f_{X/Y}(x/y=0.5)$는 [그림 3.60]과 같이 얻어진다.

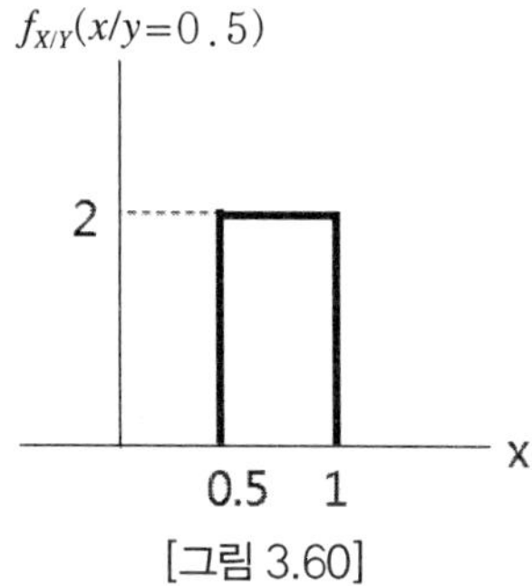

[그림 3.60]

[문제8] 두 랜덤변수 X와 Y의 결합 확률분포함수가 [그림 3.61]과 같다고 하자.

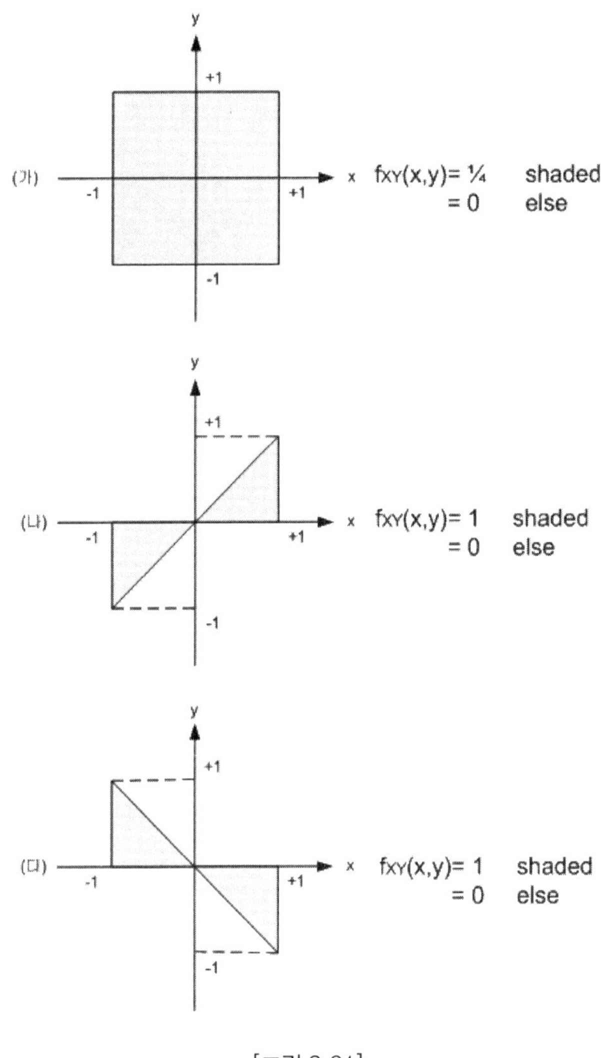

[그림 3.61]

① (가), (나), (다) 중 상관계수 값이 작은 순서대로 나열하고 이유를 설명하시오.

[풀이]

① (가)의 경우 x가 양수이면 y가 양수와 음수의 값을 갖을 분포가 동일하며 x가 음수인 경우에도 y가 양수와 음수의 값을 갖을 분포가 동일하므로 상관계수의 값은 0이 된다. (나)의 경우에는 x가 양수이면 y가 양수를 갖으며 x가 음수인 경우에는 y가 음수 값을 가지므로 상관계수의 값은 양수가 될 것이다. 그러나 (다)의 경우에는 x가 양수이면 y가 음수를 갖으며 x가 음수인 경우에는 y가 양수 값을 가져 상관계수의 값은 음수가 될 것으로 예상된다. 결과적으로 상관계수가 적은 순서대로 나열하면 다음과 같다.

∴ 다 < 가 < 나

[문제9] 두 랜덤변수 X와 Y는 다음과 같은 값을 갖는다.

$$E[X] = 1/2,\ E[X^2] = 5/2$$
$$E[Y] = 2,\quad E[Y^2] = 19/2$$
$$\text{covariance} = -\frac{1}{2\sqrt{3}}$$

① 상관함수 R_{XY}를 구하시오.

② 상관계수 ρ_{XY}를 구하시오.

[풀이]

① 두 랜덤변수 X와 Y의 상관함수(correlation)과 covariance간에는 다음의 관계식이 성립한다,

$$R_{XY} = C_{XY} + \overline{X} \cdot \overline{Y}$$
$$= -\frac{1}{2\sqrt{3}} + 1 = 1 - \frac{\sqrt{3}}{6}$$

② 상관계수 ρ_{XY}는 다음 식으로 정의된다.

$$\rho_{XY} = \frac{C_{XY}}{\sigma_X \cdot \sigma_Y}$$

이때

$$\sigma_X^2 = E[X^2] - E[X]^2 = \frac{5}{2} - \frac{1}{4} = \frac{9}{4}$$

$$\therefore \quad \sigma_X = \frac{3}{2}$$

$$\sigma_Y^2 = E[Y^2] - E[Y]^2 = \frac{19}{2} - 4 = \frac{11}{2}$$

$$\therefore \quad \sigma_Y = \sqrt{\frac{11}{2}}$$

그러므로 상관계수 ρ_{XY}는 다음과 같이 얻어진다.

$$\therefore \quad \rho_{XY} = \frac{C_{XY}}{\sigma_X \cdot \sigma_Y} = \frac{-\frac{1}{2\sqrt{3}}}{\frac{3}{2} \cdot \sqrt{\frac{11}{2}}} = -\frac{1}{3}\sqrt{\frac{2}{33}}$$

[문제10] 세 개의 동전을 던지는 실험에 대한 랜덤과정 X(t)가 [그림 3.62]와 같다고 가정하자.

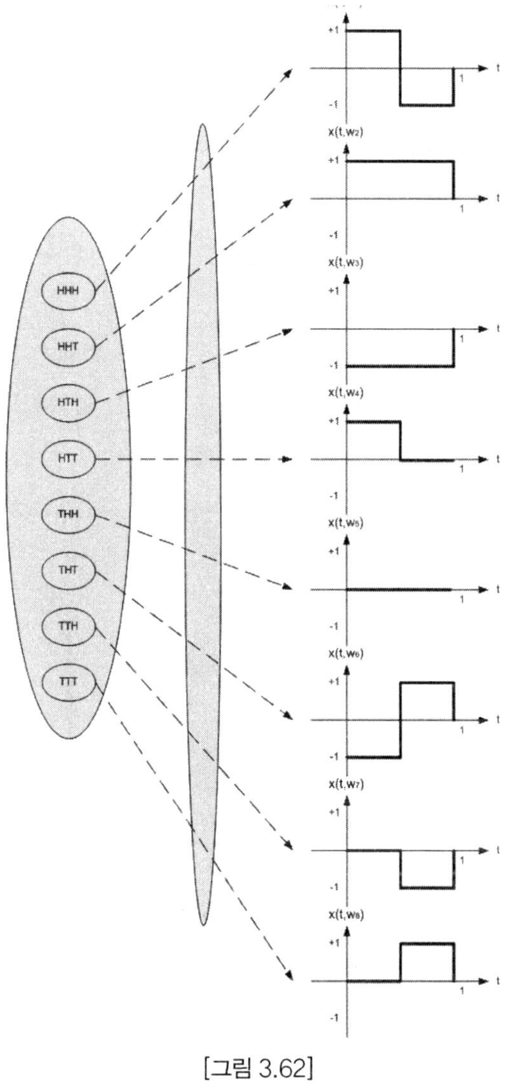

[그림 3.62]

① X(t = 0.25)에서의 확률밀도함수(pdf)를 그리시오.

② X(t = 0.75)의 평균을 구하시오.

③ X(t = 0.75)의 평균을 구하시오.

④ $R_{XX}(0,0.3)$을 구하시오.

⑤ $R_{XX}(0.45.0.75)$을 구하시오.

⑥ 랜덤과정 X(t)는 WSS 인가? (이유를 설명하시오)

[풀이]

① 시간 t가 0.25로 고정된 경우 랜덤프로세서는 랜덤변수 X가 되며 첫 번째에서 여덟 번째까지의 샘플함수는 1, 1, -1, 1, 0, -1, 0, 0 값을 갖고 각 각의 값을 갖을 확률은 1/8씩이다. 그러므로 값 -1이 발생할 확률은 2/8이고 값 0이 발생할 확률은 3/8이 되며 값 1이 발생할 확률 또한 3/8이 되므로 t=0.25에서 확률밀도함수(pdf) $f_X(x)$를 그림으로 나타내면 [그림 3.63]과 같다.

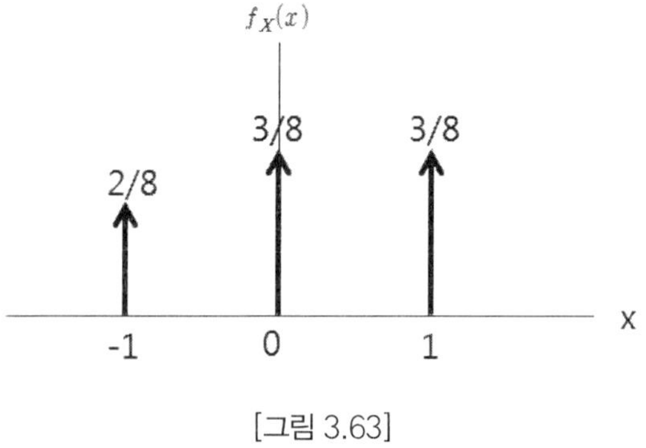

[그림 3.63]

② t=0.25에서 확률밀도함수(pdf) $f_X(x)$을 구했으므로 X(t=0.25)의 평균값은 다음과 같이 구해진다.

$$E[X(t=0.25)] = \overline{X(t=0.25)}$$

$$= (-1)\cdot\frac{2}{8} + (0)\cdot\frac{3}{8} + (1)\cdot\frac{3}{8}$$

$$= \frac{1}{8}$$

③ t=0.75에서 첫 번째에서 여덟 번째까지의 샘플함수는 -1, 1, -1, 0, 0, 1, -1, 1 값을 갖고 각 각의 값을 갖을 확률은 1/8씩이다. 그러므로 t=0.75에서 $X(t = 0.75)$의 평균값은 다음과 같이 구해진다.

$$\begin{aligned} E[X(t=0.75)] &= \overline{X(t=0.75)} \\ &= (-1)\cdot\frac{1}{8}+(1)\cdot\frac{1}{8}+(-1)\cdot\frac{1}{8}+(0)\cdot\frac{1}{8} \\ &\quad +(0)\cdot\frac{1}{8}+(1)\cdot\frac{1}{8}+(-1)\cdot\frac{1}{8}+(1)\cdot\frac{1}{8} \\ &= 0 \end{aligned}$$

④ 시간 t=0에서의 랜덤변수와 시간 t=0.3에서의 랜덤변수 간의 자기상관 함수 $R_{XX}(0, 0.3)$는 다음과 같이 계산된다.

$$\begin{aligned} R_{XX}(0,0.3) &= E[X(t=0)X(t=0.3)] \\ &= (1)(1)\frac{1}{8}+(1)(1)\frac{1}{8}+(-1)(-1)\frac{1}{8}+(1)(1)\frac{1}{8} \\ &\quad +(0)(0)\frac{1}{8}+(-1)(-1)\frac{1}{8}+(0)(0)\frac{1}{8}+(0)(0)\frac{1}{8} \\ &= \frac{5}{8} \end{aligned}$$

⑤ 시간 t=0.45에서의 랜덤변수와 시간 t=0.75에서의 랜덤변수 간의 상관 함수 $R_{XX}(0.45.0.75)$는 다음과 같이 계산된다.

$$\begin{aligned} R_{XX}(0.45,0.75) &= E[X(t=0.45)X(t=0.75)] \\ &= (1)(-1)\frac{1}{8}+(1)(1)\frac{1}{8}+(-1)(-1)\frac{1}{8}+(1)(0)\frac{1}{8} \\ &\quad +(0)(0)\frac{1}{8}+(-1)(1)\frac{1}{8}+(0)(-1)\frac{1}{8}+(0)(1)\frac{1}{8} \\ &= 0 \end{aligned}$$

⑥ ②에서 계산한 t=0.25에서의 평균값과 ③에서 계산한 t=0.75에서의 평균값이 다를 뿐만 아니라 시간차 $\tau=0.3$에서 계산한 상관함수 값 ④와 ⑤도 상이하므로 WSS하지 않다.

[문제11] 다음과 같은 랜덤과정 X(t)을 생각하자.

$$X(t) = X$$

여기에서 X는 구간 [-2.2]에서 균일 분포를 갖는 랜덤변수이다.

① 랜덤과정 X(t)의 ensemble을 그려보시오.
② 평균 E[X(t)]을 구하시오.
③ 자기상관함수 $R_{XX}(t_1, t_2)$을 구하시오.
④ 랜덤과정 X(t)는 WSS 인가? (이유를 설명하시오)
⑤ 랜덤과정 X(t)의 전력밀도스펙트럼(psd) $S_{XX}(f)$를 구하고 그림으로 나타내시오.
⑥ 랜덤과정P X(t)를 다음과 같은 임펄스 응답을 갖는 시스템에 입력으로 인가되었을 때 출력 랜덤과정 Y(t)의 상관함수 $R_{YY}(\tau)$을 구하시오.

$$h(t) = f_0 \mathrm{sinc}(2f_0 t)$$

⑦ 출력 랜덤과정 Y(t)의 평균 E[Y(t)]을 구하시오. [5pts]
⑧ 출력 랜덤과정 Y(t)의 σ_Y^2을 구하시오. [5pts]

[풀이]

① 랜덤과정 X(t)는 구간 [-2, 2]에서 시간에 관계없이 일정한 값(DC 값)을

갖게 되므로 앙상블(ensemble)을 그려보면 [그림 3.64]와 같다,

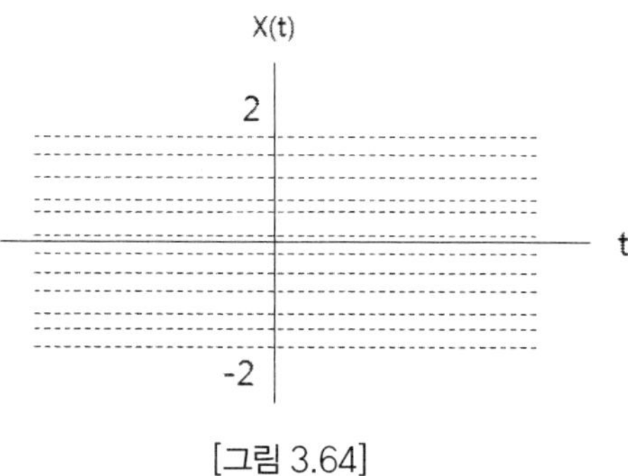

[그림 3.64]

시간에 관계없이 [그림 3.65]와 같은 균일분포를 갖고 있음을 알 수 있다.

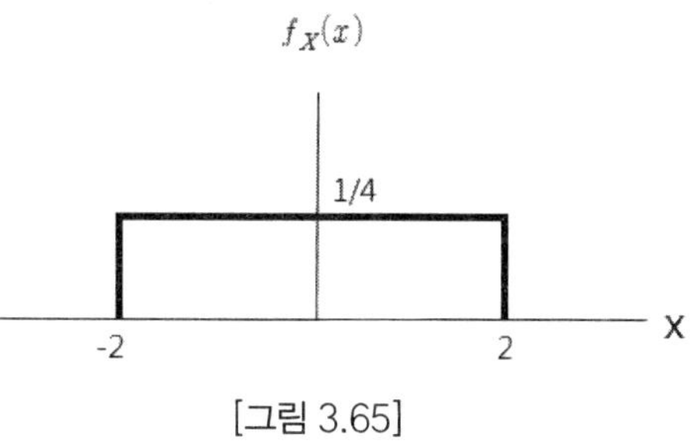

[그림 3.65]

② 랜덤과정 X(t)의 평균은 다음과 같이 계산된다.

$$E[X(t)] = E[X] = \int_{-\infty}^{\infty} x f_X(x) dx$$

$$= \int_{-2}^{2} x f_X(x) dx = \int_{-2}^{2} x \cdot \frac{1}{4} dx$$

$$= 0$$

③ 시간 t_1, t_2에서의 상관함수 $R_{XX}(t_1, t_2)$는 다음과 같이 계산된다.

$$R_{XX}(t_1, t_2) = E[X(t_1)X(t_2)] \equiv E[X^2]$$
$$= \int_{-2}^{2} x^2 f_X(x)dx = \int_{-2}^{2} x^2 \cdot \frac{1}{4}dx$$
$$= \frac{4}{3}$$

④ ②에서 계산한 것과 같이 평균값이 일정하고 ③에서 계산한 것과 같이 상관함수가 시간차에 무관한 즉, 시간차에 대하여 일정한 값을 가지기 때문에 랜덤과정 X(t)는 WSS하다고 말 할 수 있다.

⑤ 랜덤과정 X(t)의 전력밀도스펙트럼 $S_{XX}(f)$는 상관함수 $R_{XX}(\tau)$와 푸리에 변환 쌍 관계에 있으므로 ③에서 얻은 결과에 푸리에 변환을 하면 [그림 3.66] 전력밀도스펙트럼 $S_{XX}(f)$을 얻는다. 전력밀도스펙트럼을 살펴보면 DC성분만이 포함되고 있음을 알 수 있다.

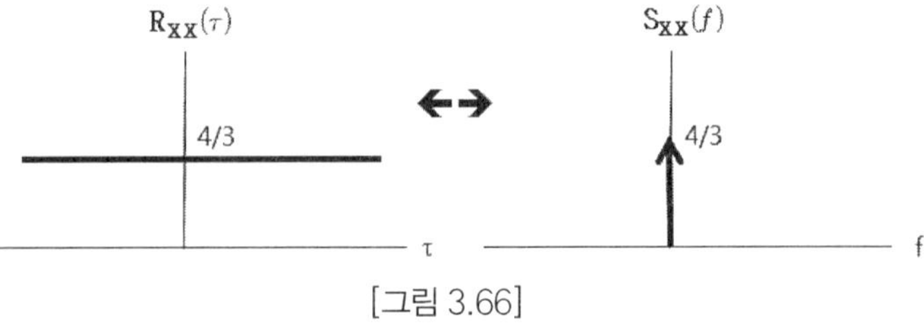

[그림 3.66]

⑥ 임펄스응답과 전달함수는 푸리에 변환 쌍 관계에 있으므로 임펄스응답에 푸리에 변환을 취하여 [그림 3.67]과 같은 전달함수를 얻어 낼 수 있다.

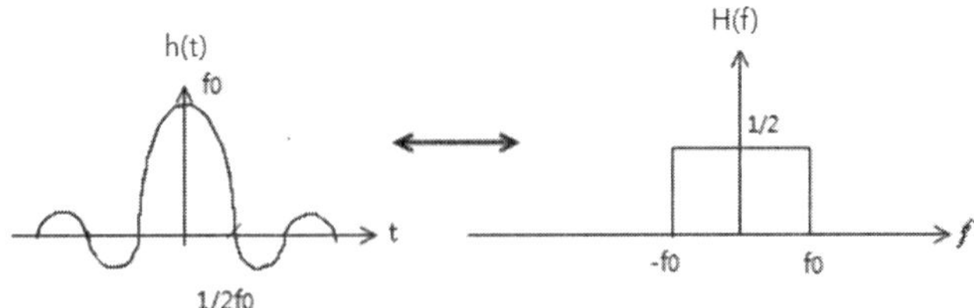

$$h(t) = f_o \sin c(2 f_o t) \qquad\qquad H(f) = 1/2 \quad -f_0 \le f \le f_0$$

[그림 3.67]

임펄스응답이 h(t)인 선형시스템에 입력되는 입력 랜덤과정 X(t)와 출력 랜덤과정 Y(t)는 다음과 같은 입출력관계를 갖는다. 즉, 입력 랜덤과정의 전력밀도스펙트럼 $S_{XX}(f)$와 출력 랜덤과정의 전력밀도스펙트럼 $S_{YY}(f)$사이에는 다음의 관계가 있다.

$$\therefore \quad S_{YY}(f) = S_{XX}(f) \cdot |H(f)|^2$$

$$= \frac{4}{3}\delta(f) \cdot \left(\frac{1}{2}\right)^2 = \frac{1}{3}\delta(f)$$

출력 랜덤과정 Y(t)에 대한 전력밀도스펙트럼 $S_{YY}(f)$를 얻었으므로 상관함수 $S_{YY}(\tau)$는 역푸리에 변환을 취하여 [그림 3.68]과 같이 얻어 질 수 있다.

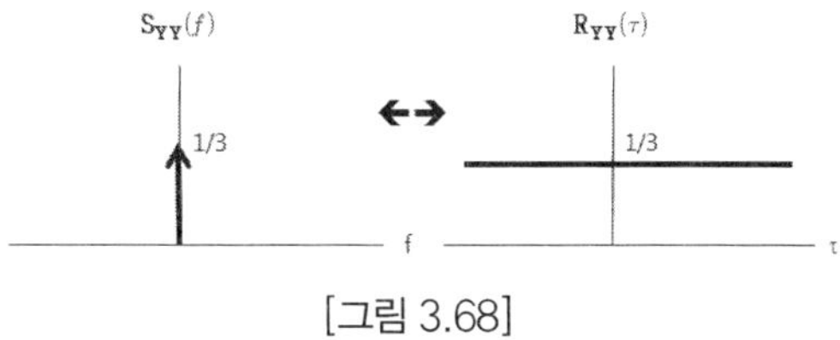

[그림 3.68]

⑦ ⑥에서 출력 랜덤과정 Y(t)의 상관함수 $S_{YY}(\tau)$을 얻었으므로 이를 이용하면 출력 랜덤과정 Y(t)의 평균 E[Y(t)]을 구할 수 있다.

$$\lim_{\tau \to \infty} R_{YY}(\tau) = E[Y(t)]^2 = \frac{1}{3}$$

그러므로 Y(t)의 평균 E[Y(t)]는 다음과 같다.

$$\therefore \quad E[Y(t)] = \pm \sqrt{1/3}$$

⑧ ⑥에서 출력 랜덤과정 Y(t)의 상관함수 $R_{YY}(\tau)$을 얻었으므로 이를 이용하면 출력 랜덤과정 Y(t)의 분산 σ_Y^2을 구할 수 있다.

$$R_{YY}(0) = E[Y^2(t)] = \sigma_Y^2 + E[Y(t)]^2$$

그러므로 Y(t)의 분산 σ_Y^2는 다음과 같다.

$$\therefore \quad \sigma_Y^2 = R_{YY}(0) - E[Y(t)]^2$$

$$= \frac{1}{3} - \frac{1}{3} = 0$$

[문제12] 랜덤과정 X(t)가 다음과 같다고 가정하자.

$$X(t) = A^2 \cdot \cos^2(w_o t + \Theta)$$

여기에서 A, w_0는 상수이고 Θ는 구간 [0, π]에서 균일 분포를 갖는 랜덤변수이다.

① 랜덤과정 X(t)는 WSS 인가?
② 랜덤과정 X(t)의 전력밀도스펙트럼(psd) $S_{XX}(f)$를 구하고 그림으로 나타내시오.
③ ②의 결과를 이용하여 평균전력을 구하시오.

[풀이]

① 랜덤과정 X(t)가 WSS 인가 검사를 해자. Θ는 구간 [0, π]에서 균일 분포를 갖는 랜덤변수라 하였으므로 랜덤변수 Θ의 확률밀도함수 $f_\theta(\theta)$는 [그림 3.69]와 같다.

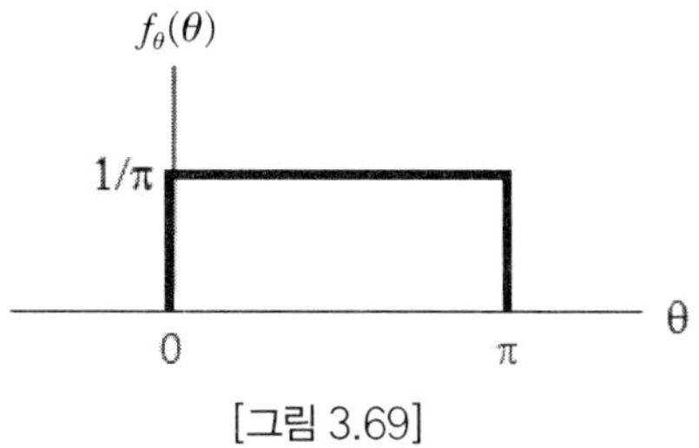

[그림 3.69]

i) 랜덤과정 X(t)의 평균은 다음과 같이 계산된다.

$$E[X(t)] = E\left[A^2\cos^2(w_0t+\Theta)\right] = \int_{-\infty}^{\infty} A^2\cos^2(w_0t+\Theta)f_\theta(\theta)d\theta$$

$$= \frac{A^2}{\pi}\int_0^\pi \cos^2(w_0t+\Theta)d\theta$$

$$= \frac{A^2}{2}$$

ii) 시간 t, $t+\tau$에서의 상관함수 $R_{XX}(t,t+\tau)$는 다음과 같이 계산된다.

$$R_{XX}(t,t+\tau) = E[X(t)X(t+\tau)]$$

$$= E\left[A^2\cos^2(w_0t+\Theta)\cdot A^2\cos^2(w_0(t+\tau)+\Theta)\right]$$

$$= A^4\cdot E\left[\cos^2(w_0t+\Theta)\cdot\cos^2(w_0(t+\tau)+\Theta)\right]$$

전개하고 평균을 취하면 값이 영이어 없어지는 항들을 제외하면 다음의 식이 남는다.

$$R_{XX}(t,t+\tau) = A^4\cdot E\left[\frac{1}{4}+\frac{1}{4}\cdot\frac{1}{2}\cos(2w_0\tau)\right]$$

$$= \frac{A^4}{4}\left(1+\frac{1}{2}\cos(2w_0\tau)\right)$$

그러므로 i)에서 계산한 랜덤과정 X(t)의 평균이 상수로 일정하고 ii)에서 계산한 상관함수 $R_{XX}(t, t+\tau)$가 τ의 함수이므로 랜덤과정 X(t)는 WSS 하다.

② 랜덤과정 X(t)의 전력밀도스펙트럼 $S_{XX}(f)$는 상관함수 $R_{XX}(\tau)$와 푸리에 변환 쌍 관계에 있으므로 ①에서 얻은 결과에 푸리에 변환을 하면 전력밀도스펙트럼 $S_{XX}(f)$을 얻는다. 즉

$$R_{XX}(\tau) = \frac{A^4}{4} + \frac{A^4}{8}\cos(2w_0\tau) \leftrightarrow S_{XX}(f) = \frac{A^4}{4}\delta(f) + \frac{A^4}{16}\delta(f-2f_0) + \frac{A^4}{16}\delta(f+2f_0)$$

이를 그림으로 나타내면 [그림 3.70]과 같다.

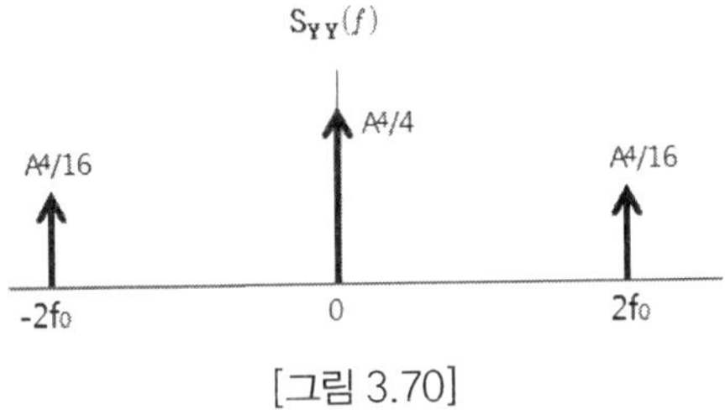

[그림 3.70]

③ ②의 결과를 이용하여 평균전력을 구하여보자. 평균전력은 전력밀도스펙트럼 $S_{XX}(f)$을 전 구간에 걸쳐 적분하면 얻어진다.

$$\therefore \quad P_{av} = \frac{A^4}{4} + 2 \cdot \frac{A^4}{16}$$

$$= \frac{3A^4}{8}$$

제 4 장
채널부호

01 개요

1948년 Claude Shannon에 의해 부호 이론의 유용성이 제기된 이래 채널 부호 기법은 우수한 특성을 갖는 부호 및 이들의 복호 방법이 발견되면서 통신의 일대 변혁을 예상할 정도로 부흥기를 맞았으나 이의 구현 및 적용 한계에 부딪혀 정체기를 갖기도 했다. 그러나 반도체, 컴퓨터 및 디지틀 신호처리 기술 등의 발전에 힘입어 채널 부호 기법은 이제 통신 시스템의 필수적인 요소로 확고히 자리 잡아가고 있으며 위성 및 이동통신은 물론 기억 소자와 컴퓨터 시스템 설계 등에 이르기 까지 그 응용 분야는 실로 다양하다.

통신 시스템의 가장 중요한 자원으로 전력(power)과 주파수 대역(bandwidth)을 들 수 있는데 이들 두 자원을 어떻게 효율적으로 이용할 것인가 하는 것이 통신 시스템을 설계하는데 있어 가장 중요한 관심사라 할 수 있다. 채널 부호 기법은 주로 전력 자원 만을 효율적으로 이용할 수 있는 수단으로 인식되어 왔던 것이 사실이나 1970년대 이후 변조 기법과 결합시키려는 연구가 진행되어 왔으며 1982년 Ungerboeck에 의해 결실을 맺게 되었다. 이제 통신 시스템에 있어 채널부호 기법은 신호 주파수 대역을 증가 시키지 않고서도 부호 이득을 얻음으로써 전력과 주파수 자원 모두에 효율적인 형태로 발전해 나가고 있다.

02 정보이론

정보이론(information theory)은 아래와 같은 3개의 기본 개념을 다루는 통신의 수학적 이론이다.

1. 정보의 수량화(quantification)
2. 정보를 전달할 수 있는 통신채널의 용량(channel capacity)
3. 전송 효율의 향상과 에러의 감소를 위한 부호화기술

정보이론의 몇 가지 기본이론은 Nyquist(1924)와 Hartley(1928)에 의하여 정립되었으나 정보원과 통신채널에 관한 확률적 모델을 토대로 한 현대의 정보이론은 Shannon(1948)에 의하여 이루어졌다. Shannon의 연구 결과의 일부는 그 당시에 학구적일 뿐 실용성이 없는 것으로 생각되었다. 그러나 지난 수년간의 비약적인 기술개발은 이와 같은 생각을 변화시켰다.

정보이론의 여러 가지 면을 이해하기 위하여 통신시스템의 기본 구성을 나타내면 [그림 4.1]에서 보는 바와 같다. [그림 4.1]은 상업방송을 하는 무선통신시스템의 계통도를 나타낼 수 있다. 이 경우 정보원이 음반(disc)이며 발생된 음악은 무선 통신로(channel)를 통하여 전송되기 전에 적절한 전기적 신호(또는 coded)로 변환되어야 한다. 잡음과 전기적 간섭 등이 전송과정 중에 부가된다. 수신기는 전기적 신호를 복조(또는 decode)하여 수신자가 들을 수 있도록 확성기를 통하여 음악을 재생한다. 또는 [그림 4.1]은 학생들에게 강의하는 강사를 나타낼 수도 있다. 여기에서 정보원이 강사의 생각이라 하면 부호기(coder)는 생각을 음파로 바꾸는 과정이고 잡음은 학생들의 잡담 등이 된다. 따라서 수신된 메시지는 일반적으로 전송된 메시지와 다소 다를 수 있다.

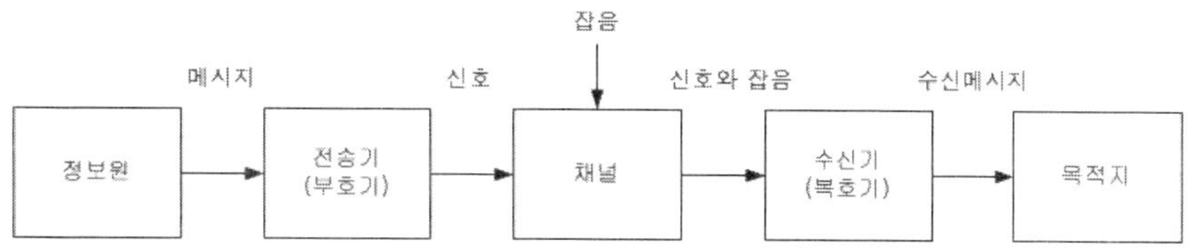

[그림 4.1] 일반적 통신 시스템의 구성

정보량과 그의 형태를 결정하기 위하여 정보원을 해석할 필요가 있다. 일반적으로 정보는 통신로에 직접 전송하기에 적합한 형태가 아니므로 통신로에 접합한 형태로 부호화를 하여야 한다. 따라서 통신로와 그의 성질을 생각하여야 한다. 그 밖에 정보는 보통 전기적 신호의 형태로 전송되기 때문에 신호와 잡음의 연구도 매우 중요하다. 복호화 과정(decoding process)은 심하게 왜곡된 신호로부터 전송된 메시지를 검파하는 것이기 때문에 부호화와는 다른 측면도 있지만 부호화(encoding) 과정과 비슷하다. 이 장에서는 정보량의 개념, 통신로 용량 및 부호화에 관하여 설명한다.

1 정보원과 정보량

우리 주변에는 많은 정보원이 있다. 예를 들면, 인간의 언어, TV의 영상등 무수히 많다. 이러한 정보원(information source)을 크게 나누면 2종류로 분류할 수 있다. 즉, 아날로그 정보원(analog information source)과 이산적 정보원(discrete information source)이다. 음성신호에 의하여 동작하는 마이크와 같은 아날로그 정보원은 진폭이나 시간이 모두 연속적인 전기적인 파형을 발생한다. 텔레타이프와 같은 이산적인 정보원의 출력은 일련의 문자나 기호로 이루어 진다. 아날로그 정보원은 표본화와 양자화에 의하여 이산적 정보원으로 변화시킬 수 있다. 이 장에서는 주로 이산적인 정보원을 근거로 해서 설명한다.

이산적 정보원은 문자의 이산적인 집합, 즉 일련의 기호들로 구성된다. 영어로 구성된 문장인 경우에는 약 40개의 서로 다른 기호(문자, 정수 및 특수기호)로 이루어진다. 이들의 각 사용빈도는 다르므로 이산적 정보원을 랜덤과정으로 표현할 수 있다. 다시 말해서 일정한 집합으로부터 선택된 일련의 이산적 기호를 발생하는 랜덤과정을 이산적 정보원으로 생각할 수 있다. 즉, 정보원의 기호의 발생은 하나의 확률현상이라고 생각하는 것이 편리하다.

정보원에서 발생되는 기호 S_k의 발생확률은 일반적으로 그 앞에 사용한 기호들에 따라 변할 수 있다. 이와 같은 확률과정을 마르코프 과정(Markov process)이라 부른다. 예를 들면, 언어의 경우 현재의 단어는 그 전의 단어의 영향을 받는다는 사실이다. 현재의 기호의 발생확률이 그 앞에서 발생된 m개의 기호에만 의존하는 정보원을 m차(order)의 마르코프 정보원이라 한다.

이 장에서는 정보원에서 매 T초마다 발생되는 기호가 통계적으로 독립이라고 가정한다. 이는 $m = 0$ 인 경우로서 무기억 정보원(memoryless information source)이라 부른다.

통신시스템의 목적은 정보원의 출력신호를 전송하는데 있다. 그러나 정보가 정확히 무엇이며 이를 어떻게 수식으로 나타낼 것인가? 정성적으로 말하면 정보량은 메시지를 들었을 때 놀라는 정도의 크기에 비례한다고 말할 수 있다. 에를 들면, 여름철에 눈이 왔다는 사실은 비가 왔다는 메시지보다는 훨씬 큰 정보량을 내포하고 있다. 여름철에 비가 왔다는 사실은 흔히 있을 수 있는 일이기 때문에 누구나 놀라지 않는다. 하지만 눈이 왔다는 사실은 확률이 아주 희박하기 때문에 놀라는 정도가 훨씬 크다. 따라서 정보량은 확률의 함수에 관계됨을 알 수 있다. 그러므로 j번째 메시지를 전송하는 확률을 P_j라고 하면 그 정보량은 다음과 같이 정의된다.

$$I_j = \log\left(\frac{1}{P_j}\right) \tag{4.1}$$

윗 식에서 대수의 밑(base)은 정보량에 사용되는 단위를 결정한다. 예를 들면, 자연대수인 경우에는 그 단위는 nat, 로그 밑이 10이면 Hartley(혹은 decit), 로그 밑이 2이면 bit(binary digit의 약자)이다. 디지털 신호나 컴퓨터에서 사용되는 데이터 등은 2진수를 정보량의 단위로 사용하는데, 2진수가 동일한 확률($P_0=P_1=1/2$)로 발생하고 있다면 하면 $I_0=I_1=-\log_2(1/2)=1$ [bit]의 정보량을 갖는다는 사실에 기인한다.

[예제 4.1] 지금 5개의 문자기호 A, B, C, D, E가 있고, 각각의 발생확률이 다음과 같이 주어진 경우

$$P_A=1/2\ ,\ P_B=1/4\ ,\ P_C=1/8\ ,\ P_D=1/16\ ,\ P_E=1/16$$

각 기호의 정보량을 구하라.

$$I_A=-\log_2(1/2)=1\ \text{bit}$$
$$I_B=-\log_2(1/4)=2\ \text{bit}$$
$$I_C=-\log_2(1/8)=3\ \text{bit}$$
$$I_D=-\log_2(1/16)=4\ \text{bit}$$
$$I_E=-\log_2(1/16)=4\ \text{bit}$$

위의 예제를 살펴보면, 발생할 가능성(P_j)이 낮은 기호일수록 더 많은 정보(I_j)를 갖고 있음을 알 수 있다.

식 (4.1)에서 대수의 밑이 2로 주어진 경우 I_j의 계산을 쉽게 하기 위하여 식 (4.1)의 밑을 10으로 하는 대수나 자연대수로 표시하면 다음과 같다.

$$I_j=-\frac{1}{\log_{10}2}\log_{10}(P_j)=-\frac{1}{In2}In(P_j) \qquad (4.2)$$

일반적으로 P_j가 동일하지 않으면 정보량은 기호에 따라 다르다. 따라서 전송할 수 있는 모든 기호를 고려한 정보원의 평균정보량을 정의할 필요가 있다. 즉, M개의 기호 $x_0, x_1, \cdots x_{M-1}$을 열(sequence)로 발생하는 이산적 정보원이

있다고 할 때 각 기호는 통계적 독립성(statistically independent)을 가지며 이들 발생확률은 각각 $P(x_0), P(x_1), \cdots, P(x_{M-1})$이라 하자. 평균정보량은 다음과 같이 정의된다.

$$H(X) = \sum_{i=0}^{M-1} P(x_i) I_i = \sum_{i=0}^{M-1} P(x_i) \log_2 [1/P(x_i)] \quad \text{[bits/symbol]} \quad (4.3)$$

여기서 X는 이산적 정보원 $\{x_0, x_1, \cdots x_{M-1}\}$에서 선택되는 입력기호이므로 랜덤변수이다. 이러한 평균정보량을 엔트로피(entropy)라고 부른다.

[예제 4.2] 3개의 문자 A, B, C중 하나를 보내는 정보원이 있다. 그 문자의 확률이 각각 1/2, 1/4, 1/4인 경우 한 문자에 대한 평균정보량(entropy)을 구하라.

$$\begin{aligned} H &= 1/2 \log_2(2) + 1/4 \log_2(4) + 1/4 \log_2(4) \\ &= 1.5 \quad [bits/symbol] \end{aligned}$$

$H(X)$가 기호의 확률에 의존함을 검토하기 위하여 확률이 각각 p와 $(1-p)$인 2개의 기호를 발생하는 정보원인 경우(여기에서 $0<p<1$)의 정보원의 엔트로피는 다음과 같이 주어진다.

$$H(X) = p \log_2 \frac{1}{p} + (1-p) \log_2 \left(\frac{1}{1-p} \right) \quad \text{[bits/symbol]} \quad (4.4)$$

위의 식을 도시하면 [그림 4.2]에 보인 바와 같다.

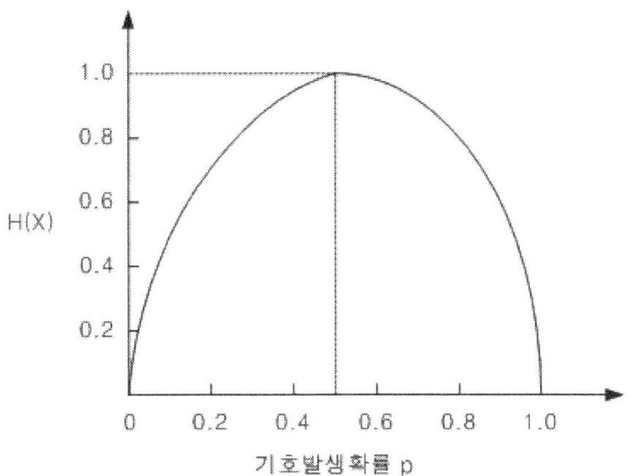

[그림 4.2] 2진수 데이터원의 엔트로피

$H(X)$의 최대치는 $p=1/2$일 때 1[bit/symbol]이 됨을 쉽게 구할 수 있다($dH/dp=0$이라 놓으면 $\log[(1-p)/p]=0$ 이므로 $p=1/2$ 이다). 일반적으로 M개의 기호로 구성된 알파베트의 경우, 최대 엔트로피는 각 기호의 확률이 동일할 때의 값이다. 즉, $p_0=p_1=\cdots p_{M-1}=1/M$ 일 때

$$H_{\max} = \log_2 M \qquad \text{[bits/symbol]} \quad (4.5)$$

이다. 따라서 정보원이 일정한 기호속도 즉, r_s[symbols/sec]로 기호를 발생하면 정보원의 평균 정보전송속도 또는 정보율(source information rate), R [bits/sec]은 한 기호에 대한 평균정보량 $H(X)$ [bits/symbol]와 기호속도 r_s와의 곱으로 정의된다. 즉,

$$R=r_s \cdot H(X) \qquad \text{[bits/sec]} \quad (4.6)$$

이다. 정보율의 단위를 나타낼 때 [bits/sec]를 사용하는 대신에 약자 [bps]를 흔히 사용한다.

[예제 4.3] 정보원이 5개의 기호중 하나를 매 1[msec]마다 보내는 경우 각 기호의 확률은 1/2, 1/4, 1/8, 1/16, 1/16이다. 정보원의 엔트로피 및 정보전송속도를 구하라. 정보원의 엔트로피는

$$\begin{aligned} H(X) &= \sum_{i=0}^{4} P(x_i)\log_2[1/P(x_i)] \\ &= 1/2\log_2(2) + 1/4\log_2(4) + 1/8\log_2(8) + 1/16\log_2(16) + 1/16\log_2(16) \\ &= 0.5 + 0.5 + 0.375 + 0.25 + 0.25 \\ &= 1.875 \quad [bits/symbol] \end{aligned}$$

이고 정보전송속도는 다음과 같다.

$$R = r_s \cdot H(X) = (1000)(1.875) = 1875 \quad [bits/\sec]$$

식 (4.3)과 식 (4.6)으로 정의된 엔트로피와 정보전송속도는 정보원에서 발생하는 기호계열의 기호가 통계적으로 독립인 경우에 사용된다. 이는 한 기호구간에 발생된 어떤 특정한 기호도 다른 구간에 발생된 어떤 다른 기호의 발생확률을 변경하지 못하는 경우이다. 그러나 실제적 정보원의 기호계열은 기호간에 통계적으로 관련성(statistically dependent)을 갖고 있다. 예를 들면, 영어의 문장에서 E자는 Q자보다 사용빈도가 훨씬 많고 Q자가 사용되는 그 다음에 오는 자는 U자가 가장 많다던가 또는 자음 다음에는 흔히 모음이 온다는 것이다. 따라서 통계적으로 관련된 기호로 조합된 정보량이 통계적으로 독립된 동일한 기호로 조합된 정보량보다 관련된 만큼 감소함을 의미한다. 이는 앞에서 간단히 소개한 마르코프 과정의 한 예이다.

2 정보원의 부호화

정보원으로부터 발생하는 정보는 기호의 계열로 구성된 여러 가지 메시지 형태로 주어진다. 그러나 정보의 전송이나 처리를 행하는 경우에 정보원 기호를 그대로 취급하는 것은 매우 불편하므로 기호의 형태를 변환할 필요가 있다. 예를 들면, 영어로 구성된 문장인 경우에는 약 40개의 서로 다른 기호(알파베트 문자, 정수 및 특수문자)를 갖는다. 이러한 기호는 약 40개의 구분된 전압 파형을 사용하여 전송될 수 있다. 그러나 이와 같은 형태의 데이터 전송은 다음과 같은 이유로 잘 사용되지 않는다. 첫째 수신측에서는 40개의 수신 가능한 신호를 구분하여야 하므로 수신기가 매우 복잡해진다. 둘째 수신기는 수신된 40가지의 기호를 정확하게 구분해야만 하는데 이는 종종 에러를 일으킨다. 셋째 어떤 기호(예를 들면 e)들은 다른 기호보다 훨씬 자주 사용되기 때문에 전송 효율이 좋지 않다. 이의 좋은 예는 사용 빈도에 따라 길고 짧게 부호화한 Morse 전신부호이다. 그밖에 문자(기호)를 직접 전송하면 제 3자도 수신이 가능하므로 전송내용의 비밀이 보장되지 않기 때문이다. 그러므로 신호파형을 전송하는 대신 부호(에를 들면 “0”과 “1”)의 조합으로 구성된 새로운 부호어(codeword)로 정보를 처리하는 것이 바람직하다. 예를 들면, 전신에 있어서는 문자를 0과 1로 표현하여 전송한다. 전자계산기로 계산할 때에는 보통의 10진수로는 불편하기 때문에 이것을 2진수로 바꾸어서 0과 1의 계열로 표현한다. 일반적으로 정보원 기호의 계열에 대하여 새로운 다른 기호의 계열을 1대1로 대응시키는 것을 부호화라고 하고 새로운 계열을 부호라 한다.

특히 중요한 것은 0과 1같은 2종류만의 기호로 부호화한 것을 2원 부호(binary code)라고 한다. 예를 들면, [표 4.1]은 10진수의 숫자를 2진수로 변환한 2원 부호의 에를 나타낸다. 이것은 정보원의 기호를 1기호씩 자른 블록부호이며, 우측은 이것에 해당하는 부호어를 나타낸다. 이 경우 각 부호어는 각각 4부호로 되어 잇다. 그러나 일반적으로 부호어의 길이는 같을 필요는 없다. 예를 들면, 4가지의 정보원 기호 x_0, x_1, x_2, x_3에 대하여 [표 4.2]에 보인 바와 같이 부호 I처럼 2원 부호화를 하면 부호의 길이는 어느 것도 2이지만 부호 Ⅱ와 같이 할당하는 경우에는 부호의 길이는 부호어에 따라 다르다.

[표 4.1]

10진수	이원부호
0	0000
1	0001
2	0010
3	0011
4	0100
5	0101
6	0110
7	0111
8	1000
9	1001

[표 4.2]

정보원 기호	부호어	
	부호 I	부호 II
x_1	00	0
x_2	01	10
x_3	10	110
x_4	11	111

이 때 어떤 부호화 방법이 더 유리할까? 이것은 정보원의 성질에 따라 다르다. 지금 x_0, x_1, x_2, x_3이 발생할 확률을 P_0, P_1, P_2, P_3이라 하고 기호들이 상호 독립적으로 발생한다고 하자. 그리고 각 기호의 발생확률이 모두 같다고 하고($P_0 = P_1 = P_2 = P_3 = 1/4$) 부호어의 평균길이 L을 구해보기로 하자. 부호 I은

$$L_1 = 2 \times 1/4 + 2 \times 1/4 + 2 \times 1/4 + 2 \times 1/4 = 2$$

인 반면에, 부호 Ⅱ는

$$L_2 = 1 \times 1/4 + 2 \times 1/4 + 3 \times 1/4 + 3 \times 1/4 = 2.25$$

가 되어 부호 Ⅱ의 쪽이 평균적으로 부호의 길이가 길게 된다. 같은 정보를 전달하는데 있어 부호의 길이가 짧은 것이 유리할 것이다. 이 예에서는 확실히 부호 I이 유리하다. 그러나 정보원의 기호의 발생확률이 일정하지 않다면 예를 들어

$$P_1 = 1/2,\ \ P_2 = 1/4,\ \ P_3 = 1/8,\ \ P_4 = 1/8$$

이라 가정하면, 부호 I은

$$L_1 = 2 \times 1/2 + 2 \times 1/4 + 2 \times 1/8 + 2 \times 1/8 = 2$$

로 그의 평균 부호길이가 변하지 않는 반면에, 부호 II는

$$L_2 = 1 \times 1/2 + 2 \times 1/4 + 3 \times 1/8 + 3 \times 1/8 = 1.75$$

가 되어 이 경우는 부호 II가 유리하다.

위의 설명에서 알 수 있듯이 평균 부호길이는 정보원의 성질과 부호화의 방법에 따라 달라지게 된다. 따라서 "어떤 정보원에는 어떤 부호가 적합한가? 또 평균 부호길이는 어디까지 짧게 할 수 있을까?" 라는 문제가 제기된다. 이 문제에 관한 해답은 다음 절에서 생각해 보기로 하자.

3 부호의 조건

앞 절에서는 정보원의 부호화에 관해서만 생각했으나, 여기서 중요한 것은 부호화된 부호어로부터 복호가 되어야 한다. 즉, 부호계열을 다시 원래의 정보원 기호의 계열로 되돌릴 수 있지 않으면 안 된다. 그러기 위해서는 부호화에 있어서 1대1로 대응시킬 필요가 있다. 서로 다른 정보원 기호계열이 동일한 부호어로 부호화된 것을 복호할 수 없다. 이와 같은 경우를 특이성(singular)이라고 한다. 특이하지 않은 부호를 정측성(non-singular)이라고 하는데 [표 4.1], [표 4.2]에 나타낸 부호화는 정측이다. 다음의 [표 4.3]의 부호어는 하나의 기호에 대해서는 정측이지만 2기호 이상의 기호계열에 대해서는 정측이 되지 않는다. 예를 들면

0 1 0 1 1 1 0 1 1 0

과 같은 부호계열을 생각할 때 [표 4.3]의 부호에서는 부호어의 구획이 하나로 확정되지 않는다.

[표 4.3]

정보원 기호	부호어
x_0	0
x_1	1
x_2	01
x_3	10

[표 4.4]

정보원 기호	부호어
x_0	0
x_1	1
x_2	011
x_3	0111

만약 위의 기호열을

0, 1, 0, 1, 1, 1, 0, 1, 1, 0

과 같이 구획을 지으면

$x_0\ x_1\ x_0\ x_1\ x_1\ x_1\ x_0\ x_1\ x_1\ x_0$

의 부호로 해석되기도 하며, 또는

01, 01, 1, 10, 1, 10

과 같이 구획을 짓는다면

$x_2\ x_2\ x_1\ x_3\ x_1\ x_3$

의 부호로도 해석된다. 이와 같이 정의된 부호어가 2기호 이상의 계열에서는 정측이 아니므로 이를 유일하게 판독할 수 없다. 이에 반해 [표 4.2]의 부호 I 에서는 이것을 2기호씩 잘라서

$$x_1\ x_1\ x_3\ x_1\ x_2$$

라 복호되며, 그 이외의 구획을 나누는 방법은 존재하지 않는다. 부호 II에서는 부호어의 길이가 다름에도 불구하고

$$x_0\ x_1\ x_3\ x_0\ x_2$$

이외의 정보원 계열에는 대응하지 않아, 완전히 유일하게 복호된다. 이와 같이 너떠한 길이의 부호의 계열에 대해서도 정측인 부호를 유일하게 복호가능한(uniquely decodable) 부호라고 한다. 이는 부호어를 복호할 때에 그 부호어를 다 받은 순간에 한 부호어가 끝났음을 감지할 수 있는 부호이므로 이를 순시복호가능(instantaneous decodable)이라고 한다. [표 4.2]의 부호는 모두 순시복호가능이다. [표 4.4]에 나타낸 부호는 부호어의 처음 시작이 0으로 시작함으로써 한 부호의 시작을 나타낸다. 따라서 한 부호의 구획이 정해져 유일하게 복호가능하다. 그러나 이 경우에는 다음의 부호어를 받기 시작하여 그것이 부호어의 시작임을 알 수 있게 되어야 비로서 앞의 부호어의 종단을 알 수 있게 되므로 순시복호가능한 부호어가 아니다.

4 허프만 부호와 최적부호화법

허프만(Huffman)부호는 부호어의 평균길이가 정보원의 엔트로피에 의하여 제시된 기본적 한계에 접근하는 부호이다. 즉, 허프만은 최소평균길이를 갖는 부호어를 만드는 최적 부호화 방법을 제시한다. 허프만 부호를 만드는 알고리듬의 과정을 [그림 4.3]에 따라서 설명하면 다음과 같다.

(1) 정보원의 기호를 그 발생 확률이 큰 것부터 차례로 배열한다.
(2) 발생확률이 가장 적은 2개의 기호에 차례로 0과 1를 할당한다.
(3) 확률이 가장 적은 2개의 기호의 확률을 합하여 하나의 새로운 기호로 생각한다.
(4) 이 새로운 확률값을 다시 확률이 큰 것부터 차례로 다시 배열한다. 그러므로 정보원의 통계값은 하나씩 줄어든다.
(5) (2),(3),(4)의 절차를 반복하여 최후의 확률이 1인 기호가 나올 때까지 계속한다.
(6) 최후로 남은 2개의 확률(새로운 기호)에 할당한 0 또는 1을 시점으로 화살표와 반대방향을 따라 0 또는 1을 각각 할당하면 원하는 부호를 얻는다.

[그림 4.3]의 부호길이로부터 평균 부호길이를 구하면

$$\begin{aligned} L &= 0.4\times2+0.2\times2+0.2\times2+0.1\times3+0.1\times3 \\ &= 2.2 \end{aligned}$$

이다.

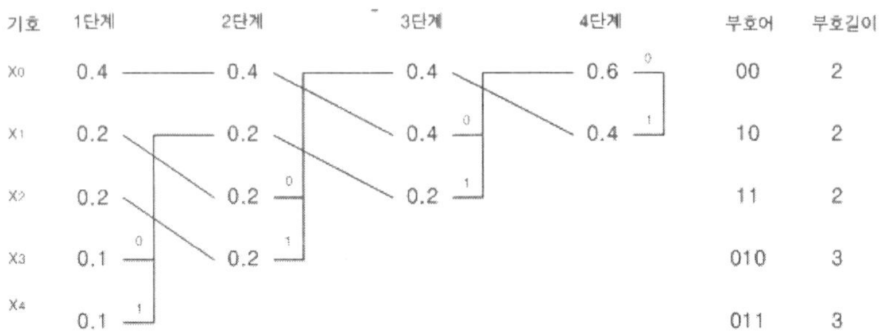

[그림 4.3] 허프만 부호화 알고리듬의 예

부호원의 엔트로피 $H(X)$는

$$\begin{aligned} H(X) &= 0.4\log_2(1/0.4) + 0.2\log_2(1/0.2) + 0.2\log_2(1/0.2) \\ &\quad + 0.1\log_2(1/0.1) + 0.1\log_2(1/0.1) \\ &= 2.12193 \quad [bits/symbol] \end{aligned}$$

위의 결과를 비교해 보면, 평균 부호어의 길이 L이 엔트로피 $H(X)$보다 37% 더 길다.

정보이론과 채널부호화의 관계

우수한 성능을 갖는 통신 시스템을 설계하기 위해서는 전력과 주파수 대역 자원을 적절히 사용하여 채널 오류를 최소화하는 신뢰성있는 시스템을 구성해야 하는 동시에 복잡도(complexity) 면에 있어 적정 수준을 유지해야 한다. 디지털 통신 시스템의 오류확률, 전송 신호전력, 신호대역폭 및 시스템 복잡도 등은 그 이론적인 바탕을 정보이론에 두고 있 으며 특히 채널 부호이론은 정보이론과 밀접한 관계를 가지고 있다. 1940년대 말에 Shannon은 채널용량 이하의 정보 전송율을 가질 경우 부호화를 통해 신뢰성 있는 통신이 가능함을 증명하였는데 이로부터 많은 채널 부호기법들이 발전되어 왔다[5].

1 이산 무기억 채널과 채널용량

통신 시스템은 [그림 4.4]와 같이 주요 구성 원소만을 가지고 간단히 나타낼 수 있다. 채널 부호의 관점에서 볼 때 가장 중요한 것은 사용자에게 여하히 신뢰성있는 정보 전송을 할 것인가 하는데에 있을 것이다. 정보이론에서는 통신채널을 그림과 같이 변조·복조 기능을 함께 묶어 정보채널(information channel)로 취급 하는데, 정보채널의 입·출력 신호 형태를 보면 이산심볼(discrete symbol)인 동시에 각 심볼 간에는 서로 독립적인 관계를 갖는 것이 많으며 이러한 특성을 갖는 채널을 이산 무기억 채널(DMC : discrete memoryless channel)이라 한다.

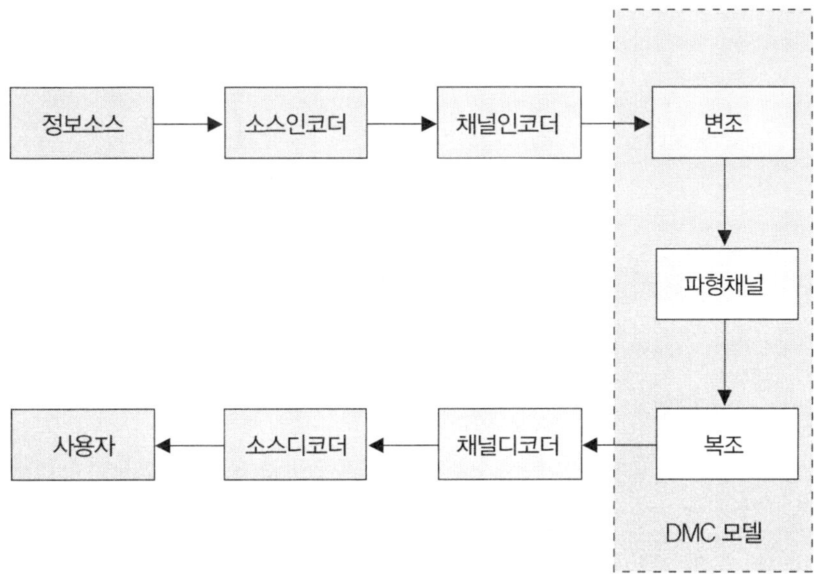

[그림 4.4] 통신시스템의 DMC 모델

채널 부호이론에서는 아날로그 파형 채널보다는 이러한 이산 무기억 채널(DMC)로 모델링하여 전송 도중에 발생한 오류를 정정하는 것이 채널 부/복호기의 주된 관심사라 할 수 있다. 한편, 채널용량(channel capacity)이란 채널을 통해 무한히 낮은 오류율로 전송할 수 있는 초당 정보비트 수를 말하는데, 통신 시스템의 오류 확률의 한계를 결정하는데 있어 가장 중요한 기본개념이라 할 수 있다. 채널용량은 C로 표시하며 신호대 잡음비 및 대역폭의 함수로 표시되는데, 전송율이 채널용량 C보다 작으면 채널 부호기법을 이용해 전송 신호의 전력을 증가시키지 않고도 원하는 수준까지 전송 오류율을 감소시킬 수 있다. 물론, 오류율이 감소하는 대신 대역폭이 확장되고 복잡도가 증가하는 것은 피할 수 없다. 채널용량을 나타내는 식은 그 형태가 여러 가지가 있으나 부가백색가우시안 잡음(AWGN) 채널의 경우 다음과 같이 표시된다.

$$C = W\log_2\left(1 + \frac{P}{N_0 W}\right) \tag{4.7}$$

이때, C = 채널용량, [bps]

W = 전송채널대역폭, [Hz]

P = 수신신호전력, [W]

N_0 = 잡음의 전력밀도스펙트럼, [W/Hz]

식 (4.7)에서 나타난 채널용량 C보다 작은 정보전송율 R을 가질 때 채널 부호를 이용해 오류 확률을 임의로 작게할 수 있다는 것이 Shannon의 이론이며, R>C일 경우에는 오류확률은 임의로 작게할 수 있는 채널 부호가 존재하지 않는다는 것이다.

전송율과 채널 용량이 같을 경우(R=C) 다음과 같은 등식이 성립한다.

$$\frac{P}{N_0 C} = \frac{E_b}{N_0} \tag{4.8}$$

식 (4.7)에 식 (4.8)을 적용하면

$$\frac{C}{W} = \log_2\left[1 + \frac{E_b}{N_0}\left(\frac{C}{W}\right)\right] \tag{4.9}$$

이고, $\frac{E_b}{N_0}$ 에 대해 다시 정리하면

$$\frac{E_b}{N_0} = \frac{W}{C}(2^{C/W} - 1) \tag{4.10}$$

와 같이 나타낼 수 있다. [그림 4.5]는 식 (4.10)에 따라 나타낸 그림이다.

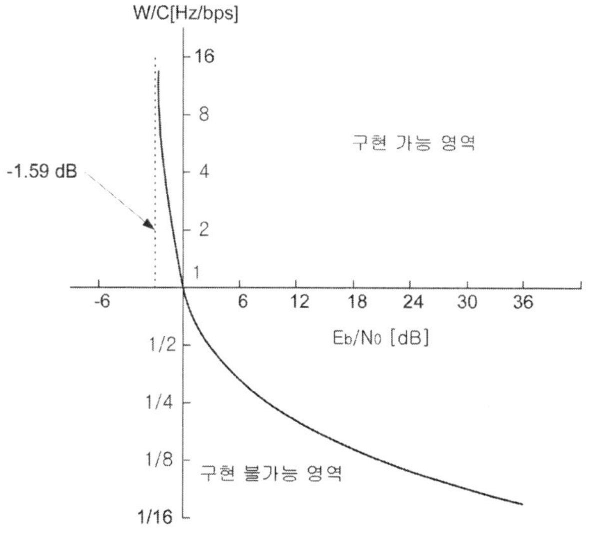

[그림 4.5] AWGN 채널에서 $\frac{E_b}{N_0}$와 W/C의 관계

그림에서 W/C → ∞이면 E_b/N_0→ 1.59[dB]로 근접해 감을 알 수 있는데 이 값을 Shannon의 한계(Shannon limit)라 한다. 실제 시스템의 구현 가능한 구역에 해당하는 파라미터 W, E_b/N_0에 대해 채널 부호를 이용하면 이론적으로 오류확률을 0으로 할 수 있으며 곡선의 하단 부분에 대해서는 오류확률을 임의로 낮출 수 있는 채널 부호가 존재하지 않는다는 것이 Shannon의 연구 결과이다. 예를 들어, AWGN 채널에서 BPSK 변조방식 만을 사용한 시스템의 오류확률을 10^{-5}으로 하기 위해서는 약 9.6[dB]의 E_b/N_0가 요구되는데, 긴 채널 부호를 이용할 경우(W가 증가함) 이론적으로 Shannon 한계인 1.59[dB]까지 감소시킬 수 있으므로 약 11.2[dB] 의 성능 개선이 가능하다. 물론, 부호길이가 늘어날수록 시스템 복잡도가 증가하는 것은 피할 수 없으므로 이러한 점을 잘 고려하여 설계되어야 할 것이다.

채널오류 제어방식의 종류

오류 제어(error control)이라 함은 채널에서 발생한 오류를 검출한 후 오류가 포함된 부호어(code word)에 대해 다음에 설명할 ARQ 및 FEC와 같은 방법을 통해 제거하므로써 통신 신뢰도를 높이는 것을 의미한다. 이러한 오류제어 기법에는 크게 ARQ(automatic repeat request)기법과 FEC(forward error correction)기법이 있다.

ARQ시스템에서는 전송하고자 하는 메시지에 대해 고속의 오류검출부호(error detection code)를 이용해 패리티 비트가 추가된 부호어로 만든 다음 채널을 통해 전송한다. 수신측에서는 수신 부호어에 대해 오류 검출을 하게 되는데, 오류가 검출되지 않을 경우 사용자에게 메시지를 전달하는 동시에 귀환(feedback) 채널을 통해 송신단에게 메시지가 성공적으로 수신되었음을 알린다. 만일, 오류가 검출되는 경우 수신단은 궤환 채널을 통해 동일한 부호어를 재전송하도록 요구하게 되고 부호어를 성공적으로 수신할 때까지 이를 반복한다.

한편, FEC방식에서는 전송오류를 제어하기 위해 오류정정부호(error correcting code)를 사용한다. 수신측에서는 수신부호어에서 오류가 검출되면 오류의 위치를 결정하여 오류를 정정하게 되는데 만일 오류를 정정하지 못하는 경우에도 오류가 포함된 부호어를 그대로 사용자에게 전달하게된다. 따라서, FEC 시스템의 경우 오류 유·무에 관계없이 재 전송을 하지 않으므로 채널 상태에 관계없이 일정한 전송속도를 유지할 수 있다. ARQ시스템은 채널이 열악할수록 오류검출 횟수가 잦아지고 이때마다 재전송이 이루어져야 하므로 전송 속도가 급격히 저하된다.

한편, 신뢰도(reliability)면에서 살펴보면 ARQ의 경우 오류 정정 능력보다 검출능력이 훨씬 큰 것이 일반적이므로 재 전송을 통해 오류를 제거할 확률이 높다. 즉, 수신단이 오류를 검출하지 못할 경우에만 사용자에게 오류가 포함된 부호어가 전달된다. FEC 시스템에서는 수신 부호어에서 오류가 검출될 경우 복호(decoding) 성공여부에 상관없이 항상 사용자에게 전달하므로 ARQ에 비해 신뢰도면에서 낮다. FEC방식을 이용해 높은 신뢰도를 얻기 위해서는 강력한 오류정정 부호를 사용해야 하는데 이때 복잡도가 증가하는 것은 피할 수 없다.

ARQ방식과 FEC방식의 장점만을 택하여 혼합시킨 형태로써 하이브리드 ARQ(hybrid ARQ)방식을 들 수 있다. 하이브리드 ARQ방식은 ARQ시스템 내에 FEC시스템을 포함시켜 구성하는데 FEC시스템을 통해 정정 가능한 오류를 제거함으로써 재전송 횟수를 줄일 수 있으며 FEC시스템에 의해 정정이 불가능한 수신 부호어에 대해서만 재전송을 요구해 신뢰도를 높일 수가 있다. 따라서, FEC와 ARQ방식을 조합하면 ARQ 방식만을 사용한 시스템보다 더 높은 전송 속도를 얻을 수 있고 FEC 방식 만을 사용한 시스템보다 더 높은 신뢰도를 얻을 수 있다.

본 장에서는 FEC부호 방식에 대해서만 살펴보기로 한다. FEC 방식은 시스템에 사용된 부호체계에 의해 정보 비트열에 패리티 비트를 부가하여 부호어가 생성되고 이를 채널을 통해 수신측에 전송하면 수신측에서는 수신된 부호어의 오류 유·무를 검출하여 이를 정정하게 된다. FEC방식의 오류 정정 부호는 여러 가지 특성을 지닌 형태들이 다수 존재하지만 크게 블록 부호(block code)와 콘볼루션 부호(convolutional code)로 대별할 수 있다.

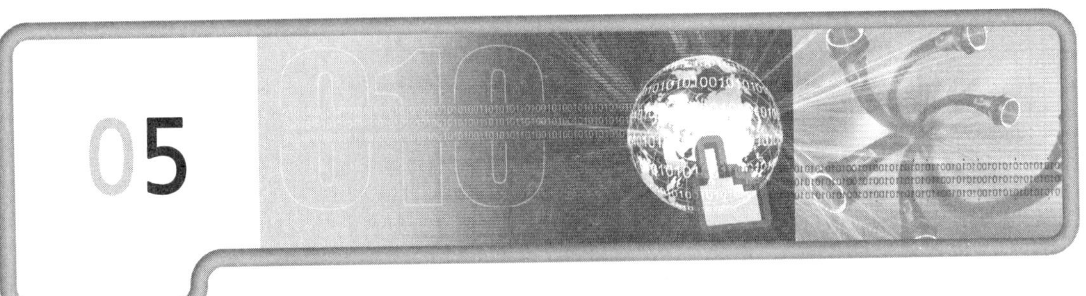

05

선형 블록 부호

블록 부호는 전송하고자 하는 정보 비트열을 일정 길이의 블록으로 나눈 후 각 각의 블록을 부호화 알고리즘에 의해 패리티(parity) 비트를 부가하므로써 채널 부호어를 생성시켜 전송하는 기법이다. 블록 부호는 1950년대 Hamming에 의해 단일 오류 정정 부호(single error correcting code)가 제안되면서 블록 오류 정정 부호가 처음 도입되었으나 Shannon이 밝힌 부호 성능에는 크게 미치지 못하는 것이었다. 이 후 블록 부호에 대한 연구가 꾸준히 진행되었으나 1950년대 말 까지도 Hamming 부호 보다도 더 우수한 부호는 발견되지 않았다. Bose와 Ray-Chaudhuri(1950) 및 Hocquenghem(1959)는 각 각 다중 오류(multiple error)를 정정할 수 있는 블록 부호를 발견하였는 바 이를 BCH 부호라 부르고 있으며 1960년 Reed와 Solomon에 의해 비 이진(nonbinary) 채널에 적용할 수 있는 RS 부호가 발견되므로써 블록 부호 이론은 큰 도약을 하게 되었다. 이 후 BCH 부호를 구현하기 위해 많은 연구가 진행되었으며 Peterson에 의해 처음으로 그 복호 방법이 제안되었다. 그 후 Berlekamp와 Massey는 Peterson에 의해 제안된 것 보다 더 효율적인 BCH 복호 알고리듬을 발견하였으며 현재에도 가장 강력한 오류 정정 기법의 하나로 여러 분야에 응용되고 있다.

본 절에서는 블록 부호중에서 가장 널리 이용되고 있는 선형 블록 부호(linear block code)에 관해서 살펴본다. 실제로 현재 사용되는 블록 부호의 대부분은 선형성(linearity)을 가지고 있으며 구현하는데 있어서도 유리한 점이 많다. 우선, 선형블록 부호는 유한체 내에서 그 연산이 이루어지므로 이에 대한 기본적인 내용을 살펴본다. 또한, 생성행렬과 패리티 검출행렬을 이용해 블록부호를 정의하며 신드롬(syndrome), 최소거리(minimum distance), 표준배열(Standerd array) 등을 통해 선형블럭 부호의 기본 원리를 살펴본다.

1 유한체와 이의 연산

채널 부호이론을 이해하는데는 추상 대수적(abstract alagebra)인 기본 개념이 반드시 필요하다. 대수학적 부호이론은 유한체 내에서 정의된 심볼과 연산규칙에 의해 전개되지만 본 절에서는 이 책을 이해하는데 필요한 내용만을 간략히 살펴본다.

유한체(finite field)란 유한체를 구성하는 원소들의 집합과 이들 원소들에 대해 적용되는 두 개의 연산 및 그 역(inverse)으로 이루어지는데 이때 연산결과는 유한체 내의 원소중 하나가 되어야 한다. 예를 들어, GF(2)의 이진 유한체는 구성원소로 {0,1}을 가지면서 모듈로-2 가산(modulo-2 addition)과 모듈로-2 승산(mod-2 multiplication)의 두 연산이 정의되며 다음 표와 같은 연산 예를 들 수 있다.

[표 4.5] GF(2)의 연산 예

가 산	승 산
0+0=0	0·0=0
0+1=1	0·0=0
1+0=1	1·0=0
1+1=0	1·1=1

[표 4.5]의 예에서 알 수 있듯이 모듈로-2 가산은 XOR과 동일한 동작을 하며 실제로 XOR 소자로 구현할 수 있다. 한편, 가산 연산의 역(inverse)은 1+1=0 이므로 +1=-1이 되어 가산 자신과 동일함을 알수 있다. 곱셈의 역

은 나눗셈이 되지만 0으로 나눌수 없고 1로 나누는 것은 1로 곱하는 것과 동일하다. 또한, 표에서 알수 있듯이 정의된 두 연산에 대한 결과 값은 이진 유한체 GF(2)에 속함을 알수 있는데 이러한 성질을 닫힘(closure) 특성이라 한다.

2 벡터공간 (Vector Space)

정보소스의 출력이 '0'과 '1'의 이진 비트열로 구성되어 있다고 하면 블록부호에서는 이를 k 비트의 메시지 블록으로 나누어 부호화 과정을 거치게 된다. 이때 생성되는 메시지 블록을 m이라 표시하면 메시의 총 가지수는 2^k 개가 존재한다. 이때 k 비트로 구성되는 메시지 $\mathbf{m_i}$ $(i=1,2,\cdots\cdots,2^k)$를 메시지 벡터라 하고 이들의 총 집합 M을 이진 유한체 GF(2)에서의 메시지 $\mathbf{m_i}$에 대한 벡터공간(vector space)이라 한다. 메시지 벡터 $\mathbf{m_i}$는 부호화기(encoder)를 통해 (n-k) 비트의 패리티 비트가 부가되어 총 n-비트로 구성된 부호어(core word)혹은 부호벡터가 생성된다. n-비트 벡터에 대한 벡터공간 S는 총 2^n개의 벡터 집합이지만 부호어 혹은 부호벡터(code vector)의 총수는 2^k개이며 이들은 벡터공간 S에 포함된다. [그림 4.6]은 이와 같은 관계를 잘 보여주고 있다.

k비트 메시지 블록을 부호화하여 n 비트 부호어를 생성한다 함은 부호 규칙에 의해 (n-k) 개의 패리티 비트를 부가하는 것이며 n 비트 길이의 부호어 $\mathbf{c_i}$는 n 비트 벡터의 벡터공간 **S**에 포함되는 것이므로 부호어를 제외한 나머지 2^n-2^k개의 n비트 벡터는 부호어와는 상관없는 벡터들이다. 다시말해, 만일 수신단에서 2^n-2^k 개 중의 하나를 수신한 것이 판명되면 오류가 발생한 것으로 판단할 수 있는 것이다. 이때, 2^k개의 n 비트 부호어들의 집합 **C**를 벡터공간 **S**의 부벡터공간(subspace)이라 하며 부벡터 공간에 포함된 부호 벡터 중에는 반드시 영 벡터가 포함되어 있어야 한다.

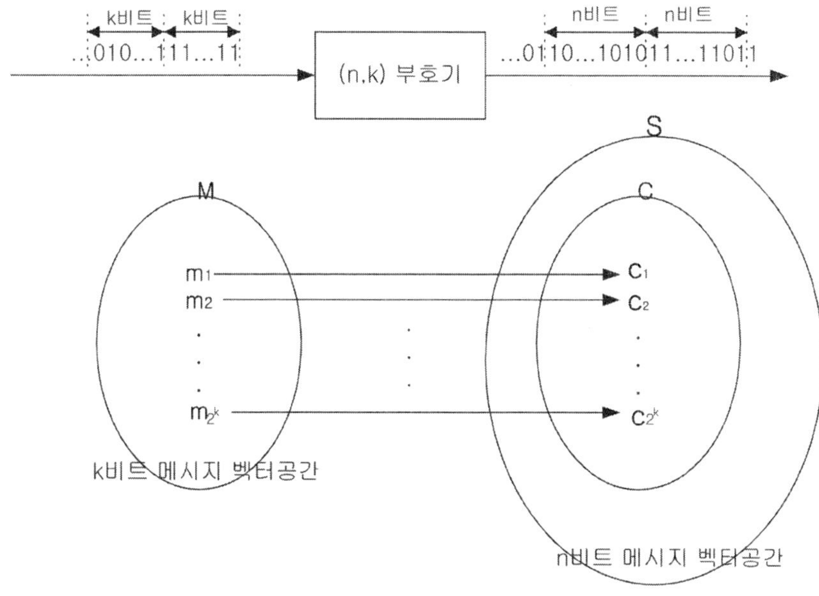

[그림 4.6] 블록부호와 벡터공간

둘째, **C**에 포함된 임의의 두 벡터에 대한 합은 벡터공간 **C** 내의 한 벡터가 되어야 하며 이 조건이 만족될 때 **C**는 선형성(linearity)을 가지고 있다고 하며 이러한 블록 부호 시스템을 선형 블록부호(linear block code)라 한다. 선형성은 블록부호의 제반 특성을 나타내는데 중요한 역할을 하게된다. 예를 들면, [표 4.6]은 (7,4) 선형 블록부호의 메시지 벡터와 부호 벡터를 나타낸 것이다. 메시지 벡터 $\mathbf{m}_5$ = (1010)에 대한 부호벡터는 $\mathbf{c}_5$ = (0011010)이며 $\mathbf{m}_{15}$ = (1111)에 대한 부호벡터가 $\mathbf{c}_{15}$ = (1111111)일 때 $\mathbf{c}_5+\mathbf{c}_{15}$ = (0011010)+(1111111) = (1100101) = $\mathbf{c}_{10}$ 이므로 $\mathbf{c}_5+\mathbf{c}_{15}$의 결과 또한 부벡터공간 **C**에 포함됨을 알 수 있다. 결국, 임의의 두 선형 블록 부호 $\mathbf{c}_i$와 $\mathbf{c}_j$에 대해 다음과 같은 식으로 선형성을 나타낼 수 있다.

$$\mathbf{c}_i+\mathbf{c}_j=\mathbf{c}_k \quad \text{단, } \mathbf{c}_i,\ \mathbf{c}_j,\ \mathbf{c}_k \in \mathbf{C} \tag{4.11}$$

두 부호어가 동일한 경우에는 합의 결과가 **0**벡터가 되므로 부호 부벡터 공간에는 항상 **0**벡터가 존재하여야 한다.

3 선형블록 부호의 거리(distance) 특성

선형 블록 부호에 속하는 두 부호어 $\mathbf{c}_i$와 $\mathbf{c}_j$에 대해 동일한 위치에 해당하는 비트끼리(bit by bit) 비교할 경우 서로 다른 비트 위치의 총 수를 부호어 $\mathbf{c}_i$와 $\mathbf{c}_j$의 해밍거리(Hamming distance)라 한다. 예를 들어, [표 4.6]에서 $\mathbf{c}_5$와 $\mathbf{c}_{15}$는

$$
\begin{array}{l}
c_5 = (\ 0\ 0\ 1\ 1\ 0\ 1\ 0) \\
c_{15} = (\ 1\ 1\ 1\ 1\ 1\ 1\ 1) \\
\quad\quad\ \ \uparrow\ \uparrow\ \quad\ \ \uparrow\ \quad \uparrow
\end{array}
\tag{4.12}
$$

[표 4.6] (7,4) 선형 블록 부호

메 시 지	부 호 어
(0 0 0 0)	(0 0 0 0 0 0 0)
(1 0 0 0)	(1 1 0 1 0 0 0)
(0 1 0 0)	(0 1 1 0 1 0 0)
(1 1 0 0)	(1 0 1 1 1 0 0)
(0 0 1 0)	(1 1 1 0 0 1 0)
(1 0 1 0)	(0 0 1 1 0 1 0)
(0 1 1 0)	(1 0 0 0 1 1 0)
(1 1 1 0)	(0 1 0 1 1 1 0)
(0 0 0 1)	(1 0 1 0 0 0 1)
(1 0 0 1)	(0 1 1 1 0 0 1)
(0 1 0 1)	(1 1 0 0 1 0 1)
(1 1 0 1)	(0 0 0 1 1 0 1)
(0 0 1 1)	(0 1 0 0 0 1 1)
(1 0 1 1)	(1 0 0 1 0 1 1)
(0 1 1 1)	(0 0 1 0 1 1 1)
(1 1 1 1)	(1 1 1 1 1 1 1)

와 같이 총 4 개의 비트 위치가 서로 다르므로 $\mathbf{c}_5$와 $\mathbf{c}_{15}$의 해밍거리는 4 이며 다음과 같이 표시한다.

$$d(\mathbf{c}_5,\ \mathbf{c}_{15}) = 4 \tag{4.13}$$

한편, 두 부호어 $\mathbf{c}_i$와 $\mathbf{c}_j$의 합은 동일한 위치에 해당하는 비트끼리 모듈로-2 가산(mod-2 addition)을 하므로 두 비트에 대해 XOR 연산이 행해지는 것과 같으며, 두 비트가 서로 다른 값을 가질 때만 1의 결과 값을 가지므로 다음과 같이 말할 수 있다. 즉, 두 부호어 $\mathbf{c}_i$와 $\mathbf{c}_j$의 해밍거리는 두 부호어에 대한 가산을 행한 후의 결과 벡터의 비트 값 중에서 1의 총 수이다. 예를 들어, $\mathbf{c}_5$와 $\mathbf{c}_{15}$의 합은 c_{10} = (1100101) 이므로 $d(\mathbf{c}_5,\ \mathbf{c}_{15}) = 4$ 임을 알 수 있다. 일반적으로, 선형 블록 부호 C에 속한 임의의 두 부호어에 대한 해밍거리는 다음과 같이 표시할 수 있다.

$$\mathrm{d}(\mathbf{c}_i,\ \mathbf{c}_j) = \mathrm{W}(\mathbf{c}_i, + \mathbf{c}_j),\ \ \mathbf{c}_i,\ \mathbf{c}_j \in \mathbf{C} \tag{4.14}$$

이때, $\mathbf{W}(\mathbf{c}_k)$는 벡터 $\mathbf{c}_k$에 포함된 1의 총 수이며 이를 $\mathbf{c}_k$에 대한 해밍가중치(Hamming weight)라 한다. 만일 두 부호어가 동일할 경우

$$d(\mathbf{c}_i,\ \mathbf{c}_i) = W(\mathbf{c}_i, + \mathbf{c}_i) = W(\mathbf{0}) \tag{4.15}$$

이므로 해밍거리는 0이다.

부호 부 벡터공간 **C**에 존재하는 모든 해밍거리 중에서 가장 작은 값을 이 부호의 최소 해밍거리(minimum distance)라 하며 $\mathbf{d}_{min}$으로 표시한다. 물론, 동일 부호어 간의 거리인 0은 최소거리에서 제외하며 부호의 선형성을 고려하면 다음의 결론을 얻을 수 있다. 두 부호의 $\mathbf{c}_i$와 $\mathbf{c}_j$의 합에 대한 결과는 선형성에 의해 부호 벡터공간 **C**에 다시 포함되는 또 다른 부호어 $\mathbf{c}_k$라 할 수 있으므로 부호 시스템의 최소거리는 **C**에 속한 부호 벡터 중에서 영 벡터(zero vector)를

제외한 나머지 부호 벡터들의 해밍가중치(Hamming weight)를 계산한 후 그 중에서 가장 작은 값을 취하면 된다. 따라서, 어떤 부호 시스템의 최소거리는 일일이 해밍거리를 계산할 필요없이 영 벡터를 제외한 부호 벡터들 중에서 해밍 가중치가 가장 작은 것을 찾으면 된다. 선형 블록 부호의 최소거리는 부호 시스템의 오류 검출 및 정정 능력을 나타내는 중요한 척도가 되며 다음 절에 더 상세히 설명하기로 한다.

4 최소거리와 오류정정능력

선형블록 부호의 최소거리에 관심을 갖는 것은 최소거리가 부호의 검출 및 정정 능력을 좌우하는 파라미터이기 때문이다. 앞에서 말한 바와 같이 두 부호어의 거리는 합의 가중치를 통해 알 수 있으며 모든 부호어 간의 거리 중에서 0을 제외한 가장 작은 값을 최소거리(minimum distance)라 함은 이미 알고 있다. 채널을 통해 전송된 수신 부호를 $\mathbf{r}$이라 하고 복호과정에서 부호어 간의 거리가 오류 검출 및 정정에 어떤 역할을 하는지 알아보기로 한다.

송신단에서 전송한 부호어 $\mathbf{c}_i$가 채널을 통과하는 동안 오류 벡터가 부가되어 수신부호어 $\mathbf{r}$이 수신된다. 복호기(decoder)는 $\mathbf{r}$을 이용해 송신단에서 전송했을 부호어를 추정하게되는데 이때, 복호기는 전송 가능한 모든 부호어에 대해 $\mathbf{r}$로 수신될 확률을 계산한 후 확률값이 가장 큰 부호어를 송신단에서 전송한 부호어로 결정하게 되며 이러한 복호 방법을 최대 확률론적 알고리듬(maximum likelihood algorithm)이라고 한다. 일반적으로, 이진대칭채널(BSC)의 경우 수신부호$\mathbf{r}$이 수신되었을 때 부호어 $\mathbf{c}_i$가 송신단에서 전송되었을 가능성(확률)은 $\mathbf{r}$과 $\mathbf{c}_i$의 해밍거리가 멀면 멀수록 희박하므로 $\mathbf{r}$과 전송가능한 모든 부호어 $\mathbf{c}_i$와의 거리를 각 각 계산한 후 이들 중에서 가장 거리가 작은 부호어 $\mathbf{c}_i$를 전송부호어로 결정하게 된다. 따라서, 최대 확률 알고리듬에 의한 복호(decoding)는 다음 식으로 나타낼 수 있다. 즉, 수신 부호 $\mathbf{r}$에 대해 최대 확률 알고리듬에 의해 추정된 송신 부호 $\mathbf{c}_i$는

$$c_i = \underset{all\ c_j}{MIN} \quad d(r, c_j) \qquad (4.16)$$

이며 [그림 4.7]은 이와 같은 사실을 잘 보여주고 있다. 그림에서 $d(\mathbf{r},\mathbf{c}_j) = 1$이고 $d(\mathbf{r},\mathbf{c}_j) = 3$ 이며 그 외의 부호어에 대한 **r**의 거리는 모두 3 이상이므로 수신 부호 **r**이 수신되었을 때 복호기는 $\mathbf{c}_i$를 송신 부호어로 결정하게 된다. 여기서 $\mathbf{c}_i$와 $\mathbf{c}_j$의 해밍거리가 4이며 수신 부호 **r**이 경계선에 위치한 경우 $\mathbf{c}_i, \mathbf{c}_j$모두에 대해 해밍거리가 동일하므로 어느쪽을 선택하든지 부호 성능에 미치는 영향은 같다. $\mathbf{c}_i$가 채널을 통해 전송되는 동안 3개 이상의 오류가 발생하면 수신 부호어는 $\mathbf{c}_j$의 영역에 속하게 되어 복호기는 $\mathbf{c}_j$를 송신 부호어로 결정하게 되고 이로 인해 복호 과정에서 오류가 1개 더 추가되는 결과를 낳게 된다. [그림 4.7]에서 3 개 이하의 오류가 발생하면 모두 검출할 수 있으나 4 개의 오류가 발생하여 $\mathbf{r} = \mathbf{c}_j$가 되면 복호기는 검출할 수 없는데 이러한 형태의 오류 패턴을 검출불가오류(undetected error)라 한다.

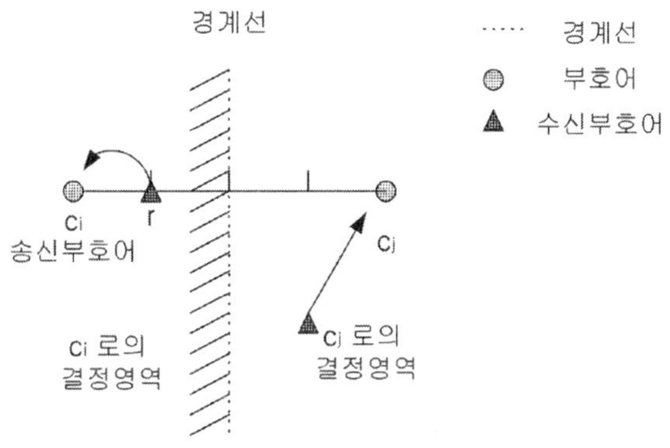

[그림 4.7] 부호의 거리개념과 결정영역

따라서, 부호의 오류 검출 및 정정 능력은 부호어 간의 해밍 거리와 밀접한 관련이 있음을 알 수 있으며 특히 최소거리(minimum distance)에 좌우된다. 부호의 오류 정정능력을 t라 하면 최소거리 $\mathbf{d}_{min}$을 이용하여 다음 식과 같이 나타낼 수 있다.

$$t = \left\lfloor \frac{d_{\min} - 1}{2} \right\rfloor \tag{4.17}$$

이때, $\lfloor x \rfloor$는 x를 넘지 않는 최대 정수를 말한다. 여기서, 오류 정정 능력이라 함은 하나의 부호어에 대해 정정을 보장할 수 있는 오류의 수를 의미하며, 오류 검출 능력은 정정(correcting) 여부에 관계없이 부호어에서 검출해 낼 수 있는 최대 오류 수를 의미한다. 오류 검출 능력은 $(d_{\min}-1)$로 정의할 수 있으며 오류 검출 능력이 정정 능력보다 항상 크다. ARQ 기법에서는 오류 검출만을 이용해 오류제어를 하므로 오류 정정기능을 가져야 하는 FEC에 비해 신뢰도가 높은 것이 일반적이다.

5 생성 행렬과 패리티 검사 행렬

전 절에서 설명한 바와 같이 선형 블록 부호 시스템의 부호 벡터들의 집합은 n-비트 벡터 공간의 부 벡터공간(subspace)을 형성하며 이들은 k-비트 메시지 벡터들로부터 부호화 규칙에 의해 일 대 일 대응이된 것이므로 총 2^k개의 벡터들로 이루어진다. 또한, 이들 부호 벡터들은 k 개의 선형 독립(linearly independent)인 기본 벡터들을 조합하므로써 모두 생성시킬 수 있는데[4], 이 때 k 개의 기본 벡터들로부터 얻어진 부호들의 집합 **C**를 k-차 부 벡터공간(k-dimensional subspace)이라 한다. 다시말해, (n,k) 선형 블록 부호는 k-차 부 벡터공간을 이루며 선형독립인 k-개의 기본 벡터들을 $\mathbf{g}_0, \mathbf{g}_1, \cdots, \mathbf{g}_{k-1}$이라 표시하면 부 벡터공간 **C**는 이들 k 개의 기본 벡터들에 대한 조합을 통해 구성할 수 있다. 즉, **C**에 포함되는 모든 부호어 **c**는 다음 식과 같이 표현된다.

$$c = m_0 g_0 + m_1 g_1 + \ldots + m_{k-1} g_{k-1} \tag{4.18}$$

이때, $m_i = 0$ 혹은 1이며 $0 \le i \le k$ 이다. 기본 벡터들을 이용해 행렬 **G**를 정의하면 식 (4.19)과 같이 표시된다.

$$G = \begin{pmatrix} g_0 \\ g_1 \\ \cdot \\ \cdot \\ \cdot \\ g_{k-1} \end{pmatrix} = \begin{pmatrix} g_{00} & g_{01} & \cdots g_{0,n-1} \\ g_{10} & g_{11} & \cdots g_{1,n-1} \\ \cdot & \cdot & \cdot \\ \cdot & \cdot & \cdot \\ \cdot & \cdot & \cdot \\ g_{k-1,0} & g_{k-1,1} & \cdots g_{k-1,n-1} \end{pmatrix} \tag{4.19}$$

이때, $\mathbf{g_i} = (g_{i0}, g_{i1}, \cdots, g_i, n-1)$이고 $0 \le i < k$이다. 만일, 부호화기의 입력이 $\mathbf{m} = (m_0, m_1, \cdots, m_{k-1})$인 메시지 벡터라고 하면 식 (4.18)은 다음 식과 같이 표현된다.

$$\begin{aligned} c &= mG \\ &= (m_0, m_1, \ldots, m_{k-1}) \begin{pmatrix} g_0 \\ g_1 \\ \cdot \\ \cdot \\ \cdot \\ g_{k-1} \end{pmatrix} \\ &= m_0 g_0 + m_1 g_1 + \ldots + m_{k-1} g_{k-1} \\ &= (c_0, c_1, \ldots, c_{n-1}) \end{aligned} \tag{4.20}$$

결국, 행렬 **G**는 메시지 벡터 **m**으로부터 부호벡터 **c**를 생성(generate)시키는 역할을 하며 이를 부호시스템 **C**의 생성행렬(generator matrix)이라 한다. (n, k) 선형 블록 부호는 생성행렬 **G**에 의해 완전히 정해지므로 부호화기(encoder)는 **G**를 구성하는 k 개의 기본 벡터들만 기억했다가 메시지 벡터 **m** $= (m_0, m_1, \cdots, m_{k-1})$이 입력되면 이를 이용해 k 개의 기본 벡터들을 조합해 부호어 **c**를 생성하면 될 것이다.

[예제 4.4] (7,4) 선형 블록부호의 생성행렬이 다음과 같을 때 메시지 (1010)에 대한 부호어를 구하시오.

$$G = \begin{pmatrix} 110 & 1000 \\ 011 & 0100 \\ 111 & 0010 \\ 101 & 0001 \end{pmatrix}$$

해답) $m = (1010)$ 이고 $c = mG$ 이므로

$$c = (1010)\begin{pmatrix} 1101000 \\ 0110100 \\ 1110010 \\ 1010001 \end{pmatrix} = (0011010)$$

일반적으로, 부호화기에 의해 패리티 비트가 부가되어 부호어가 생성되는 경우 아래 그림의 구조를 가지면 큰 장점을 갖게 되는 데 이러한 형태의 부호를 체계적 부호(systematic code)라 한다.

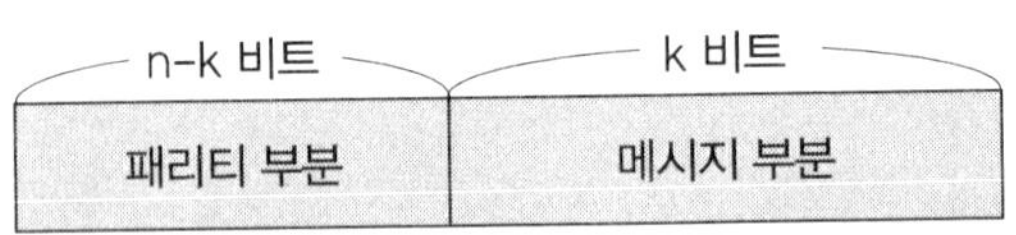

즉, 그림의 메시지 부분에는 정보 비트(information)가 그대로 위치하게 되며 패리티 부분은 부호화 규칙에 의해 부가되는 리던던시(redundancy)를 의미한다. 일반적인 전송 채널을 통해 부호어를 송신한 후 수신단에 도달하는 부호어는 오류가 발생되지 않아 수신 부호어에서 오류가 검출되지 않는 경우가 대단히 많은 데 이러한 경우 복호기는 단지 메시지 부분만을 분리하여 사용자에게 전달하는 것으로 복호 과정(decoding process)이 끝나기 때문에 복호 효율이 크게 향상된다.

한편, 체계적 형태를 갖는 (n,k) 선형 부호 시스템은 다음과 같은 생성 행렬을 갖는다.

$$G = \begin{pmatrix} g_0 \\ g_1 \\ \vdots \\ g_{k-1} \end{pmatrix} = \left(\begin{array}{cccc|cccc} p_{00} & p_{01} & \cdots & p_{0,n-k-1} & 1\,0\,0 & \cdots & 0 \\ p_{10} & p_{11} & \cdots & p_{1,n-k-1} & 0\,1\,0 & \cdots & 0 \\ \vdots & \vdots & \cdots & \vdots & \vdots & \cdots & \vdots \\ p_{k-1,0} & p_{k-1,1} & \cdots & p_{k-1,n-k-1} & 0\,0\,0 & \cdots & 1 \end{array} \right)$$

$$= (P \;\vdots\; I_k) \tag{4.21}$$

이때, $p_{i,j}$ = 0혹은 1이며 이들이 구성하는 행렬 **P**를 패리티 행렬이라고 한다. 한편, $\mathbf{I_k}$는 **k**×**k** 단위 행렬을 의미하는데 이로 인해 부호기의 입력단에 인가되는 메시지 정보 비트열이 변화되지 않고 부호어의 메시지 부분을 형성하게 된다.

수신단에서 수신된 부호 벡터를 복호(decoding)할 때 사용되는 것이 패리티 검사 행렬(parity check matrix)이다. 모든 (k×n) 생성 행렬 **G**에 대해 직교(orthogonal) 관계를 갖는 (n-k)×n의 행렬 **H**가 존재하는데 이를 패리티 검사 행렬이라 한다. 즉, $\mathbf{G} \cdot \mathbf{H}^T = \mathbf{0}$이며 $\mathbf{H}^T$는 행렬 **H**의 전치 행렬(transpose matrix) 임을 의미하고 **0**는 k×(n-k) 의 영 벡터이다. **G**와 직교관계가 성립되려면 **H**는 반드시 다음과 같은 형태를 가져야 한다.

$$H = (I_{n-k} \;\vdots\; P^T)$$

$$= \left(\begin{array}{ccc|cccc} 1\,0\,0 & \cdots & 0 & p_{00} & p_{10} & \cdots & p_{k-1,0} \\ 0\,1\,0 & \cdots & 0 & p_{01} & p_{11} & \cdots & p_{k-1,1} \\ \vdots & \cdots & \vdots & \vdots & & \cdots & \vdots \\ 0\,0\,0 & \cdots & 1 & p_{0,n-k-1} & p_{1,n-k-1} & \cdots & p_{k-1,n-k-1} \end{array} \right) \tag{4.22}$$

$\mathbf{G} \cdot \mathbf{H}^T = \mathbf{0}$이므로 $\mathbf{G}$에 의해 생성된 부호어 $\mathbf{C}$와 $\mathbf{H}^T$의 행렬 곱(product)은 항상 영 벡터를 생성한다. 즉, $\mathbf{C} = \mathbf{mG}$이므로

$$\mathbf{cH}^T = (\mathbf{mG})\mathbf{H}^T = \mathbf{0} \tag{4.23}$$

이와같은 사실은 수신 부호어(received code word)에 대한 오류 유·무를 검출하는데 중요하게 사용된다.

[예제 4.5] [표 4.6]의 (7,4) 선형 블록 부호는 체계적인 형태를 가짐을 쉽게 알 수 있으며 이의 생성행렬은 다음과 같다

$$G = \begin{pmatrix} 110 \vdots 1000 \\ 011 \vdots 0100 \\ 111 \vdots 0010 \\ 101 \vdots 0001 \end{pmatrix} = (P \vdots \ I_4)$$

이에 대한 패리티 검사 행렬은

$$H = \begin{pmatrix} 100 \vdots 1011 \\ 010 \vdots 1110 \\ 001 \vdots 0111 \end{pmatrix} = (\ I_{7-4} \vdots \ P^T)$$

이며 두 행렬의 곱은

$$G \cdot \ H^T = \begin{pmatrix} 1101000 \\ 0110100 \\ 1110010 \\ 1010001 \end{pmatrix} \begin{pmatrix} 100 \\ 010 \\ 001 \\ 110 \\ 011 \\ 111 \\ 101 \end{pmatrix} = \begin{pmatrix} 000 \\ 000 \\ 000 \\ 000 \end{pmatrix}$$

임을 알 수 있다.

6 오증과 복호

부호화기(encoder)에 의해 생성된 부호어는 채널을 통해 전송되는 동안 여러 가지 형태의 전송장해 요인(잡음, 신호왜곡 등 ...)에 의해 오류가 발생하게 되며 이를 정보 채널의 관점에서 보면 [그림 4.8]과 같이 나타낼 수 있다.

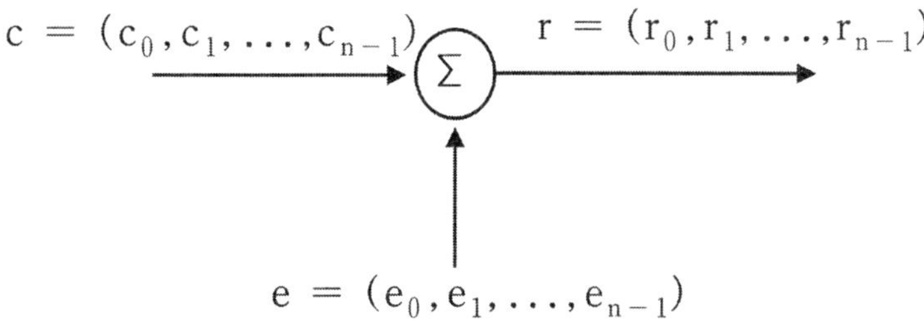

[그림 4.8] 부호어의 전송과 오류 발생

그림에서 **e**는 오류 패턴을 나타내는 오류 벡터이며 **r**은 수신된 수신 부호 벡터를 나타낸다. 수신 부호 벡터는 송신 벡터와 오류 부호 벡터의 합이므로

$$r = c + e \tag{4.24}$$

이며 비트 별로 표시하면

$$r_i = c_i + e_i \quad 0 \le i < n, \quad c_i, e_i, r_i = 0 \text{ 혹은 } 1$$

이 될 것이다. 만일 $e_i = 1$이면 오류가 발생된 것을 의미하며 $r_i \neq c_i$가 될 것이다.

한편, 수신 부호 벡터 **r**에 대한 오증(syndrome)은

$$S = r\,H^T \tag{4.25}$$

로 정의되는데 식 (4.24)를 이용하면

$$\begin{aligned} S &= (c + e)\, H^T \\ &= c\, H^T + e\, H^T \\ &= e\, H^T \end{aligned} \tag{4.26}$$

임을 알 수 있다. 이로부터 **r**에 대한 오증은 오류패턴 **e**에만 좌우됨을 알 수 있으며 오증으로부터 오류에 대한 정보를 얻을 수 있으므로 복호 과정에 없어서는 안될 중요한 개념이다. 만일, 오류가 없어 $\mathbf{e} = \mathbf{0}$일 경우 오증은 영의 값을 가지며 오류가 발생된 경우 $\mathbf{e} \neq \mathbf{0}$이므로 $\mathbf{S} \neq \mathbf{0}$ 된다. 즉, 오증 값에 따라 오류 발생 유·무를 검출(detection)할 수 있는 것이다. 오류 벡터가 영이 아닌 임의의 다른 부호어와 동일한 형태를 가졌을 경우, 즉 $\mathbf{e} = \mathbf{c}$이면

$$S = e\,H^T = c\,H^T = 0 \tag{4.27}$$

이므로 오증 값은 0이되어 수신기는 오류가 발생치 않은 것으로 판단하게 된다. 이러한 형태의 오류 벡터를 검출불가오류패턴(undetectable error pattern)이라 한다.

[예제 4.6] [표 4.6]의 선형 블록부호 시스템에서 수신부호벡터 $\mathbf{r}=(r_0, r_1, \cdots, r_n)$에 대한 오증을 구하라

해답) $\mathbf{r}=(r_0, r_1, \cdots, r_n)$

$$H = \begin{pmatrix} 1 & 0 & 0 & 1 & 0 & 1 & 1 \\ 0 & 1 & 0 & 1 & 1 & 1 & 0 \\ 0 & 0 & 1 & 0 & 1 & 1 & 1 \end{pmatrix}$$

$$S = (s_0, s_1, s_2)$$

$$= (r_0, r_1, \cdot\cdot\cdot, r_6)\begin{pmatrix} 1 & 0 & 1 \\ 0 & 1 & 0 \\ 0 & 0 & 1 \\ 1 & 1 & 0 \\ 0 & 1 & 1 \\ 1 & 1 & 1 \\ 1 & 0 & 1 \end{pmatrix}$$

따라서, 오증은 다음과 같다.

$$s_0 = r_0 + r_3 + r_5 + r_6$$
$$s_1 = r_1 + r_3 + r_4 + r_5$$
$$s_2 = r_2 + r_4 + r_5 + r_6$$

오증 $\mathbf{S} = (s_0, s_1, s_2)$를 계산하는 회로는 [그림 4.9]와 같이 구성할 수 있다.

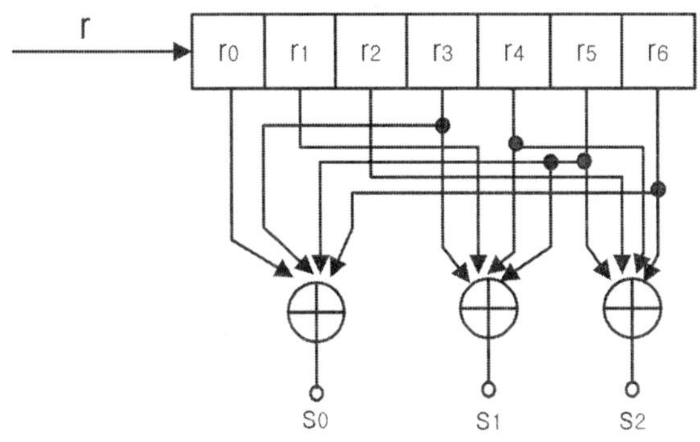

[그림 4.9] (7,4) 선형 블록 부호의 오증 계산회로

7 선형 블록 부호의 복호원리

선형 블록 부호의 중요한 특징 가운데 하나가 정정 가능한 오류 패턴과 이에 대한 오증은 항상 일대일 대응관계에 있다는 점이다[10]. 이런점을 이용하면 오증으로부터 오류를 검출할 수 있을뿐 아니라 표준배열(standard array)을 이용해 오류를 정정할 수 있다. 표준배열은 부호길이가 길어지면 복호의 효율성이 떨어져 실제로 사용되는 경우는 적으나 선형 블록 부호의 복호 원리를 쉽게 이해할 수 있는 기본개념이므로 자세히 살펴본다.

표준배열의 전체적인 구조는 [그림 4.10]과 같다. 2^n개의 n-비트 벡터로 구성되는 벡터 공간에서 우선 부호어에 해당하는 2^k 개의 벡터를 선택하여 영 부호어(all zero code word)를 시작으로 첫 번째 행(row)에 나열한다. 남은 (2^n-2^k)개의 벡터들은 오류 패턴으로 복수 있는데 이들 중 하나를 선정하여 두 번째 행의 좌측에 배열한다. 이때 선정된 오류 패턴 $\mathbf{e}_2$는 복호기에 의해 정정될 수 있는 형태이어야 한다. 이제 비어 있는 두 번째 행에 대해 $\mathbf{e}_2$와 해당 열의 부호어 $\mathbf{c}_i$를 더한 값 $\mathbf{e}_2+\mathbf{c}_i$를 위치시켜 채워나간다. 두 번째 행이 완성되면 다시 남아있는 $(2^n-2\cdot 2^k)$ 개의 벡터 중에서 정정 가능한 오류 패턴 $\mathbf{e}_3$를 선정한 후 동일한 방법으로 세 번째 행을 채운다. 이와 같은 방법으로 n-비트 벡터가 모두 사용될 때까지 배열해 나가면 표준 배열을 구성할 수 있다.

$$\begin{array}{cccccccc}
e_1=(0) & c_2 & c_3 & \cdots & c_i & \cdots & c_{2^k} \\
e_2 & e_2+c_2 & e_2+c_3 & \cdots & e_2+c_i & \cdots & e_2+c_{2^k} \\
e_3 & e_3+c_2 & e_3+c_3 & \cdots & e_3+c_i & \cdots & e_3+c_{2^k} \\
\vdots & \vdots & \vdots & & \vdots & & \\
e_{n-k} & e_{n-k}+c_2 & e_{n-k}+c_3 & \cdots & e_{n-k}+c_i & \cdots & e_{n-k}+c_{2^k}
\end{array}$$

[그림 4.10] (n,k) 선형 블록 부호의 표준 배열

표준 배열은 그 구성 과정으로부터 다음과 같은 특징을 갖는다. 먼저, 표준 배열의 한 행(row)에 두 개 이상의 동일한 벡터가 존재하지 않는다. 만일, i 번

째열과 j 번째 열에 해당하는 두 벡터가 동일하다고 가정하면 $\mathbf{e}_l+\mathbf{c}_i=\mathbf{e}_l+\mathbf{c}_j$이어서 $\mathbf{c}_i = \mathbf{c}_j$가 되므로 불가능하다. 따라서, 각 행에는 2^k 개의 서로 다른 벡터가 존재하게 되며 $2^n/2^k=2^{n-k}$개의 서로 다른 행 들이 존재할 수 있다. 여기에서 각 행을 코셋(coset)이라 하고 각 코셋의 좌측에 위치한 오류 벡터를 코셋리더(coset leader)라 한다.

[표 4.7]은 다음과 같은 생성 행렬을 갖는 (6,3) 선형 블록 부호의 표준 배열을 나타낸다.

$$G = \begin{pmatrix} 011100 \\ 101010 \\ 110001 \end{pmatrix} \tag{4.28}$$

[표 4.7] (6.3) 선형 블록 부호의 표준 배열

000000	011100	101010	110001	110110	101101	011011	000111
100000	111100	010001	010001	010110	001101	111011	100111
010000	001100	100001	100001	100110	111101	001011	010111
001000	010100	111001	111001	111110	100101	010011	001111
000100	011000	110101	110101	110010	101001	011111	000011
000010	011110	110011	110011	110100	101111	011001	000101
000001	011101	110000	110000	110111	101100	011010	000110
100100	111000	010101	010101	010010	001001	111111	100011

(6,3) 부호의 오류 정정 능력은 1이며 표준 배열의 마지막 코셋의 코셋 리더(100100)는 복호기에 의해 정정되는 오류 패턴이라고 보장할 수 없다. 따라서, 복호기는 이러한 오류를 단지 검출만 할 뿐 정정하지는 않도록 설계됨에 유의해야 할 것이다.

만일 j 번째 코셋에 존재하는 벡터 중 i 번째 열에 해당하는 것은 (c_i+e_j)로 표시할 수 있으며 이는 e_j를 전송해서 e_j의 오류 벡터가 합해진 수신 벡터라고 볼 수 있을 것이다. 이때 (c_i+e_j)에 대한 오증은

$$s = (c_i + e_j)H^T = c_i H^T + e_j H^T = e_j H^T \quad (4.29)$$

이므로 j 번째 코셋에 존재하는 모든 벡터들의 오증은 $\mathbf{e}_j \mathbf{H}^T$로 동일 함을 알 수 있다. 다시말해, 코셋 리더와 오증은 일 대 일 대응 관계를 가지므로 오증을 알면 이에 해당되는 오류 패턴을 표준 배열로부터 쉽게 알 수 있다. [그림 4.10]은 표준배열을 이용한 복호(decoding) 과정을 나타낸 블록도이며, [표 4.8]은 오증과 오류 패턴의 일대일 대응관계를 보여주는 것으로 이를 복호표(decoding table)라 한다.

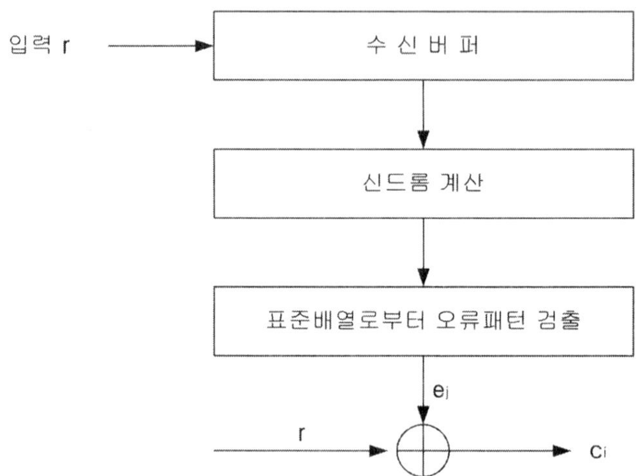

[그림 4.10] 표준 배열을 이용한 (6,3) 부호의 복호

[표 4.8] (6,3) 선형 부호의 오류 패턴과 오증을 보여주는 복호표

신 드 롬			정정 가능한 오류 패턴(코셋 리더)					
s_0	s_1	s_2	e_0	e_1	e_2	e_3	e_4	e_5
0	0	0	0	0	0	0	0	0
1	1	0	0	0	0	0	0	1
1	0	1	0	0	0	0	1	0
0	1	1	0	0	0	1	0	0
0	0	1	0	0	1	0	0	0
0	1	0	0	1	0	0	0	0
1	0	0	1	0	0	0	0	0
1	1	1	0	0	1	0	0	1

[예제 4.7] [표 4.8]은 (6,3) 선형 부호에 대한 표준 배열에서 오류 패턴과 이에 대응되는 오증을 나타낸 것이다. 복호 회로를 구성하시오. 단, 생성 행렬은 식 (4.28)과 같다.

해답)

$$G = \begin{pmatrix} 011100 \\ 101010 \\ 110001 \end{pmatrix}$$

$$H^T = \begin{pmatrix} 1\,0\,0 \\ 0\,1\,0 \\ 0\,0\,1 \\ 0\,1\,1 \\ 1\,0\,1 \\ 1\,1\,0 \end{pmatrix}$$

이므로 오증은 다음 식과 같다.

$$\begin{aligned} s &= (s_0, s_1, s_2) = r\ H^T \\ &= (r_0, r_1, r_2, r_3, r_4, r_5) \\ &= (r_0 + r_4 + r_5,\ r_1 + r_3 + r_5,\ r_2 + r_3 + r_4) \end{aligned} \tag{4.30}$$

$$\therefore \quad s_0 = r_0 + r_4 + r_5, \quad s_1 = r_1 + r_3 + r_5, \quad s_2 = r_2 + r_3 + r_4 \quad (4.31)$$

따라서, 오증 계산 회로는 식 (4.31)을 이용하면 [그림 4.11]의 상단부와 같은 형태로 구성할 수 있으며, [표 4.8]의 복호표에 따라 복호기(decoder)는 [그림 4.11]과 같이 조합 논리회로(combinational logic circuit)를 이용하여 구성할 수 있다.

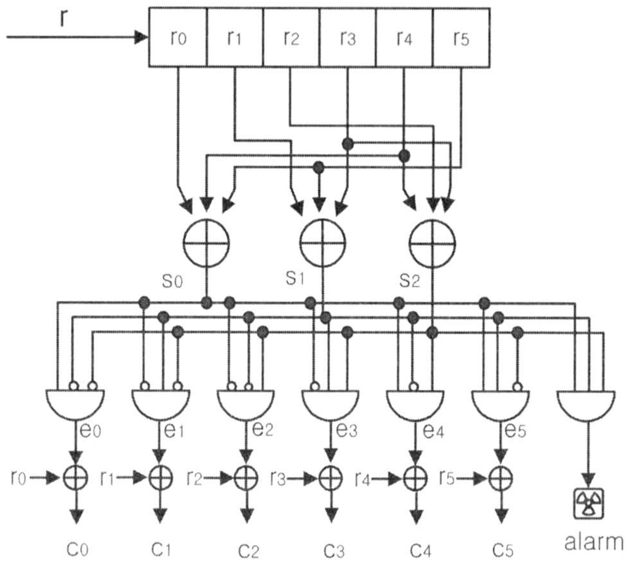

[그림 4.11] (6,3) 블록 부호의 복호기

06 순환 블록 부호

순환부호(cyclic code)는 선형 블록부호에서 중요한 위치를 차지하는 부호로써 쉬프트레지스터를 이용하여 부호화기와 오증 계산 회로를 구성하기 쉬우며 특히, 대수학적인 특성이 강하기 때문에 이를 이용해 강력한 복호 알고리듬(decoding algrithm)을 만들 수 있는 장점이 있다. 1957년 Prange에 의해 처음 제시된 이후로 많은 연구가 있어 왔으며 현재까지도 블록부호는 거의 모두 순환부호가 사용되고 있다.

1 순환부호의 정의

n-비트 벡터 $\mathbf{c} = (c_0, c_1, ..., c_{n-1})$가 부호 부 벡터공간(subspace) **C**에 포함되는 부호어라고 하자. **c**를 한 비트 씩 우측으로 순환 이동(cyclic shift)시키면 $\mathbf{c}^{(1)} = (c_{n-1}, c_0, c_1, ..., c_{n-2})$의 형태가 되고 i 번 우측으로 순환 이동시키면 다음 식과 같은 결과를 얻는다.

$$c^{(i)} = (c_{n-i}, c_{n-i+1}, \ldots, c_{n-1}, c_0, \ldots, c_{n-i-1}) \quad (4.32)$$

부호 벡터공간 **C**에 속하는 부호어 **c**에 대해 순환이동(cyclic shift)시켜 얻은 벡터 또한 **C**에 속하는 부호어일 때 (n, k) 선형부호 **C**를 순환부호(cyclic code)라 한다. 예를 들어, (7, 4) 해밍부호에서 부호어 (0111010)는 다음과 같이 6개의 순환이동 벡터를 갖는다.

(0011101) (1001110) (0100111) (1010011) (1101001) (1110100)

이들 또한 (7, 4) 선형 부호 중의 하나이며 (7, 4) 해밍 부호는 순환 부호임을 알 수 있다.

한편, 순환부호를 다루는 데 있어서 벡터 형태뿐만 아니라 부호어를 다항식(polynomial) 형태로 표현하여 취급하는 것이 대단히 유용하다. 부호 벡터 **c** = (c_0, c_1,..., c_{n-1})의 경우 이에 해당하는 다항식 형태는

$$c(X) = c_0 + c_1X^1 + c_2X^2 + ... + c_{n-1}X^{n-1} \qquad (4.33)$$

로 표현되며 벡터 **c**와 다항식 **c**(X)는 항상 일 대 일 대응관계를 가진다. **c**를 i번 순환 이동시킨 부호벡터 $\mathbf{c}^{(i)}$의 다항식 형태는

$$c^{(i)}(X) = c_{n-i} + c_{n-i+1}X + ... + c_{n-1}X^{i-1} + c_0X^i + c_1X^{i+1} + ... + c_{n-i-1}X^{n-1} \qquad (4.34)$$

와 같으며 **c**(X) 와 $\mathbf{c}^{(i)}$(X)는 다음과 같은 관계를 갖는다. **c**(X)에 X^i 를 곱하면

$$X^ic(X) = c_0X^i + c_1X^{i+1} + ... + c_{n-i-1}X^{n-1} + c_{n-i}X^n + \cdots + c_{n-1}X^{n+i-1} \qquad (4.35)$$

과 같고 이는 다음 식과 같은 형태로 변형시킬 수 있다.

$$\begin{aligned} X^i c(X) &= c_{n-i} + c_{n-i+1}X + c_{n-1} X^{i-1} + c_0 X^i + \dots \\ &\quad + c_{n-i-1} X^{n-1} + c_{n-i}(X^n+1) + c_{n-i+1}X(X^n+1) \\ &\quad + \dots + c_{n-1} X^{i-1}(X^n+1) \\ &= g(X)(X^n+1) + c^{(i)}(X) \end{aligned} \tag{4.36}$$

따라서, **c**(X)를 i 번 순환 이동시킨 $\mathbf{c}^{(i)}(X)$는 **c**(X)에 X^i을 곱한 후 (X^n+1)로 나눈 나머지 임을 알 수 있다. 이와 같이 **c**(X)와 $\mathbf{c}^{(i)}(X)$ 사이에 존재하는 대수학적 관계는 후에 부호화기(encoder)를 구성하는데 크게 이용된다.

2 생성 다항식

생성 행렬을 이용하여 선형 블록부호를 생성한 것과 같이 순환부호는 생성다항식(generator polynomial)을 이용하여 생성한다. (n, k) 순환부호의 생성다항식은 식(4.37)과 같은 형태를 가지며 항상 유일(unique)하다.

$$g(X) = g_0 + g_1 X + \dots + g_r X^r \tag{4.37}$$

이때 $g_0 = g_r = 1$이며 **g**(X)는 최소 차수를 갖는 부호 다항식이기도 하다.
(n, k) 순환부호에서 메시지 다항식은 (k-1)차 이하이므로

$$m(X) = m_0 + m_1 X + \dots + m_{k-1} X^{k-1} \tag{4.38}$$

로 나타낼 수 있으며, 부호다항식 **c**(X)는 **g**(X)에 의해 항상 나누어 떨어지도록 구성되고 나머지가 0 이므로 다음과 같이 표현된다.

$$\begin{aligned} c(X) &= m(X)g(X) \\ &= (m_0 + m_1X + \ldots + m_{k-1}X^{k-1})g(X) \\ &= c_0 + c_1X + c_2X^2 + \ldots + c_{n-1}X^{n-1} \end{aligned} \qquad (4.39)$$

따라서, **c**(X)의 최고차수는 (n-1)차 이하이며 **m**(X) **g**(X)를 전개한 식의 항 중 마지막 ($m_{k-1} g_r X^{r+k-1}$)항에서 다음관계가 성립한다.

$$\begin{aligned} n-1 &= r+k-1 \\ \therefore \quad r &= n-k \end{aligned} \qquad (4.40)$$

즉, (n,k) 순환부호의 생성 다항식은 항상 (n-k)차 임을 알 수 있으며 다음 식과 같이 표현된다.

$$g(X) = g_0 + g_1X + g_2X^2 + \ldots. + g_{n-k}X^{n-k} \qquad (4.41)$$

한편, (n,k) 순환부호의 생성다항식 g(x)는 (X^n+1)의 인수(factor)인데 이는 다음과 같이 증명할 수 있다.

g(X)도 (n-k)의 최소 차수를 갖는 하나의 순환 부호이므로

$$g(X) = g_0 + g_1X + g_2X^2 + \ldots. + g_{n-k}X^{n-k} + 0 \cdot X^{n-k+1} + \ldots. + 0 \cdot X^{n-1} \qquad (4.42)$$

이며 k번 순환 이동시킨 결과 또한 하나의 순환 부호이다. 즉,

$$g^{(k)}(x) = g_{n-k} + 0 \cdot X + ... + 0 \cdot X^{k-1} + g_0 X^k + ... + g_{n-k-1} X^{n-1} \quad (4.43)$$

이며, g_{n-k}는 항상 1 이므로

$$g^{(k)}(X) = 1 + g_0 X^k + g_1 X^{k+1} + ... + g_{n-k-1} X^{n-1} \quad (4.44)$$

한편, **g**(X)에 X^k를 곱하면

$$X^k g(X) = g_0 X^k + g_1 X^{k+1} + ... + g_{n-k-1} X^{n-1} + g_{n-k} X^n \quad (4.45)$$

이며 $g_{n-k} = 1$이고 1+1=0 이므로,

$$X^k g(X) = 1 + g_0 X^k + g_1 X^{k+1} + ... + g_{n-k-1} X^{n-1} + X^n + 1 \quad (4.46)$$

식 (4.44)를 이용하면

$$X^k g(X) = g^{(k)}(X) + (X^n + 1) \quad (4.47)$$

이며 $\mathbf{g}^{(k)}$(X)또한 부호어이므로 $\mathbf{g}^{(k)}(X) = \mathbf{a}(X)\,\mathbf{g}(X)$ 로 표시할 수 있다. 결국,

$$X^k g(X) \; = \; a(X) g(X) \; + \; (X^n + 1) \quad (4.48)$$

이며 **a**(X) **g**(X) 를 이항하여 정리하면,

$$X^n + 1 = (a(X) + X^k) g(X) \quad (4.49)$$

이므로 **g**(X)는 항상 (X^n+1)의 인수이다.

3 체계적 형태의 순환 부호화

체계적 형태의 순환부호란 메시지 부분이 변형되지 않은 상태로 패리티 부분과 분리되어 있는 형태의 순환 부호를 말한다. 부호화기에 입력되는 메시지 벡터를 다항식 형태로 표현하며

$$m(X) = m_0 + m_1 X + ... + m_{k-1} X^{k-1} \tag{4.50}$$

이며 양변에 $\mathbf{X}^{n-k}$를 곱하면 식 (4.51)과 같은 형태를 갖게 된다

$$X^{n-k} m(X) = m_0 X^{n-k} + m_1 X^{n-k+1} + ... + m_{k-1} X^{n-1} \tag{4.51}$$

X^{n-k} **m**(X)를 **g**(X)로 나눈 나머지를 **b**(X)라 하면 **g**(X)의 최고 차수가 (n-k)차 이므로 **b**(X)는 (n-k-1)차 이하임을 알 수 있다. 즉,

$$X^{n-k} m(X) = q(X) g(X) + b(X) \tag{4.52}$$

에서 **b**(X) = $b_0 + b_1 X + ... + b_{n-k-1} X^{n-k-1}$로 나타낼 수 있으며 $b_i = 0$혹은 1의 값을 갖는다. 식 (4.51)을 이용하면 식 (4.52)는

$$\begin{aligned} & m_0 X^{n-k} + m_1 X^{n-k-1} + ... + m_{k-1} X^{k-1} \\ & \quad = q(X) g(X) + (b_0 + b_1 X + ... + b_{n-k-1} X^{n-k-1}) \end{aligned} \tag{4.53}$$

q(X) **g**(X)에 대해 정리하면,

$$(b_0 + b_1 X + ... + b_{n-k-1} X^{n-k-1}) + (m_0 X^{n-k} + m_1 X^{n-k+1} + ... + m_{k-1} X^{n-1})$$
$$= q(X) g(X) \tag{4.54}$$

따라서, 식 (4.54)의 좌측 항은 **g**(X)에 의해 나누어 떨어지며 총 n개의 항으로 구성되므로 순환 부호어(cyclic code word)로 사용할 수 있다. 특히, 마지막 k 개 항은 변형되지 않은 메시지 비트이므로 처음 (n-k)개 항을 패리티 항으로 사용함으로써 식 (4.54)의 좌측 항은 체계적 형태의 순환 부호가 생성되었음을 알 수 있다.

체계적 순환부호의 부호화 과정은 메시지 다항식 **m**(X)에 X^{n-k}를 곱한 후 이를 생성다항식 **g**(X)로 나누어 나머지를 구한 후 패리티 다항식으로 취하므로써 부호 다항식을 구성할 수 있다.

[예제 4.8] (7,4) 순환부호의 생성 다항식이 다음과 같을 때 메시지 벡터 m=(1001)에 대한 체계적 순환 부호를 구하시오.

$$\mathbf{g}(X) = 1+X+X^3$$

해답) 메시지벡터는 **m**(X) = $1+X^3$이며 $X^{n-k} = X^3$을 곱하면 X^3 **m**(X) = X^3+X^6 이므로 이를 **g**(X) = $1+X+X^3$로 나눈 나머지와 몫을 이용해 다시 표현하면,

$$X^3 m(X) = X^3 + X^6 = (X + X^3)(1 + X + X^3) + (X + X^2)$$

따라서, 체계적 순환 부호는

$$c(X) = (X + X^2) + (X^3 + X^6)$$

이며 벡터 형태로 표현하면 **c** = (0111001)과 같다.

4 순환 부호의 부호화 회로 : (n-k) 단

메시지 다항식을 입력으로 하는 순환 부호의 부호화 회로는 $X^{n-k}\mathbf{m}(X)$를 생성 다항식 $\mathbf{g}(X)$로 나누는 과정으로 볼 수 있으며 이는 쉬프트 레지스터(shift register)를 이용한 제산회로(dividing circuit)를 이용해 구현할 수 있다. [그림 4.12]는 (n,k) 순환 부호에서 체계적 형태의 부호어를 생성하는 부호화기를 나타낸 것으로 (n-k) 개의 쉬프트 레지스터로 구성되어 있다.

그림에서 메시지 $\mathbf{m}(X)$가 좌측 레지스터로부터 우측으로 (n-k) 번 이동하여 입력되는 것은 $\mathbf{m}(X)$에 X^{n-k}가 미리 곱해지는 효과를 갖게되어 $X^{n-k}\mathbf{m}(X)$가 입력되는 것과 동일한 작용을 한다. 다음은 (n-k) 단 부호화기의 동작을 설명한 것이다.

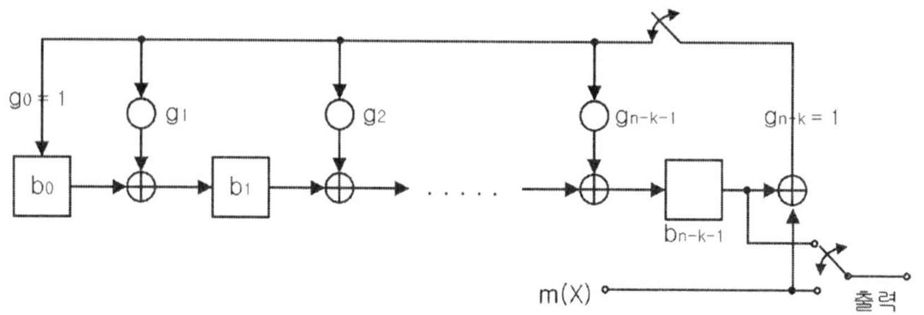

[그림 4.12] (n-k) 단 부호화기

1 단계) 게이트가 ON 상태가 되도록 하고 k 개의 메시지 비트를 최고차 항에 해당하는 비트부터 차례로 입력단에 인가되는 동시에 채널로 출력된다. 모든 메시지 비트가 부호화 회로에 입력된 후 (n-k) 개의 레지스터에 남는

비트는 나머지 $X^{n-k}\mathbf{m}(X)$를 $\mathbf{g}(X)$로 나눈 나머지에 해당되는 비트로써 패리티 비트로 사용하게 된다.

2 단계) 게이트를 OFF시켜 귀환회로(feedback circuit)를 차단한다.

3 단계) 쉬프트 레지스터에 남아있는 패리티 비트 b_0, $b_1, \cdots, b_{n-k-1}$을 차례로 채널을 통해 출력한다. 이미 k 개의 메시지 비트가 출력된 상태이므로 나머지 (n-k) 개의 패리티 비트가 출력되므로써 총 n 비트의 체계적 형태의 순환 부호어가 생성되는 것이다.

[예제 4.9] (7,4) 순환 부호의 생성 다항식이 $\mathbf{g}(X) = 1+X+X^3$일때 물음에 답하시오.

(1) 체계적 부호를 생성하는 (n-k) 단 부호화기를 설계하시오.
(2) 입력 메시지가 $\mathbf{m} = (1011)$일때 이에 대한 체계적 부호어를 구하시오.

해답) (1) [그림 4.13]과 같은 일반적인 형태의 부호화기에서 $\mathbf{g}_0 = 1$, $\mathbf{g}_1 = 1$, $\mathbf{g}_2 = 0$, $\mathbf{g}_3 = 1$ 이므로 다음과 같은 3단 부호화기를 구성할 수 있다.

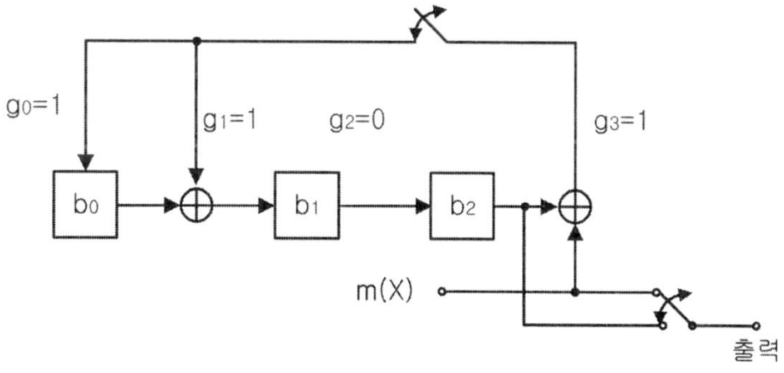

[그림 4.13] (7,4) 순환 부호의 3단 부호화기

(2) 메시지 **m** = (1011)이 차례로 입력되면 쉬프트 레지스터의 내용은 다음과 같이 변화한다.

이동횟수	입력비트	레지스터 내용
0	-	0 0 0
1	1	1 1 0
2	1	1 0 1
3	0	1 0 0
4	1	1 0 0

따라서, 마지막으로 레지스터에 남아 있는 내용 (1 0 0)를 패리티 비트로 취하게 되므로 부호어는 (1 0 0 1 0 1 1)이 된다.

5 패리티 다항식과 부호화기 : k-단

(n, k) 순환 부호에서 생성 다항식 **g**(X)는 (X^n+1)의 인수(factor)이므로

$$X^n + 1 = h(X)g(X) \tag{4.55}$$

이며, 이때 **h**(X)는 **g**(X)가 (n-k) 차 이므로 k 차의 다항식임을 쉽게 알 수 있다. 따라서, **h**(X)는

$$h(X) = h_0 + h_1X + h_2X^2 + \ldots + h_kX^k \tag{4.56}$$

로 표현되며 $h_0 = h_k = 1$의 값을 갖는다. 한편, 부호어 **c**(X)는 항상 **g**(X)에 의해 나누어 떨어지므로 양변에 **h**(X)를 곱하면

$$\begin{aligned} c(X)h(X) &= a(X)g(X)h(X) \\ &= a(X)(X^n+1) \\ &= a(X)X^n + a(X) \end{aligned} \qquad (4.57)$$

a(X)는 (k-1)차 이하이므로 $\mathbf{a}(X) = a_0+a_1X+a_2X^2+\ldots+a_{k-1}X^{k-1}$이라 하면 식 (4.57)의 우측 항은

$$c(X)h(X) = (a_0 + a_1X + \ldots + a_{k-1}X^{k-1}) + (a_0X^n + a_1X^{n+1} + \ldots + a_{k-1}X^{n+k-1}) \qquad (4.58)$$

이 되어 X^k, $X^{k-1}, \cdots, X^{n-1}$에 대한 계수는 모두 0임을 알 수 있다. 좌측 항을 전개하여 k 차로부터 (n-1) 차 까지의 계수가 0임을 고려하면 다음과 같은 등식을 얻을 수 있다.

$$\sum_{i=0}^{k} h_i c_{n-i-j} = 0, \quad \text{단}, \ 1 \leqq j \leqq n-k \qquad (4.59)$$

이때, **h**(X)를 패리티 다항식(parity polynomial)이라 하며 식 (4.57)을 이용하여 k-단 부호화기를 구성할 수 있다. 즉,

$$\sum_{i=0}^{k} h_i c_{n-i-j} = h_k c_{n-k-j} + \sum_{i=0}^{k-1} h_i c_{n-i-j} = 0 \qquad (4.60)$$

이고 $h_k = 1$이므로 c_{n-k-j}에 대해 정리하면,

$$c_{n-k-j} = \sum_{i=0}^{k-1} h_i \, c_{n-i-j} \qquad 단, \quad 1 \leq j \leq n-k \quad (4.61)$$

체계적 형태의 순환 부호에서 $c_{n-k}, c_{n-k+1}, \cdots, c_{n-1}$은 정보 비트(메시지 비트)이므로 식 (4.61)은 이들 k 개의 메시지 비트가 주어질 때 (n-k) 개의 패리티 비트 $c_0, c_1, \cdots, c_{n-k-1}$을 구하는 식이 된다. [그림 4.14]는 식 (4.61)을 이용하여 구성한 k-단 부호화기를 나타낸 것이다.

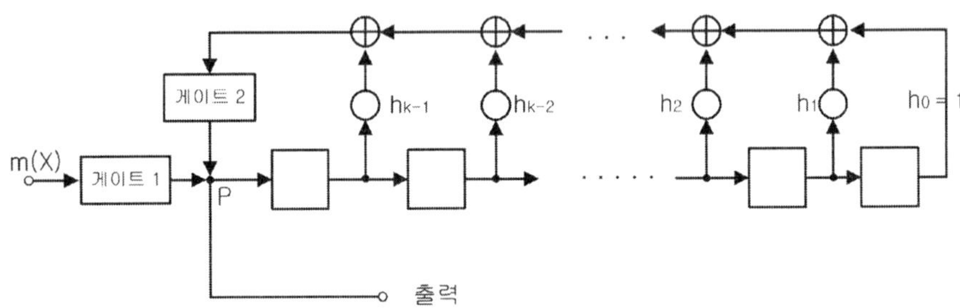

[그림 4.14] 패리티 다항식을 이용한 k-단 부호화기

부호화 동작을 살펴보면 다음과 같다.

1 단계) 1번 게이트는 ON 상태이고 2 번 게이트를 OFF 시킨 후 k 개의 메시지 비트를 입력한다. 회로에 입력되는 메시지 비트들은 동시에 채널로 출력된다.

2 단계) k 개의 메시지 비트가 입력되자마자 1 번 게이트는 OFF 시키고 2 번 게이트를 ON 상태로 전환한다. 이때, P 점에 생성되는 패리티 비트는 다음과 같다.

$$
\begin{aligned}
c_{n-k-1} &= h_0 c_{n-1} + h_1 c_{n-2} + \ldots + h_{k-1} c_{n-k} \\
&= m_{k-1} + h_1 m_{k-2} + \ldots + h_{k-1} m_0
\end{aligned} \quad (4.62)
$$

이는 식 (4.61)에서 j=1인 경우와 동일 함을 알 수 있다.

3 단계) 이제 첫번 째 형성된 패리티 비트 c_{n-k-1}은 채널을 통해 출력되는 동시에 쉬프트 레지스터에 입력되고 레지스터의 나머지 값들도 한번씩 이동하게 되면서 점 P에 두번 째 패리티 비트가 다음과 같이 생성된다.

$$
c_{n-k-2} = h_0 c_{n-2} + h_1 c_{n-3} + \ldots + h_{k-1} c_{n-k-1} \quad (4.62)
$$

이는 다시 j=2 인 경우 식 (4.61)의 결과이다.

4 단계) 3 단계의 과정이 (n-k) 개의 패리티 비트가 모두 형성되어 채널로 출력될 때까지 반복된 후, 1 번 게이트를 ON시키고 2 번 게이트를 OFF시켜 다음 메시지를 입력한다.

이와 같이 k-단 쉬프트 레지스터를 이용하여 부호화기(encoder)를 구성할 수도 있으며 (n-k)단 부호화기와 비교할 때 다음과 같은 점을 고려하여 설계하여야 한다. 즉, 메시지 비트 수보다 패리티 비트 수가 많은 경우 k-단 부호화기로 설계하는 것이 효율적이며 반대일 경우는 (n-k) 단 부호화기가 선택되어야 할 것이다.

07 순환 부호의 복호

1 순환 부호의 오증

채널을 통해 수신된 수신 부호어는 잡음 등에 의해 오류가 포함되어 있다. **r**(X)를 다음과 같이 표현하면,

$$r(x) = c(X) + e(X) \quad (4.64)$$

복호기는 오증 계산 과정을 통해 **r**(X)에 포함된 오류를 검출한다. 오증 다항식을 **s**(X)로 표시하면 **s**(X)는 **r**(X)를 **g**(X)로 나눈 나머지로 정의된다. 즉,

$$r(X) = q(X)g(X) + s(X) \quad (4.65)$$

이고 **g**(X)는 (n-k)차이므로 **s**(X)는 (n-k-1)차 이하의 다항식이다. 식 (4.64)를 식 (4.65)에 대입하면,

$$c(X) + e(X) = q(X)g(X) + s(X) \quad (4.66)$$

c(X) = **m**(X) **g**(X)이므로 식 (4.66)은 다음과 같이 정리된다.

$$e(X) = [m(X) + q(X)]g(X) + s(X) \quad (4.67)$$

따라서, **r**(X)를 **g**(X)로 나눈 나머지로 얻는 오증 **s**(X)는 오류 다항식 **e**(X)를 **g**(X)로 나눈 나머지와 동일함을 알 수 있다. 이는 오증 **s**(X)가 오류(error)에 대한 정보를 가지고 있으며 이를 이용해 오류를 검출하고 정정할 수 있음을 알 수 있다. 만일, 수신 부호어 **r**(X)에 오류가 없으면 **r**(X) = **c**(X)이고 이는 **g**(X)로 나누어 떨어지므로 오증 **s**(X) = 0이다. 결과적으로, **r**(X)를 이용해 계산한 오증 값이 0이면 오류가 없고 **s**(X)의 값이 0이 아니면 오류가 포함되어 있다고 판단할 수 있다. 물론, 오류 다항식 형태가 다른 부호어와 동일할 경우에는 **s**(X)의 값이 0이 되므로 오류 발생이 감지되지 않는 검출 불가 오류(undetectable error)가 된다.

오증 **s**(X)의 계산은 수신 부호어 **r**(X)를 **g**(X)로 나누는 과정이므로 X^{n-k} **m**(X)를 **g**(X)로 나누는 부호화 과정의 나누기 회로를 이용해 간단히 구현할 수 있다. 다만, **r**(X)를 직접 **g**(X)로 나누므로 **r**(X)가 입력되는 곳은 좌측 쉬프트 레지스터가 되며 이는 [그림 4.15]에 잘 나타나 있다.

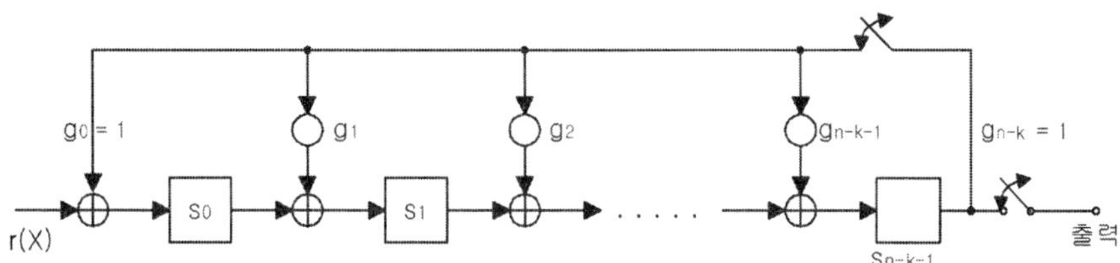

[그림 4.15] (n-k) 단 오증 계산회로

[예제 4.10] (7,4) 순환 부호에서 **g**(X) =1+X+X^3일 때 오증 계산회로는 [그림 4.16]과 같다.

수신 부호어가 **r** =(0010110)이면 [표 4.9]와 같은 계산 과정을 거쳐 최종 오증은 (0 0 1)이 되므로 오류가 포함되어 있음을 알 수 있다.

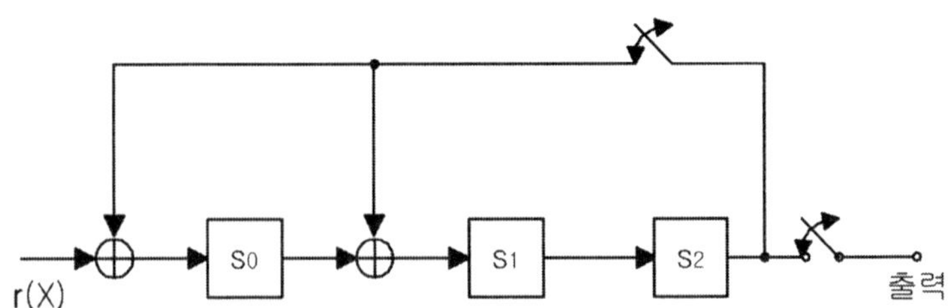

[그림 4.16] (7,4) 순환부호의 3-단 오증 계산회로

[표 4.9] 오증 계산과정, r = (0010110)

이동횟수	입력비트	레지스터 내용
0	-	0 0 0
1	0	0 0 0
2	1	1 0 0
3	1	1 1 0
4	0	0 1 1
5	1	0 1 1
6	0	1 1 1
7	0	1 0 1

순환 부호의 복호는 선형블록 부호에서와 같이 오증을 계산한 후 이에 해당하는 오류 패턴을 이용해 오류를 정정하게 된다. 나누기 회로를 이용해 계산된 오증에 대해 대응되는 오류 패턴을 찾는 것은 복호표(decoding table)를 이용할 수 있으며 조합논리회로 형태로 오증과 오류패턴의 일 대 일 대응관계를 찾아주는 복호기를 구현할 수 있다. 그러나, 부호길이가 길어질 수록 그 복잡도는 지수함수적으로 증가하므로 강력한 오류 정정 능력을 갖는 부호의 경우 복호표를 이용한 방법은 비 효율적일 수 밖에 없다. 이에비해 순환 부호는 대수적(algebraic) 특성이 대단히 강하며 이러한 점을 잘 활용하면 간단하고도 효율적인 복호 회로를 구성할 수 있다. 실제 사용되는 여러가지 형태의 복잡한 복호기가 많이 있으나 본 서의 범위를 넘는 것이므로 기본적인 형태의 Meggitt 복호기에 대해서만 살펴본다.

2 Meggitt 복호기

수신 부호어 $\mathbf{r}(X)$로 부터 계산된 오증 $\mathbf{s}(X)$라 할 때, $X\mathbf{s}(X)$를 $\mathbf{g}(X)$로 나눈 나머지는 $\mathbf{r}^{(1)}(X)$에 대한 오증과 같으며 $\mathbf{s}^{(1)}(X)$로 표시하기로 하자. 이때, $\mathbf{r}^{(1)}(X)$는 $\mathbf{r}(X)$를 우측으로 한 번 순환 이동한 형태이다. $\mathbf{r}(X)$와 $\mathbf{r}^{(1)}(X)$는 다음 식과 같은 관계를 갖는다.

$$Xr(X) = r_{n-1}(X^n+1) + r^{(1)}(X) \tag{4.68}$$

$\mathbf{r}^{(1)}(X)$에 대해 정리한 후 양변을 $\mathbf{g}(X)$로 나누면,

$$r^{(1)}(X) = r_{n-1}(X^n+1) + Xr(X) \tag{4.69}$$

$$\begin{aligned} a(X)g(X)+s^{(1)}(X) &= r_{n-1}h(X)g(X) + X[q(X)g(X) + s(X)] \\ &= [r_{n-1}h(X) + Xq(X)]g(X) + Xs(X) \end{aligned} \tag{4.70}$$

따라서,

$$Xs(X) = [a(X) + r_{n-1}h(X) + Xq(X)]g(X) + s^{(1)}(X) \tag{4.71}$$

이므로 $X\mathbf{s}(X)$를 $\mathbf{g}(X)$로 나눈 나머지는 $\mathbf{r}^{(1)}(X)$에 대한 오증 임을 알 수 있다. 일반적으로, $X^i\mathbf{s}(X)$를 $\mathbf{g}(X)$로 나눈 나머지는 $\mathbf{r}^{(i)}(X)$에 대한 오증 $\mathbf{s}^{(i)}(X)$이며 이는 오증 $\mathbf{s}(X)$의 계산회로를 이용해 다음과 같이 구할 수 있다. [그림 4.15]와 같은 오증 계산회로에서 $\mathbf{s}(X)$를 구한 후 입력을 단절시킨 상태에서 한 번 동작시켜 쉬프트레지스터의 내용을 이동시키므로써 $\mathbf{r}^{(1)}(X)$에 대한 오증 $\mathbf{s}^{(1)}(X)$를 얻을 수 있는데 이는 회로의 동작이 $X\mathbf{s}(X)$를 $\mathbf{g}(X)$로 나누는 동작을 수행하기

때문이다. 따라서, $\mathbf{s}^{(i)}(X)$를 얻기 위해서는 $\mathbf{s}(X)$를 구한 후 입력을 단절시킨 채 i 번 동작(clocking) 시키기만 하면 된다. 이와같은 순환부호의 특성은 복호 과정에 크게 이용된다.

[그림 4.17]은 Meggitt 복호기의 블록도를 나타낸 것이며 이의 동작은 다음과 같이 설명할 수 있다. 먼저, 수신부호 $\mathbf{r}(X) = r_0+r_1X+r_2X^2+\ldots+r_{n-1}X^{n-1}$에 대한 오증 $\mathbf{s}(X)$가 계산되면 복호기는 $\mathbf{s}(X)$가 오류 패턴 $\mathbf{e}(X) = e_0+e_1X+\ldots+e_{n-1}X^{n-1}$에서 $e_{n-1} = 1$인 것들 중 정정가능한 오류 패턴에 해당하는 오증인지 검사한다. 만일 $e_{n-1} = 1$이면서 정정가능한 오류패턴에 해당하는 오증이 아니면 오증 계산회로와 $\mathbf{r}(X)$가 저장된 버퍼를 순환 이동(cyclic shift) 시킨다. 이제 수신 부호어는 $\mathbf{r}^{(1)}(X)$가 되고 오증은$\mathbf{s}^{(1)}(X)$로 바뀐다. 또한,$\mathbf{s}^{(1)}(X)$가 $\mathbf{r}^{(1)}(X)$의 최고 차 항의 계수 , r_{n-2}에 해당하는 오류 $e_{n-2} = 1$인 정정 가능한 오류 패턴에 해당하는 오증인지 검사하여 해당되지 않으면 다시 수신 버퍼와 오증 계산회로를 순환이동 시킨다.

만일, $\mathbf{s}(X)$가 $\mathbf{r}(X)$의 최고 차 항 계수 r_{n-1}에 해당하는 오류 값이 $e_{n-1} = 1$이면서 정정 가능한 오류패턴에 해당하는 오증이면 X^{n-1}항의 계수 r_{n-1}은 $e_{n-1} = 1$과 합하여져서 오류가 정정된다. 이때 정정된 후의 수신 다항식을 $\mathbf{r}_1(X)$이라 하면

$$r_1(X) = r_0 + r_1X + \ldots + (r_{n-1} + e_{n-1})X^{n-1} \tag{4.72}$$

이 되므로 이에 대한 오증 $\mathbf{s}_1(X)$도 수정되어야 한다. $\mathbf{r}_1(X)$에 대한 오증 $\mathbf{s}_1(X)$는 $\mathbf{e}(X) = X^{n-1}$에 대한 오증과 $\mathbf{r}(X)$의 오증 $\mathbf{s}(X)$의 합이므로 $\mathbf{e}(X) = X^{n-1}$에 대한 오증을 $\mathbf{s}_e(X)$라 하면 오증 $\mathbf{s}_1(X)$는

$$\mathbf{s}_1(X) = \mathbf{s}(X) + \mathbf{s}_e(X) \tag{4.73}$$

표현할 수 있다. 한편, $\mathbf{r}_1(X)$를 순환 이동시키면

$$r_1^{(1)}(X) = (r_{n-1} + e_{n-1}) + r_0X + \ldots + r_{n-2}X^{n-1} \tag{4.74}$$

이며 이에 대한 오증은 $\mathbf{r}_1(X)$의 오증 $\mathbf{s}_1(X)$를 오증 계산회로에서 한 번 순환 이동 시킨 것과 같다. 이는 다시 $X\mathbf{s}_1(X)$를 $\mathbf{g}(X)$로 나눈 나머지이므로 $\mathbf{r}_1^{(1)}(X)$의 오증 $\mathbf{s}_1^{(1)}(X)$는 다음과 같은 사실로부터 $X(\mathbf{s}(X)+X^{n-1})$을 $\mathbf{g}(X)$로 나눈 나머지와 같다. 즉, $\mathbf{s}_e(X)$는 $\mathbf{e}(X) = X^{n-1}$을 $\mathbf{g}(X)$로 나눈 나머지이므로

$$e(X) = X^{n-1} = a(X)g(X) + s_e(X) \qquad (4.75)$$

이고 이로부터 다음 식이 성립한다.

$$\begin{aligned} X(s(X) + X^{n-1}) &= X(s(X)+a(X)g(X) + s_e(X)) \\ &= Xa(X)g(X) + X(s(X)+s_e(X)) \\ &= Xa(X)g(X) + Xs_1(X) \end{aligned} \qquad (4.76)$$

이므로 $X(\mathbf{s}(X)+X^{n-1})$을 $\mathbf{g}(X)$로 나눈 나머지는 $X\mathbf{s}_1(X)$를 $\mathbf{g}(X)$로 나눈 나머지, 즉 $\mathbf{s}_1^{(1)}(X)$와 같음을 알 수 있다. 또한,

$$\begin{aligned} X(s(X)+X^{n-1}) &= Xs(X)+X^n \\ &= Xs(X)+(X^n+1)+1 \end{aligned} \qquad (4.77)$$

이고 $\mathbf{g}(X)$는 (X^n+1)의 인수이므로 다음 식이 성립한다.

$$s_1^{(1)}(X) = s^{(1)}(X)+1 \qquad (4.78)$$

결국, $\mathbf{r}_1^{(1)}(X)$의 오증 $\mathbf{s}_1^{(1)}(X)$는 수정되기전 수신부호 $\mathbf{r}(X)$의 오증 $\mathbf{s}(X)$를 한번 순환 이동시켜 $\mathbf{s}^{(1)}(X)$를 얻은 후 $1(= e_{n-1})$을 더하면 된다. 복호기는 이와 같은 과정을 n 번 수행하여 $\mathbf{r}(X)$에 포함된 오류를 차례 차례 정정할 수 있다.

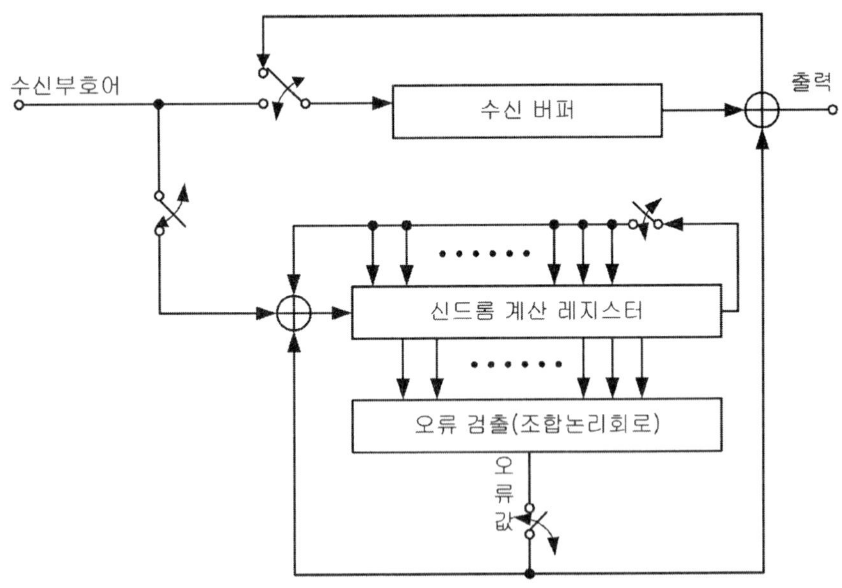

[그림 4.17] 순환부호의 Meggitt 복호기 구조

[예제 4.11] 생성 다항식이 $\mathbf{g}(X) = 1+X+X^3$인 (7,4) 순환 부호의 Meggitt 복호기를 설계하시오.

해답) (7,4) 순환 부호의 최소거리는 $d_{min}=3$이고 오류 정정 능력은 t=1이므로 정정 가능한 오류 패턴은 7가지가 존재한다. 즉, $\mathbf{e}(X) = X^6$, $\mathbf{e}(X) = X^5$, $\mathbf{e}(X) = X^4$, $\mathbf{e}(X) = X^3$, $\mathbf{e}(X) = X^2$, $\mathbf{e}(X) = X^1$, $\mathbf{e}(X) = X^0$이며 이들 중 $\mathbf{r}(X)$의 최고차 항 계수 r_6에 해당하는 오류 e_6의 값이 1인 것은 $\mathbf{e}(X) = X^6$ 밖에 없다. $\mathbf{e}(X) = X^6$에 대한 오증은 $\mathbf{e}(X) = X^6$를 $\mathbf{g}(X)$로 나눈 나머지이므로 $\mathbf{s}(X) =1+X^2$이며 이를 벡터 형태로 표현하면 $\mathbf{s}$ = (101) 이 된다. 따라서, [그림 4.18]과 같이 (7,4) 순환 부호의 Meggitt 복호기를 구성할 수 있다.

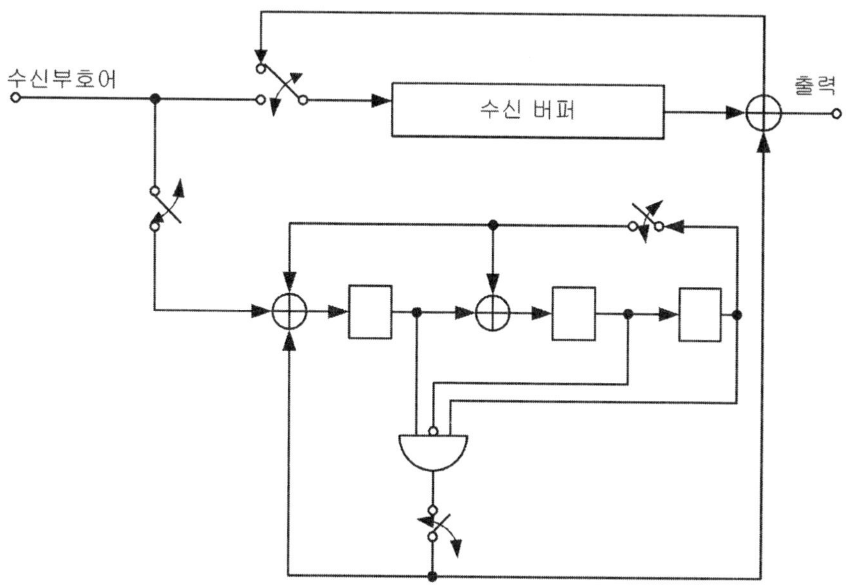

[그림 4.18] (7,4) 순환부호의 Meggitt 복호기

주요 순환 부호

1 BCH 부호

BCH(Bose-Chaudhuri-Hocquenghem) 부호는 강력한 랜덤 오류 정정 순환 부호의 한 부류로서, 다중 오류 정정 을 위해 해밍 부호(Hamming code)를 일반화 해 놓은 것이다. BCH 부호는 다음과 같은 파라미터로 정의된다.

블럭 길이 : $n=2^m-1$, $m=3,4,...$
패리티 체크 비트 수 : $n-k \leq mt$
최소거리 : $d_{min} \geq 2t+1$

이 부호는 $n=2^m-1$의 블럭 길이 내에서 t 이하의 어떤 오류의 결합도 정정할 수 있는 능력을 가진다. 따라서 t 오류 정정 BCH 부호라고 부른다. BCH 부호는 대단히 정교한 추상 대수학적(abstract algebraic)인 구조를 가지고 있으나 이 책의 범위를 벗어나는 내용이므로 다루지 않는다. [표 4.10]은 $7 \leq n \leq 255$ 길이의 BCH 부호에 대한 생성 다항식의 계수를 나타낸 것으로 8 진수 형태로 나타나 있으며 최고차 항의 계수부터 시작된다. 예를 들어 (7,4) 부호의 생성 다항식의 계수는 $13_{(8)}$이며 이를 이진 수로 다시쓰면 001, $011_{(2)}$이므로 생성 다항식은 $\mathbf{g}(X) = X^3+X+1$이 된다.

BCH 부호를 사용하므로써 얻을 수 있는 부호 이득(coding gain)은 BCH 부호의 종류가 다양한 만큼 그 차이가 크다. [그림 4.19] ~ [그림 4.21]은 AWGN 채널에서 BPSK 변조방식을 사용하는 경우 E_b/N_0에 따른 오류 성능을 나타낸 것으로 부호율은 대략 [그림 4.19]는 1/4, [그림 4.20]은 1/2이며 [그림 4.21]은 약 3/4의 부호율을 가진다. 여기서, 주목할 것은 부호율이 약 1/2인 경우가 최상의 오율성능을 보인다는 것이다.

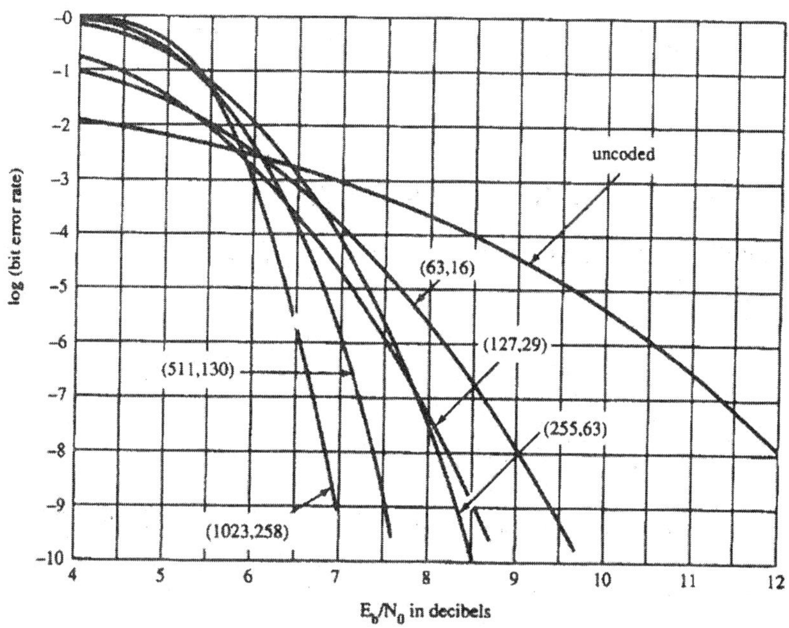

[그림 4.19] BCH 부호의 오율 성능($R \cong \frac{1}{4}$)

[표 4.10] BCH 부호의 생성 다항식 계수

n	k	t	생성다항식 계수
7	4	1	13
15	11	1	23
	7	2	721
	5	3	2467
31	26	1	45
	21	2	3551
	16	3	107657
	11	5	5423325
	6	7	313365047
63	57	1	103
	51	2	12471
	45	3	1701317
	39	4	166623567
	36	5	1033500423
	30	6	157464165547
	24	7	17323260404441
	18	10	1363026512351725
	16	11	6331141367235453
	10	13	472622305527250155
	7	15	5231045543503271737
127	120	1	211
	113	2	41567
	106	3	11554743
	99	4	3447023271
	92	5	624730022327
	85	6	130704476322273
	78	7	26230002166130115
	71	9	6255010713253127753
	64	10	1206534025570773100045
	57	11	335265252505705053517721
	50	13	54446512523314012421501421
	43	14	17721772213651227521220574343
	36	15	3146074666522075044764575721735
	29	21	403114461367670603667530141176155
	22	23	123376070404722522435445626637647043
	15	27	22057042445604554770523013762217604353
	8	31	7047264052751030651476224271567733130217
255	247	1	435
	239	2	267543
	231	3	156720665
	223	4	75626641375
	215	5	23157564726421
	207	6	16176560567636227
	199	7	7633031270420722341
	191	8	2663470176115333714567

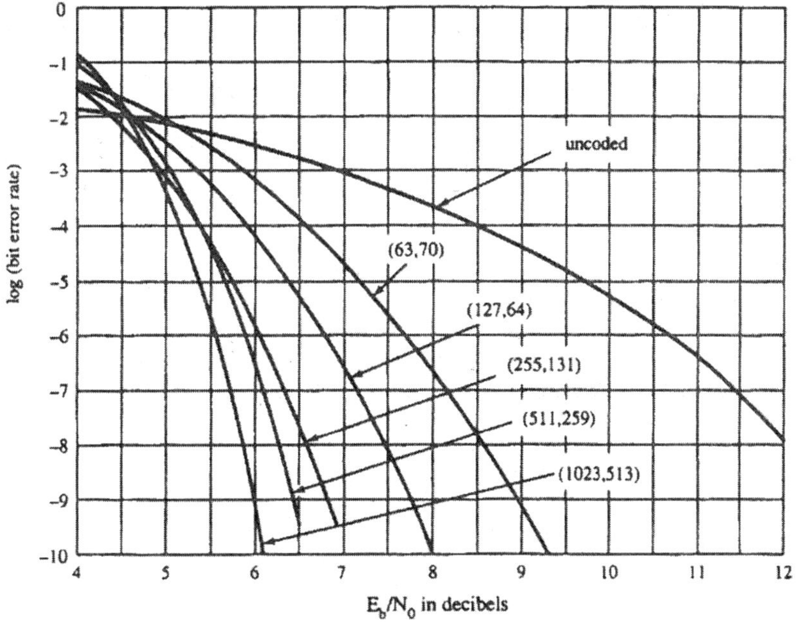

[그림 4.20] BCH 부호의 오율 성능($R \cong \frac{1}{4}$)

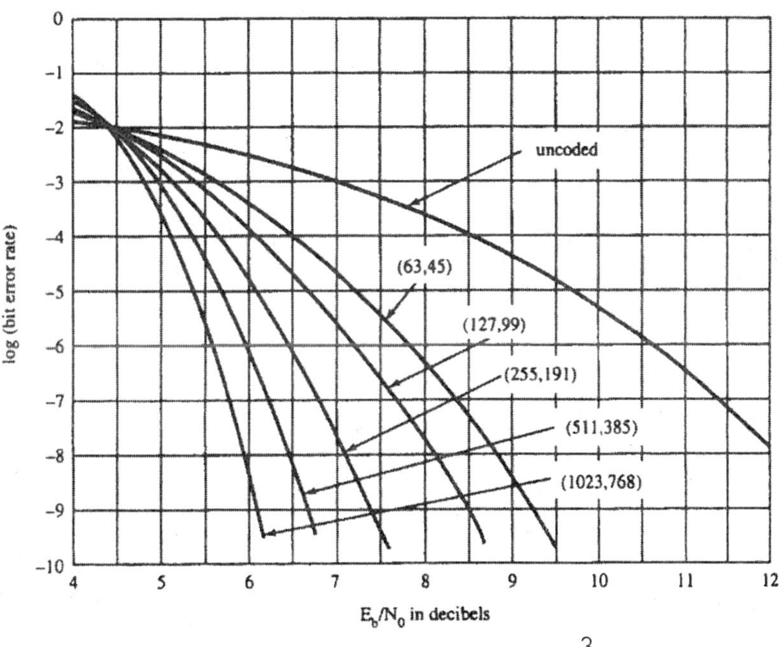

[그림 4.21] BCH 부호의 오율 성능($R \cong \frac{3}{4}$)

2 RS 부호

RS(Reed-Solomon) 부호는 비 이진 BCH 부호의 대표적인 경우로 이진 BCH 부호를 일반화한 형태이지만 역사적으로는 이진 BCH 부호보다 먼저 발견되었다. RS 부호는 버스트 특성을 갖는 오류 정정에 특히 효율적이며 콘볼루션 부호와 직렬연결(concatenation)시킨 형태로 위성 통신, 이동통신 등에서 많은 성능 개선 효과를 거두고 있다.

RS 부호는 식 (4.79)와 같은 생성 다항식에 의해 정의되며

$$\begin{aligned} g(X) &= (X-\alpha)(X-\alpha^2)....(X-\alpha^{2t}) \\ &= g_0 + g_1X + ... + g_{2t-1}X^{2t-1} + X^{2t} \end{aligned} \quad (4.79)$$

이때, a는 $GF(2^m)$의 원시 원소(primitive element)이다. 원시 원소는 대수학적 용어로 여기에서는 본 서의 범위를 넘어서는 내용이므로 다루지 않기로 한다. RS 부호를 정의하는 파라미터는 다음과 같다.

심 볼	: m [bits/symbol]
블럭길이	: $n = (2^m-1)$ [symbol] = m (2^m-1) [bits]
패리티 심볼 수	: n - k = 2t [symbol] = m (2t) [bits]
최소거리	: $d_{min} = 2t+1$

g(X)에 의해 생성되는 부호는 (n,n-2t) 순환 부호라 할 수 있으며 $GF(2^m)$의 비 이진 원소를 부호 심볼로 갖는다. 따라서, 부호화 과정은 이진 순환 부호와 유사하며 RS 부호의 부호기는 [그림 4.22]와 같다. 그림에서 ⊕와 ⊗는 각각 $GF(2^m)$에서의 가산과 승산 연산을 의미한다.

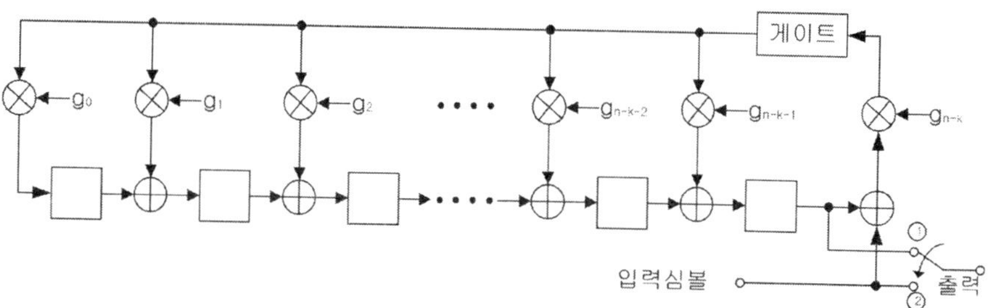

[그림 4.22] RS 부호의 부호기

RS 부호는 연집(burst) 특성을 갖는 오류 정정에 효과적인 것으로 잘 알려져 있으며 이러한 특성으로 인해 연집 오류가 빈번하게 발생되는 이동 통신 채널 등에서 효과적으로 사용되고 있다.

3 Golay 부호

Golay 부호는 다중 오류를 정정할 수 있는 유일한 이진 완전부호(perfect code)로 잘 알려져 있다. 1949년 Golay에 의해 처음 발견된 이후 이 부호가 갖는 많은 대수적인 성질 때문에 많은 연구가 수행되어 왔으며, 위성통신(INTELSAT TDMA/DSI 시스템)등에서 많이 사용되고 있다. (23, 12, 7) Golay 부호는 3개 이하의 오류를 정정할 수 있으며 이진 부호 중에서는 유일하게 다중 오류를 정정할 수 있는 완전부호인데, 여기서 완전부호라 함은 정정할 수 있는 오류 패턴의 수와 오증(syndrome)의 수가 동일하므로 오증을 오류 정정에 최대로 활용할 수 있는 부호를 말한다. 다시말해, 표준 배열을 구성할 경우 코셋의 수가 정정 가능한 오류 패턴의 수가 같은 부호를 완전부호라 할 수 있으며 Golay 부호의 경우 완전부호이므로 다음 식이 만족된다.

$$\binom{23}{0}+\binom{23}{1}+\binom{23}{2}+\binom{23}{3}=2^{n-k}=2^{11} \qquad (4.80)$$

Golay 부호는 일반적인 순환 부호의 부호화 방법을 이용하여 부호기를 구현할 수 있으며 (n-k) < k 이므로 (n-k)-단 쉬프트 레지스터로 구성된 나누기 회로를 이용한다. 한편, Golay 부호는 23 비트의 블럭 내에 3개 이하의 오류가 발생될 경우 모두 정정할 수 있는데 Golay 부호의 오류 복호 방식으로는 오류트래핑(error-trapping) 복호 방식의 일종인 카사미(Kasami) 복호 알고리듬을 사용하는 것이 가장 효율적인 것으로 알려져 있다.

Golay (23, 12, 7) 부호의 생성 다항식은 다음 식과 같이 표현 된다.

$$\mathbf{g}_1(X) = 1+X^2+X^4+X^5+X^6+X^{10}+X^{11}$$
$$\mathbf{g}_2(X) = 1+X+X^5+X^6+X^7+X^9+X^{11} \qquad (4.81)$$

$\mathbf{g}_1(X)$, $\mathbf{g}_2(X)$,는 모두 $(X^{23}+1)$의 인수인데 둘 중 어느 것을 사용해도 부호 성능은 동일하다.

09

콘볼루션 부호

콘볼루션 부호는 1957년 Wozencraft에 의한 순차 복호 방식(sequential decoding)이 처음 제안된 이래 Fano, Massey 등에 의해 꾸준한 발전을 하게 되었다. 그러나, 현재 가장 효율적이고 강력한 복호 방식으로 인정되고 있는 Viterbi 복호 알고리듬은 1967년에 이르러서야 개발되었으며 현재 트렐리스부호화변조(TCM : Trellis Coded Modulation)나 CPM(Continuous Phase Modulation) 등의 최적 복호 알고리듬으로 그 진가가 확인되고 있다. 본래, Viterbi는 그의 알고리듬이 구속장 길이가 긴 콘볼루션 부호일수록 더 효율적일 것으로 밝히고 있으나 실제 이를 구현하는데는 많은 난점이 있으며, 1970년대 Heller에 의해 구속장 길이가 짧은 콘볼루션 부호에 연판정(soft decision) Viterbi 복호 기법을 이용할 경우 그 성능의 우수성이 강조되면서 많은 분야에서 강력한 오류 정정 기법으로 적용되고 있다.

1 콘볼루션 부호의 부호화

전송할 정보 비트열에 대해 k-비트 단위로 블록화하여 n-비트 길이의 부호어(code word)로 부호화하는 블록 부호(block code)에 비해 콘볼루션 부호에서는 연속적인 부호 비트 열(bit stream)을 생성한다. (n, k, K)로 표시되는 콘볼루션 부호에서 n은 부호어의 길이(code length)를 의미하는 것은 아니며 k와 n은 각 각 한 클럭(clock) 당 부호화기에 입력되는 입력 비트와 출력 비트의 수를 말한다. 블록 부호의 경우 각 부호어 간에는 서로 영향을 주지 않는 독립적인 관계를 유지하지만, 콘볼루션 부호의 경우 현재의 k 입력 비트 뿐만 아니라 이전의 kK 입력 비트 열에 의해서도 영향을 받는다. 따라서, 콘볼루션 부호가 블록 부호와 다른 점은 부호화 된 비트 간에는 기억(memory) 요소가 존재한다는 점이다.

(n, k, K) 콘볼루션 부호의 부호율(code rate)은 k/n이고, 일반적으로 k와 n의 값은 블록 부호에 비해 상대적으로 작은 값을 가진다. K는 k-비트의 입력 블록이 부호화기에 입력되어 부호화기 레지스터에 존재하는 동안 출력 비트에 영향을 미치게 되는 총 클럭 횟수를 말하며 이를 콘볼루션 부호의 구속장 길이(constraint length)라 한다.

예를 들어, [그림 4.23]은 n=2, k=1, K=3인 콘볼루션 부호의 부호화기를 나타낸 것으로 버퍼에 입력된 정보 데이터는 동작이 수행(clocking)될 때마다 우측으로 이동되면서 mod-2 가산기를 통해 출력 비트에 총 3회에 걸쳐 영향을 주게 되므로 (2,1,3) 콘볼루션 부호의 구속장 길이는 K=3임을 알 수 있다. 한편, 이와 같은 부호화기의 개념도는 [그림 4.24]와 같이 메모리 소자를 이용해(예컨데, D flip/flop) 구현할 수 있는데 이때 메모리 소자의 개수를 콘볼루션 부호의 기억 차수(memory order)라 하고 m으로 표시한다. 따라서, 그림의 경우 m=2 임을 알 수 있으며, 일반적으로 구속장 길이와 메모리 차수는 K=m+1의 관계를 갖는다.

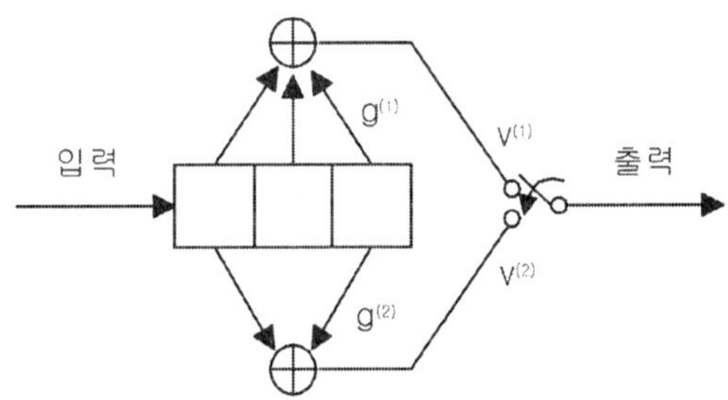

[그림 4.23] (2,1,3) 콘볼루션 부호화기의 구성도(1)

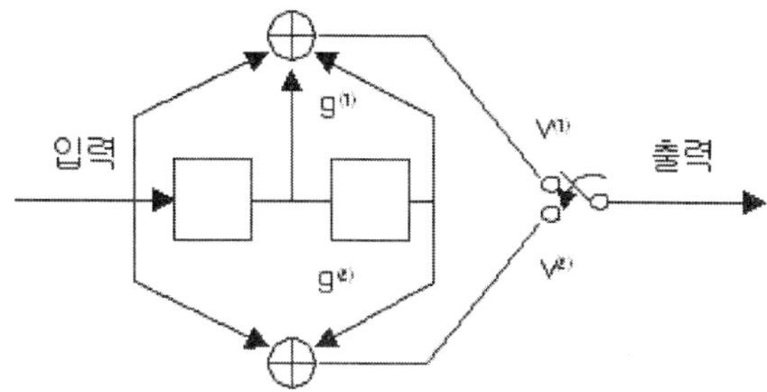

[그림 4.23] (2,1,3) 콘볼루션 부호화기의 구성도(1)

부호화기에 입력되는 정보 비트열을 $\mathbf{m} = (m_0, m_1, ...)$이라 하면 부호화기는 선형 시스템이므로 부호화기의 출력 $\mathbf{v}^{(1)}$과 $\mathbf{v}^{(2)}$는 부호화기의 충격파 응답과 입력 비트열 **m**과의 콘볼루션으로 생성된다. 출력 $\mathbf{v}^{(1)}$과 $\mathbf{v}^{(2)}$의 충격파 응답은 입력이 $\mathbf{m} = (1000...)$일 때의 출력이므로 $\mathbf{v}^{(1)} = (111)$, $\mathbf{v}^{(2)} = (101)$임을 알 수 있다. 부호화기의 구속장 길이는 K이므로 충격파 응답은 K 번 이상 지속되지 않으며 부호화기의 출력은 일반적으로 다음 식과 같이 표현될 수 있다.

$$v^{(1)} = (v_0^{(1)}, v_1^{(1)}, \ldots, v_{K-1}^{(1)}) = (v_0^{(1)}, v_1^{(1)}, \ldots, v_m^{(1)}) \quad (4.82)$$

$$v^{(2)} = (v_0^{(2)}, v_1^{(2)}, \ldots, v_m^{(2)}) \quad (4.83)$$

[그림 4.23]의 부호화기에 대한 충격파 응답은

$$v^{(1)} = (1\ 1\ 1) \quad (4.84)$$

$$v^{(2)} = (1\ 0\ 1) \quad (4.85)$$

로 나타낼 수 있으며 $\mathbf{v}^{(1)}$과 $\mathbf{v}^{(2)}$의 충격파 응답을 콘볼루션 부호의 생성 시퀀스(generator sequence) 혹은 생성 벡터라 한다. 따라서, 부호화기의 동작은 입력 시퀀스 $\mathbf{m} = (m_0, m_1, ...)$과 생성 시퀀스 $\mathbf{g}^{(1)} = (g_0^{(i)}, g_1^{(i)}, ...g_m^{(i)})$의 이산 콘볼루션(discrete convolution)으로 나타낼 수 있다.

$$v^{(1)} = m * \ g^{(1)} \tag{4.86}$$

$$v^{(2)} = m * \ g^{(2)} \tag{4.87}$$

예를 들어, 입력 시퀀스가 $\mathbf{m} = (110)$일 때 부호화기의 동작을 살펴보면 [표 4.11]과 같으며 이는 $\mathbf{m}$과 $\mathbf{g}^{(1)}$,(i=1.2)와의 이산 콘볼루션 결과와 동일함을 알 수 있다.

[표 4.11] m = (110) 일때의 부호화 동작

동작 횟수	입력 비트	레지스터 내용	출력 비트	
			$v^{(1)}$	$v^{(2)}$
0	-	0 0 0	-	-
1	1	1 0 0	1	1
2	1	1 1 0	0	1
3	0	0 1 1	0	1
4	0	0 0 1	1	1
5	0	0 0 0	0	0

이를 이산 콘볼루션을 이용하여 나타내면 식 (4.88) 및 식 (4.89)와 같음을 알 수 있다.

$$v^{(1)} = (1\,1\,0) * (1\,1\,1) = (1\,0\,0\,1\,0) \tag{4.88}$$

$$v^{(2)} = (1\,1\,0) * (1\,0\,1) = (1\,1\,1\,1\,0) \tag{4.89}$$

[표 4.11]의 부호화 동작과정에서 동작 횟수 4, 5에서 (K-1)=2 만큼의 0이 입력되었음에 유의하라. 이 0을 꼬리비트(tail bit)라 부르며 부호화과정에서는 (K-1)개의 꼬리비트를 부가하여 부호화하여야 수신단에서 메시지를 복호할 수 있다. [그림 4.25]에 부호화 과정을 나타내었다.

블록 부호와 마찬가지로 콘볼루션 부호에서도 벡터 형태는 물론 다항식 형태를 사용하여 생성 시퀀스나 입·출력 시퀀스 등을 나타낼 수 있다. n 개의 생성 다항식의 경우, 각 생성 다항식은 (K-1)차 이하이며, 각 항의 계수는 부호화기 쉬프트레지스터에서 mod-2 가산기에 연결된 탭의 형태와 동일하다. 예를 들어, [그림 4.23]의 경우 생성 다항식은

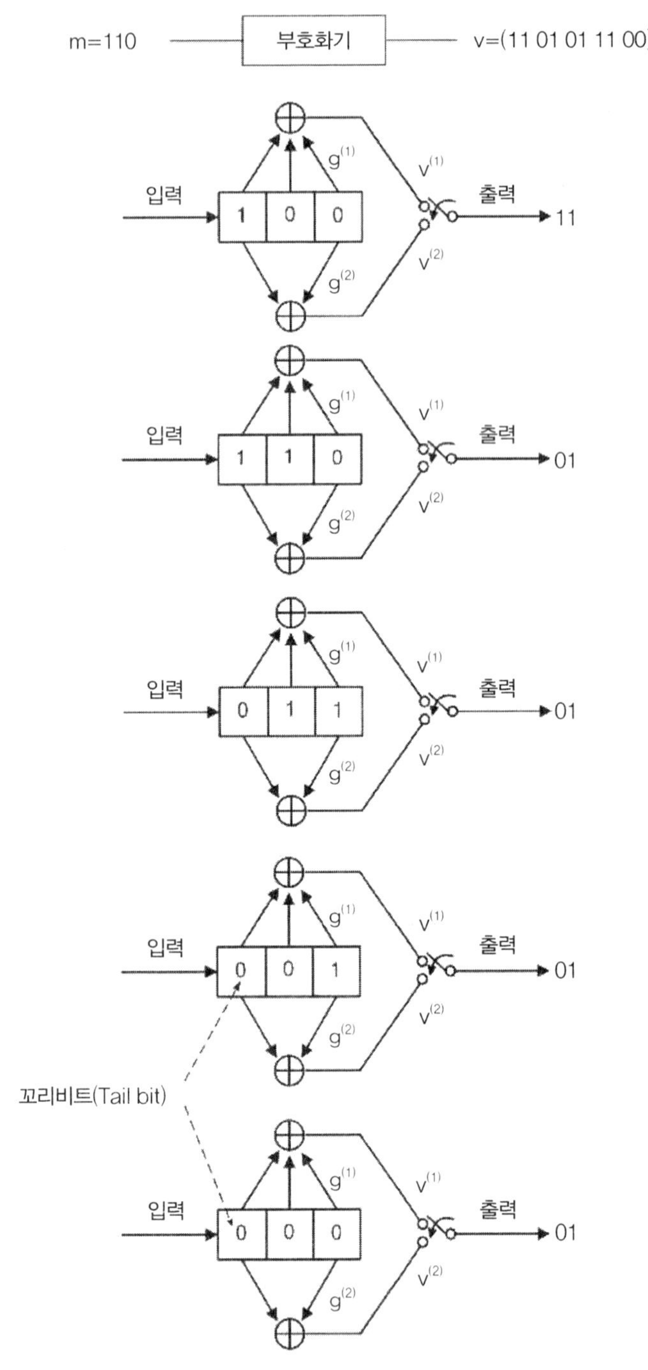

[그림 4. 23] (2,1,3) 콘볼루션 부호화기의 구성도(2)

$$g^{(1)} = 1 + X + X^2 \quad (4.90)$$

$$g^{(2)} = 1 \qquad + X^2 \quad (4.91)$$

이고 이때 최저 차 항은 레지스터 입력 단 측의 탭에 해당하며 $\mathbf{g}^{(i)}(X)$를 부호의 생성다항식(generator polynomial)이라 한다. 입력 시퀀스가 $\mathbf{m} = (110)$인 경우 다항식 형태는 $\mathbf{m}(X) = 1+X$이고 출력 시퀀스 $\mathbf{v}^{(i)}$에 대한 다항식 $\mathbf{v}^{(i)}(X)$는 $\mathbf{m}(X)$와 $\mathbf{g}^{(i)}(X)$의 곱으로 표시된다. 즉,

$$v^{(1)} = m(X)g^{(1)}(X) = (1+X)(1+X+X^2) = 1+X^3 \quad (4.92)$$

$$v^{(2)} = m(X)g^{(2)}(X) = (1+X)(1+X^2) = 1+X+X^2+X^3 \quad (4.93)$$

이므로 $\mathbf{v}^{(1)} = (10010)$이고 $\mathbf{v}^{(2)} = (11110)$임을 알 수 있으며 실제 전송되는 순서는 출력 스위치에 의해 $\mathbf{v}^{(1)}$와 $\mathbf{v}^{(2)}$가 교차적으로 출력되므로 전체 출력은 $\mathbf{v} = (11,01,01,11,00)$의 형태로 채널을 통해 전송된다.

2 콘볼루션 부호기의 구조적 특성

콘볼루션 부호화기는 선형 순서논리회로(sequential logic circuit)이므로 기본적으로 상태도(state diagram)를 이용해 그 동작을 나타낼 수 있다. 뿐만 아니라 트리도(tree diagram) 및 트렐리스도(trellis diagram)에 의해서도 표시될 수 있는데, 트리도는 상태도를 수행 시간에 따라 펼쳐놓은 형태로

볼 수 있고 트렐리스도는 트리도의 반복특성을 이용해 트리도를 축약시킨 형태라고 할 수 있다. 특히, 트렐리스도는 비터비 알고리듬에 의한 복호 과정에 중요하게 사용된다. 본 절에서는 이들 세가지 형태의 표현법에 대해 상세히 살펴본다.

1) 상태도

콘볼루션 부호화기의 상태(state)라 함은 부호기 내의 메모리에 들어 있는 내용을 말한다. 예를 들어, [그림 4.23]에서는 우측에 있는 (K-1) 개의 쉬프트레지스터(shift register)의 내용에 의해 상태가 결정되며 [그림 4.24]의 경우에는 메모리 소자의 내용에 의해 상태가 정해진다. 부호화기에서 다음 출력을 결정하기 위해 필요한 것은 현재 부호기의 상태와 차기입력(next input)만 알고 있으면 충분하다. 또한, 부호화기의 상태는 메모리 차수가 m인 경우 $2^m(=2^{k-1})$ 개의 상태 수가 존재하므로 이 들은 m-비트 단위로 표시할 수 있다. [그림 4.26]은 (2,1,3) 콘볼루션 부호의 상태도를 나타낸 것이며, 이때 $\mathbf{g}^{(1)} = (111)$, $\mathbf{g}^{(2)} = (101)$이다.

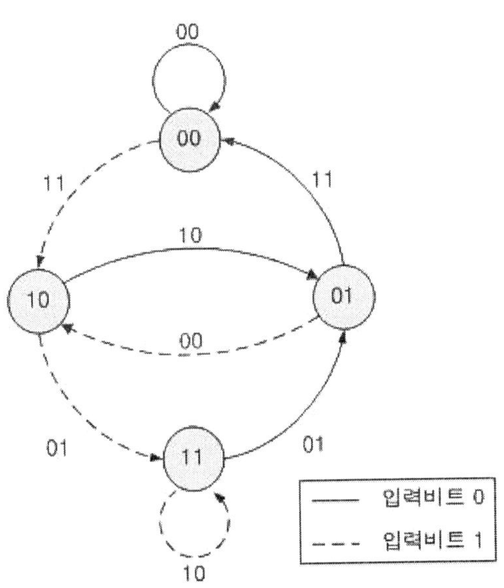

[그림 4.26] (2,1,3) 콘볼루션 부호의 상태도: $g^{(1)}=(111)$, $g^{(2)}=(101)$

부호화기의 상태 수는 $2^{k-1} = 2^m$이며 부호화기에 k 비트의 정보가 입력되면 출력 부호 비트와 함께 차기 상태가 결정된다. 각 상태를 떠나거나 들어오는 가지 수는 2^k 개가 되며 각 가지마다 입·출력 비트 및 이에 따른 상태 천이 형태가 표시된다. 따라서, 그림의 경우 각 상태로 들어오거나 떠나는 가지 수는 입력 비트 수가 1 비트이므로 '0' 혹은 '1'에 따른 2^1 가지 경우의 가지(branch)가 발생된다. 예를 들어, 현재 상태가 (00)이면 입력 비트가 '0'일 때 차기 상태는 (00)이 되며 입력비트가 '1'일 때 차기 상태는 (10)으로 천이될 것이다.

2) 트리도

상태도는 순서 논리 회로의 동작 상태를 나타내는데 편리하기는 하나 시간에 따른 변화를 알 수 없는 것이 단점이다. 이런한 점을 고려하여 부호화기의 동작 상태를 재 구성한 것이 트리도(tree diagram)이다. [그림 4.27]은 생성 시퀀스가 $\mathbf{g}^{(1)} = (111)$, $\mathbf{g}^{(2)} = (101)$인 (2,1,3) 콘볼루션 부호의 트리도를 나타낸 것이다. 부호화기의 초기 상태는 (00) 이므로 트리도 역시 (00)의 상태로부터 시작된다. 상태가 표시되어 있는 점을 노드(node)라 하며, 노드와 노드 사이의 연결은 상태도의 가지(branch)에 해당된다. 각 노드에서 분기되는 규칙은 입력 비트가 '1'이면 노드에 대해 하향(下向) 이동되고 '0' 비트가 입력되면 상향(上向)으로 분기가 이루어지면서 천이에 따른 부호어를 출력하게 되며 출력 부호 비트를 해당 가지에 표시하도록 되어 있다.

예를 들어, 처음($t = t_1$)에 부호화기의 상태가 (00)이므로 다음 입력 비트가 '0'이면 차기 상태는 (00)으로 이동되고, '1'이 입력되면 하향 이동되어 (10)의 상태로 천이되면서 각 각 "00"와 "11"의 부호 비트를 출력한다. 그림에서 굵은 선은 입력 비트 시퀀스 (10100)일 때 트리도에서 부호화기의 상태가 천이된 궤적(trace)이며 해당 출력 부호 비트 시퀀스는 (11 10 00 10 11)이 된다.

[그림 4.27]의 트리도를 상세히 살펴보면 $t = t_4$ 부터는 동일한 형태가 반복되고 있음을 알 수 있는데 이러한 구조적 특성을 이용하여 재 구성한 것이 트렐리스도(trellis diagram)이다. 트리도는 동작이 한 번 이루어질 때마다 2^k 개의 가지가 각 상태로부터 분기되므로 가지의 수가 2^k 배씩 증가하여 복호화 과

정에 사용하는 것은 대단히 부 적절하다. 따라서, 복호화 과정에서는 주로 트렐리스도가 많이 이용되며 특히 비터비 방식의 복호화 과정에 중요한 역할을 한다.

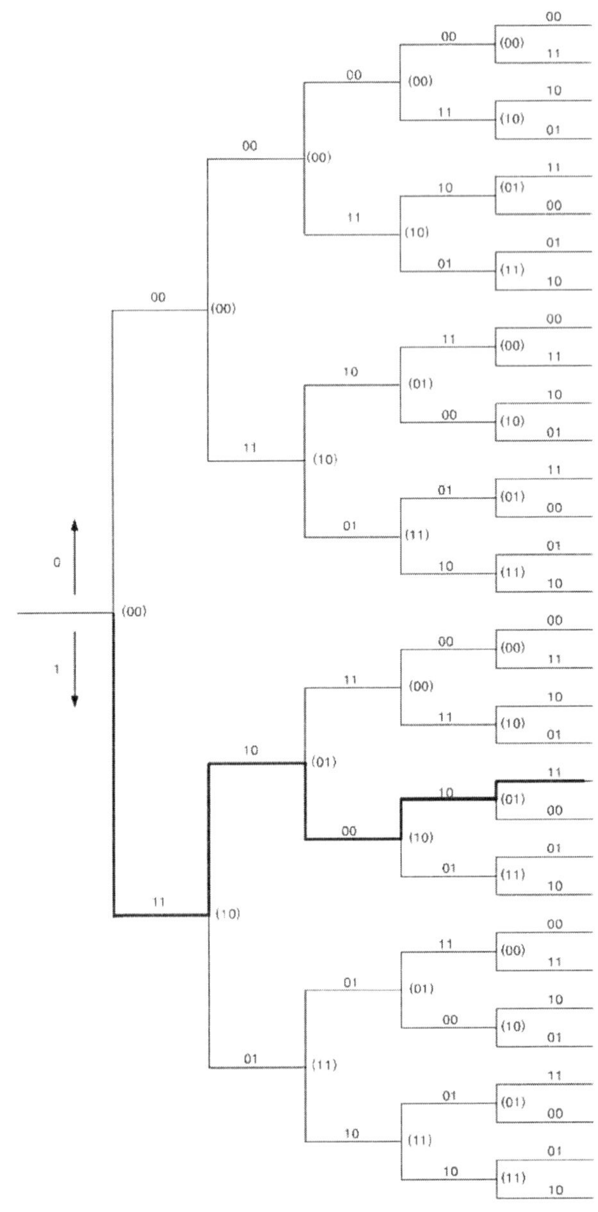

[그림 4.27] (2, 1, 3) 부호의 트리도 : $g^{(1)} = (111)$, $g^{(2)} = (101)$

3) 트렐리스 도

전 절에서 말한 바와 같이 트리도는 시간에 따른 부호화기 동작 상태의 변화 과정을 알 수는 있으나 시간이 한 번 경과할 때마다 트리도를 구성하는 가지의 수가 2^k 배씩 증가하므로 이를 복호 알고리듬에 사용하는 것은 부 적절하다. 한편, 트리도는 동일한 상태(state)와 가지(branch)의 형태가 계속 반복되는 특징을 가지고 있는 바 이를 이용하여 재 구성한 것이 트렐리스 도(trellis diagram)이다. [그림 4.28]은 [그림 4.27]의 트리도에 대응되는 트렐리스 도를 나타낸 것이다. 그림에서 부호화기는 항상 초기 상태가 (00)인 경우라고 가정하였으며 처음 (K-1)번의 분기는 초기 상태 (00)으로부터 나머지 상태로 분기되는 과정임을 알 수 있다. K 번 이후에는 동일한 구조가 반복됨을 볼 수 있는데, 상태를 나타내는 각 노드에서는 입력 비트가 '0'일 경우 노드에 대해 상향 분기를 하며 '1'일 때는 노드에 대해 하향 분기를 한다. 노드에서 분기

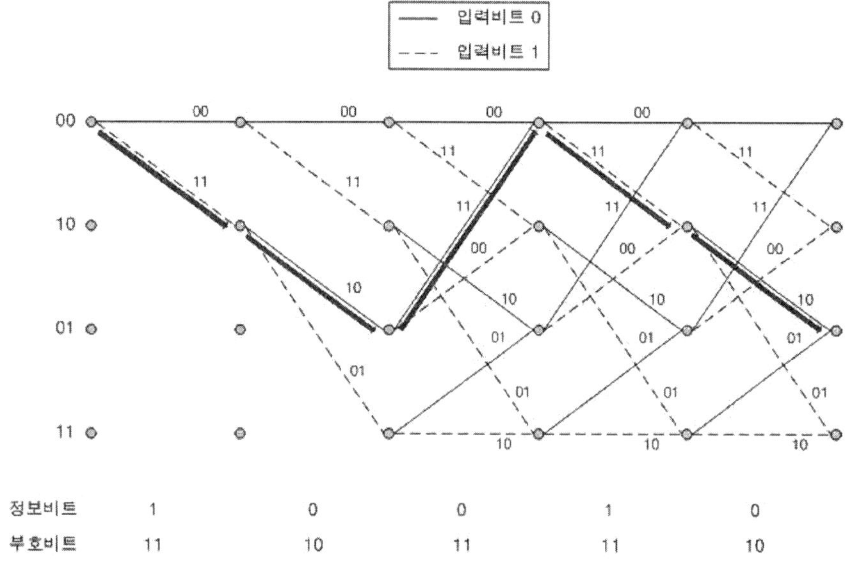

[그림 4.28] (2,1,3) 콘볼루션 부호의 트렐리스 도

는 가지에는 천이 형태에 따른 출력 부호비트가 해당 가지에 표시된다. 예를 들

어, 입력 정보비트 시퀀스가 (10010)일 때 천이 형태는 그림의 굵은 선과 같으며 이에 해당하는 부호 비트 시퀀스는 $\mathbf{v}$ = (11,10,11,11,10)임을 알 수 있다. 트렐리스도의 관점에서 보면 부호화란 입력 비트 시퀀스에 해당하는 경로(path)를 선정하고 그 경로를 구성하는 각 가지에 표시된 부호 비트를 출력하는 것으로 생각할 수 있다. 또한, 복호(decoding) 과정이란 수신된 수신 부호 비트열을 이용해 트렐리스 상에서 송신 경로를 찾는 과정이라고 할 수 있는 것이다. 트렐리스도에서 수신 부호 비트열을 바탕으로 송신부호의 경로를 찾는 대표적인 복호 방법으로 비터비(Viterbi) 알고리듬을 들 수 있다.

3 무한 오류 전파와 콘볼루션 부호의 설계

복호 과정에서 오류를 잘못 추정하거나 혹은 채널 상에서 발생한 특정 패턴의 오류로 인해 복호 과정이 진행되어 감에 따라 더욱 더 많은 오류가 추가적으로 발생되어가는 현상을 무한 오류 전파(infinite error propagation)라 한다. 예를 들어, [그림 4.29]의 경우 $\mathbf{g}^{(1)}$ = (110), $\mathbf{g}^{(2)}$ = (101)인 부호화기의 구조를 나타낸 것인데 입력 정보비트 시퀀스가 $\mathbf{m}$ = (1111...)이면 부호화기의 출력 부호 시퀀스는 $\mathbf{c}$ = (110100...)가 될 것이다. 만일, 전송 과정에서 부호 시퀀스의 값들 중에서 '1'에 해당하는 위치에 오류가 발생되면 복호기에 입력되는 수신 비트시퀀스는 $\mathbf{r}$ = (00000...)가 될 것이다. 따라서, 복호기는 송신 정보 비트열을 $\hat{\mathbf{m}}$ = (000...)으로 결정하게 되며 실제 발생한 3 개의 오류 때문에 복호과정에서 무한 개의 오류가 발생하는 결과를 초래하게 되는 것이다. 이러한 현상은 부호의 설계가 적절치 못하여 발생되는 것으로 이는 설계 시 컴퓨터 등을 이용하여 무한 오류 전파가 발생되지 않는 부호를 찾아야 한다. [그림 4.30]은 무한 오류 전파가 발생되는 과정을 알기 쉽게 나타낸 개념도이다.

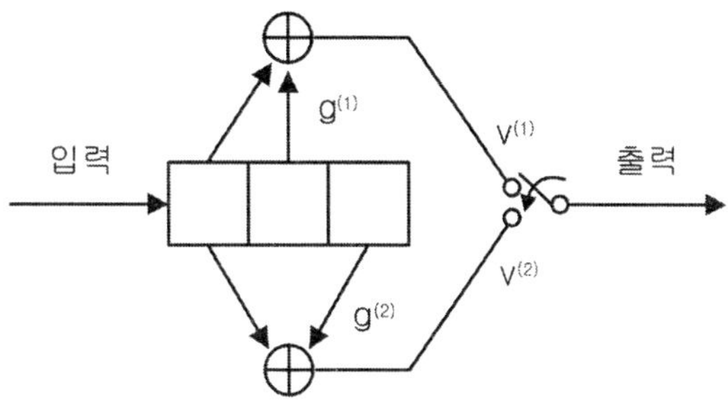

[그림 4.29] (2,1,3) 부호화기, $g^{(1)}$=(110), $g^{(2)}$=(101)

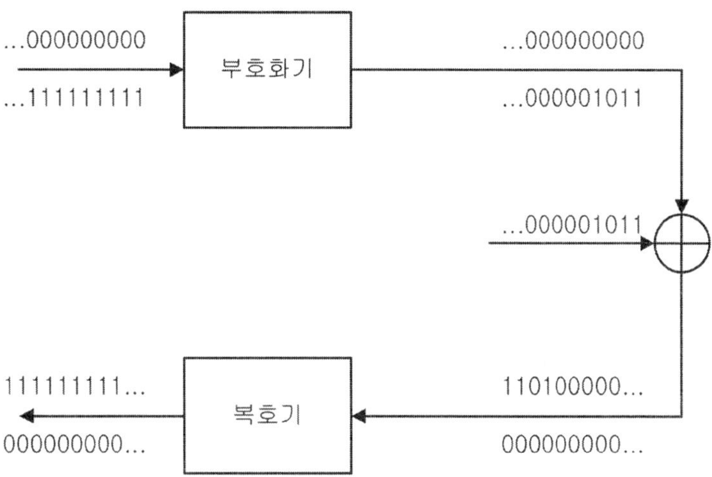

[그림 4.30] 무한 오류 전파의 예

1970 년 Odenwalder[21]는 무한 오류 전파 현상이 발생되지 않는 부호 중에서 콘볼루션 부호의 거리 특성을 기준으로 부호율 및 구속장 길이에 따른 우수 콘볼루션 부호를 선정하였는데 특히, 비터비 복호 알고리듬을 사용할 경우 최적의 성능을 나타내는 것으로 알려져 있다. [표 4.12]와 [표 4.13]은 부호율이 각 각 R=1/2일 때와 R=1/3일 때 구속장 길이(K=3~9)에 따른 부호의 생성 다항식 계수를 나타낸 것이다. 예를 들어, [표 4.12]에서 R=1/2이고 K=4일 경우 $\mathbf{g}^{(2)}$ = (1101)로 표시되며 $\mathbf{g}^{(2)}(X) = 1+X+X^3$이 될 것이다.

[표 4.12] R=1/2, K=3~9일 때 생성다항식의 계수

구속장 길이	d_{free}	다항식 계수(g1, g2)
3	5	111,101
4	6	1111,1101
5	7	11101,10011
6	8	111101,101011
7	10	1111001,1011011
8	10	11111001,10100111
9	12	111101011,101110001

[표 4.13] R=1/3, K=3~8일 때 생성다항식의 계수

구속장 길이	d_{free}	다항식 계수(g1, g2,g3)
3	8	111,111,101
4	10	1111,1101,1011
5	12	11101,11011,10101
6	13	111101,101011,100111
7	15	1111001,1110101,1011011
8	16	11110111,11011001,10010101

10 콘볼루션 부호의 복호

채널의 잡음 형태가 부가 백색 가우시안 잡음(additive white gaussian noise)일 경우, Shannon이 예상한 통신 신뢰도에 접근할 수 있는 방법으로 콘볼루션 부호가 가장 유망하다는 것은 잘 알려진 사실이다[1]. 콘볼루션 부호는 추상대수(abstract algebra)적인 구조적 특성을 가진 블럭부호(block code)와는 달리 채널의 통계량을 확률적인 견지에서 이용하므로써 메시지를 복호하는 방식이기 때문에 확률적 복호(probabilistic decoding) 방식이라고도 한다.

콘볼루션 부호에 대한 복호 방식으로는 비터비(Viterbi) 복호방식과 순차(sequential) 복호방식이 대표적으로 꼽힌다. 두 방식 모두 트리 혹은 트렐리스도를 이용해 각 가지(branch)에 할당된 메트릭(metric) 값을 이용해 송신된 정보 비트열(information bit sequence)을 추정하는데, 비터비 복호방식과 순차 복호 방식은 서로 상반된 복호 특성을 가지고 있으며 적용되는 채널 환경도 같지 않다. 비터비 복호 방식은 트렐리스의 모든 경로(path)에 대해 메트릭 값을 이용하여 탐색한 후 트렐리스 상의 최적 경로를 선정하여 복호하는 반면, 순차 복호기는 부호의 트리 구조를 이용하며 전체 트리 구조를 모두 탐색하지 않고 단 한개의 경로만을 따라 전 후로 탐색해 가는 복호방식이다. 따라서, 비터비 복호방식의 계산량은 트렐리스의 복잡도에 따라 좌우되며 구속장 길이가 커질수록 트렐리스의 복잡도는 기하급수적으로 증가하므로 계산량 또한 크게 증가한다. 순차 복호 방식의 계산량은 구속장 길이와는 거의 관계가 없으므로 구속장 길이를 크게 증가시켜 성능이 우수한 콘볼루션 부호를 사용할 수 있다. 그러나, 계산량의 변화 형태가 불규칙하며 채널상태가 양호하지 못할 경우에는 예측할 수 없는 많은 계산량을 보이며 오히려 동작속도가 느려지는 단점을 가지고 있다.

1 비터비 복호 방식

비터비 복호 방식은 채널을 통과한 수신 비트들에 대해 확률적으로 가장 근사한 경로를 선택하는 최대 확률론적(maximum likelihood) 복호 방식으로서, 콘볼루션 복호 방식들 중 가장 대표적이고도 최적의 성능을 보이는 방식이다[4]. 1967년 비터비에 의해 발견된 비터비 알고리듬은 복잡도(complexity) 문제로 인해 구속장 길이가 짧은 부호에 대해서만 한정되어 적용될 수 있었음에도 불구하고 크게 선호되어 왔던 것은 연판정(soft decision) 복호의 구현이 용이하기 때문이었다. 일반적으로, 연판정 기법은 경판정(hard decision) 복호 기법에 비해 2~3 [dB] 의 부호이득을 가지며 비터비 복호의 경우 연파정 방식과 경판정 방식의 시스템 복잡도가 거의 같기 때문에 큰 잇점을 갖는다고 할 수 있다. 1969 년 Omura는 비터비 알고리듬이 사실 상 최대확률론적복호(maximum likelihood decoding) 기법과 동일함을 보였으며, 본 절에서도 이를 이용하여 비터비 복호방식의 개념을 설명하기로 한다.

1) 최대확률론적 복호

비터비 복호기는 수신된 비트 열과 트렐리스 상의 각 경로에 해당하는 부호 비트 열을 비교하여 가장 근접한 경로를 선정한 후 복호하는 방식으로 이때 경로 선정의 기준이 되는 것이 메트릭(metric) 이다. 메트릭은 전송 채널의 특성과 복호기의 정합 여파기 출력을 양자화 하는 방식에 따라 크게 다르며, 복호화 과정의 각 단계마다 메트릭을 기준으로 가장 적합한 경로를 선정하게 된다.

$\mathbf{C}^{(m)}$을 전송 부호 비트열 중의 하나라고 하고 $\mathbf{R}$을 수신 비트열이라 하면 복호기는 다음과 같이 표시되는 기준 식에 의해 전송된 부호 비트열을 추정하게 된다.

$$P(R|\ C^{(m')}) = \underset{all\ C^{(m)}}{MAX}\ P(R|\ C^{(m)}) \qquad (4.94)$$

복호기는 전송 가능한 모든 부호 비트열 $\mathbf{C}^{(m)}$에 대해 $\mathbf{R}$이 수신될 확률을 각각 계산하여 이들 중 최대 값을 갖는 부호 비트열을 송신단에서 전송한 부호 비트열 $\mathbf{C}^{(m')}$으로 결정하게 되며 이를 최대확률론적복호(maximum likelihood decoding)이라 한다.

이산 무기억 채널(DMC : discrete memoryless channel)에서는 각 비트와 비트 사이가 서로 통계적 독립관계를 유지하므로 식 (4.94)는 다음과 같이 표현할 수 있다.

$$\begin{aligned} P(R|\ C^{(m)}) &= \prod_{i=1}^{\infty} P(R_i|C_i^{(m)}) \\ &= \prod_{i=1}^{\infty}\prod_{j=1}^{n} P(r_{ji}|c_{ji}^{(m)}) \end{aligned} \qquad (4.95)$$

이때, $\mathbf{C}_i$는 트렐리스도에서 i 번째 가지에 표시된 n 비트 단위의 부호 비트열이고 $\mathbf{R}_i$는 i 번째 가지에 해당하는 수신 비트열이다. $\mathbf{c}_{ji}$는 $\mathbf{C}_i$의 j 번째 부호 비트이며 $\mathbf{r}_{ji}$는 $\mathbf{R}_i$의 j 번째 수신 비트를 의미한다. 따라서, 최우복호란 식 (4.95)의 값이 최대인 트렐리스 경로를 찾는 과정이며, 식 (4.95)의 양변에 log를 취하면

$$\begin{aligned} \log P(R|\ C^{(m)}) &= \sum_{i=1}^{\infty} \log P(R_i|C_i^{(m)}) \\ &= \sum_{i=1}^{\infty}\sum_{j=1}^{n} \log P(r_{ji}|c_{ji}^{(m)}) \end{aligned} \qquad (4.96)$$

여기서, $\log P(r_{ji}|c_{ji}^{(m)})$을 비트 메트릭(bit metric)이라하며 n 개의 비트 메트릭이 합해져서 $\log P(R_i|C_i^{(m)})$에 해당하는 가지 메트릭(branch metric)을 구성한다. 다시 모든 가지 메트릭이 합해지면 결국 식(4.95)의 값 $\log P(\mathbf{R}|\mathbf{C}^{(m)})$을 얻게 되는 데 이를 경로 메트릭(path metric)이라 한다. 메트릭은 비터비 방식의 복호화 과정에 중요한 역할을 하게되며 적용되는 채널 모델에 따라 각 각 다른 모양으로 나타나게 되는데, 예를 들어 경판정 이진 대칭 채널(BSC)의 경우 메트릭은 수신 비트열 **R**과 $C^{(m)}$간의 해밍거리 형태로 나타나게 된다.

가우시안 잡음 채널을 통해 수신되는 신호가 복조기(demodulator)의 정합 여파기를 통과하여 나타나는 출력 값을 z 라고 하면 이는 식(4.97)과 같이 신호성분과 잡음성분으로 분리하여 생각할 수 있다.

$$z = a_i + n_0 \tag{4.93}$$

이때, a_i는 신호 성분을 나타내며 n_0는 평균이 0인 가우시안 랜덤변수로 볼 수 있다. 신호 성분 a_i는 상수이므로 출력신호 z는 평균이 a_i인 가우시안 랜덤변수이며 z 값에 대해 양자화된 값이 복호기에 입력된다. 양자화(quantization) 레벨이 2인 경우의 복호 방식을 경판정 복호(hard decision decoding)라 하고 3이상의 레벨을 갖는 경우 연판정 복호(soft decision decoding)라 한다. z 값에 대한 양자화 레벨이 2인 경판정 복호의 대표적인 형태로 이진 대칭 채널(BSC)을 들 수 있다. [그림 4.31]은 경판정 BSC 채널 모델을 나타낸 것으로 p는 채널 오류 확률을 의미한다.

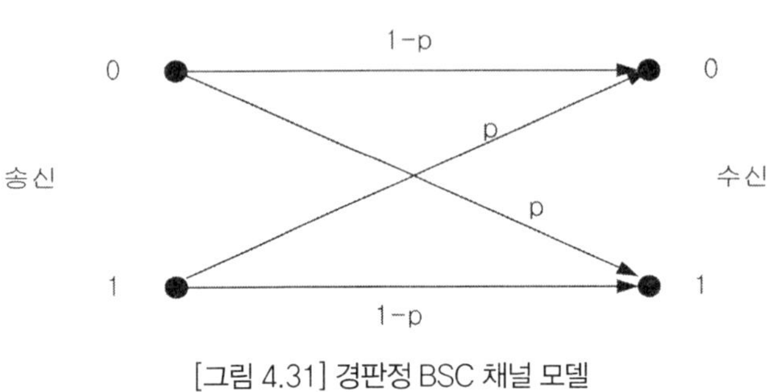

[그림 4.31] 경판정 BSC 채널 모델

이산 대칭 채널을 통해 $\mathbf{C}^{(m)}$을 전송하여 R이 수신되었다고 가정하고 $\mathbf{C}^{(m)}$과 R의 비트 길이가 L 이라 하면 다음 식이 성립한다.

$$\begin{aligned} P(R|\ C^{(m)}) &= p^{d_m}(1-p)^{L-d_m} \\ &= \left(\frac{1-p}{p}\right)^{-d_m}(1-p)^L \end{aligned} \qquad (4.98)$$

이때, d_m은 $\mathbf{C}^{(m)}$과 R의 해밍거리이며 이는 채널에서 발생한 오류의 개수와 동일하다. 식 (4.98)의 양변에 log를 취하면

$$\log P(R|\ C^{(m)}) = -d_m \log\left(\frac{1-p}{p}\right) + L\log(1-p) \qquad (4.99)$$

이며, 일반적으로 $p < 0.5$이므로

$$\Gamma_{C^{(m)}} = \log P(R|\ C^{(m)}) = -\alpha d_m - \beta \qquad (4.99)$$

로 나타낼 수 있다. 여기서, a와 β는 양의 상수이다. 식 (4.100)은 경판정 BSC 모델에서 **R**에 대한 수신부호 비트 열 $\mathbf{C}^{(m)}$의 경로 메트릭이며 비터비 복호방식에서는 최대 경로 메트릭을 갖는 부호 비트열을 전송 부호 비트열로 결정하게 된다. 따라서, 메트릭 $\Gamma_{C^{(m)}}$의 값이 최대가 되기 위해서는 d_m의 값이 최소가 되어야 하므로 이는 곧 **R**과 $\mathbf{C}^{(m)}$의 해밍거리가 최소인 부호 비트열에 해당하는 경로를 탐색하는 것과 동일하다. 경판정 비터비 복호 방식에서는 **R**과 $\mathbf{C}^{(m)}$의 해밍거리를 메트릭 값으로 사용하며 최소 해밍거리, 즉 최소 경로 메트릭 값을 갖는 부호 비트 열을 전송 부호 비트열로 추정하게 된다. 예를 들어, (2,1,3) 콘볼루션 부호를 이용하여 정보 비트 (10010 ...)를 부호화한 후

BSC 채널을 통해 전송할 경우 이에 대한 트렐리스도는 [그림 4.32]와 같이 나타낼 수 있다. 채널 잡음에 의해 7 번째 비트에 오류가 발생하였다고 가정하면 복호기는 수신 비트 열 R = (11 10 11 01 10...)을 이용하여 다음과 같은 복호 과정을 거쳐 송신부호 비트열을 트렐리스 상에서 탐색하게 된다.

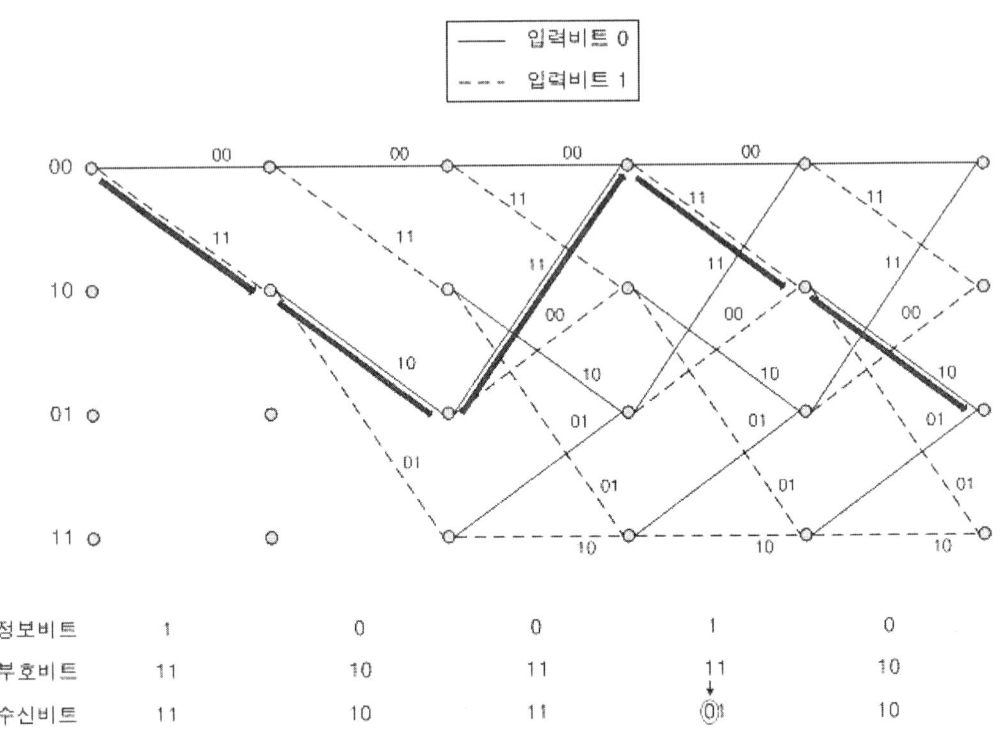

[그림 4.32] BSC 모델에서의 트렐리스도, (2,1,3) 콘볼루션 부호

수신 부호 비트가 복호기에 입력되면 복호기는 n 비트 단위로 트렐리스의 각 가지에 대해 메트릭을 계산한다. 예를 들어, [그림 4.32]에서 처음 수신된 비트는 11인데 전송 가능한 부호 비트는 00와 11이다. 부호화기의 상태가 00에서 00으로 천이되면서 발생되는 부호 00과 수신 비트 11 과의 해밍거리는 2이며 이것은 곧 R_1 = (11)에 대한 부호 C_1 = (00)의 가지 메트릭에 해당한다.

$t = t_2$ 에서 다시 수신된 부호어는 10 이고 부호화기의 상태가 다시 00에서 10으로 천이되므로써 발생되는 부호 비트 C_2 = (11)의 가지 메트릭은 1이 된다. 따라서, 부호화기의 상태가 00→00→10로 천이 되면서 발생되는 부호 비트열 (00, 11)의 부분 경로 메트릭은 총 3이 된다.

비터비 복호기는 위 와 같은 과정을 통해 트렐리스 상의 발생 가능한 모든 경로에 대해 경로 메트릭을 구한 후 값이 가장 작은 경로를 선택하여 이에 해당하는 부호어를 송신단에서 전송한 송신 부호어로 판정하게 된다. 그러나, 트렐리스 상에 존재하는 모든 경로에 대해 일일이 경로 메트릭을 계산한다는 것은 대단히 비 효율적이다. 다행히, 비터비는 무기억 채널의 경우 트렐리스의 구조적인 특성을 잘 활용하면 이러한 난점을 쉽게 극복할 수 있음을 밝혀 냈는데 이것이 비터비 알고리듬의 핵심이라 할 수 있다. [그림 4.33]은 이러한 사실을 잘 나타내고 있다.

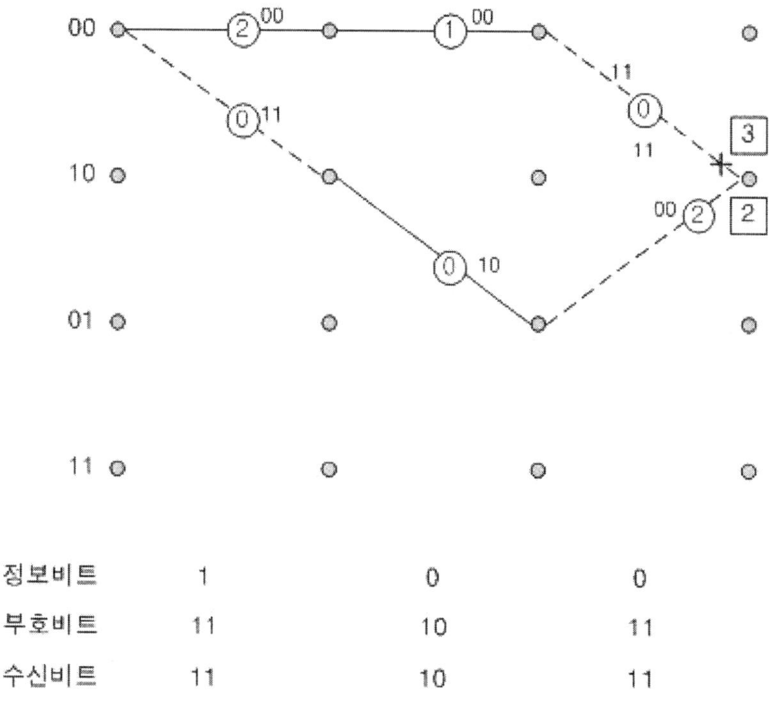

[그림 4.33] 생존 경로의 선택

$t = t_4$에서 상태 c=(10)을 통과하는 경로는 그림에서 2가지 경로가 가능하다. 상태 c에 입력되는 두 경로 중에서 00→00→00→c 의 경로 메트릭은 3이며 00→10→01→c 의 경로 메트릭은 2이다. 상태 c로 입력되는 두 경로 중에서 그 때까지의 부분 경로 메트릭이 큰(해밍거리가 큰) 경로는 트렐리스 상에서 제거해도 최적 경로를 선택하는 데는 아무런 영향이 없다. 이때 각 상태에 입력되는 두 경로 중에서 제거되지 않은 경로를 생존 경로(survivor path)라고 한다.

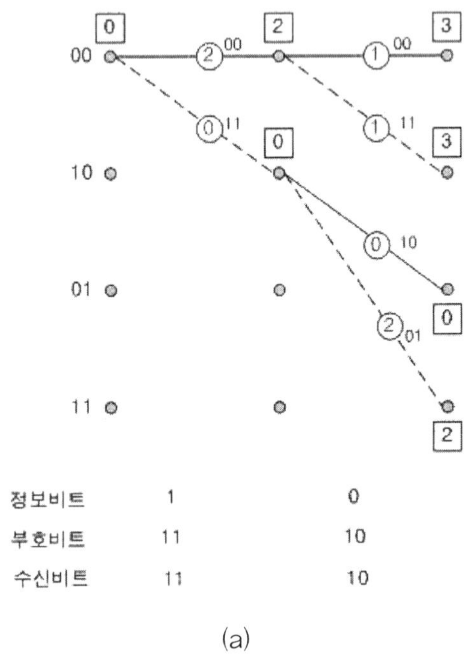

(a)

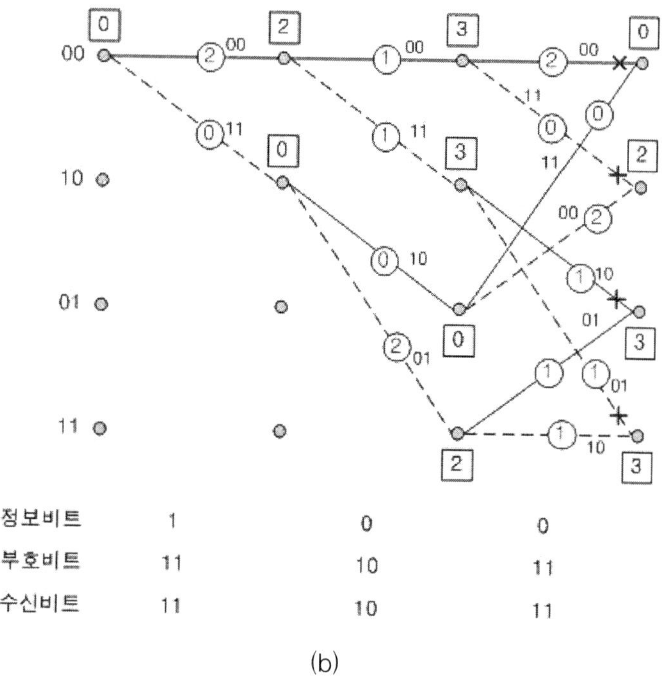
00
10
01
11
0
2
3
0
2
0
3
0
3
2
3
00
11
10
01
정보비트 1 0 0
부호비트 11 10 11
수신비트 11 10 11

(b)

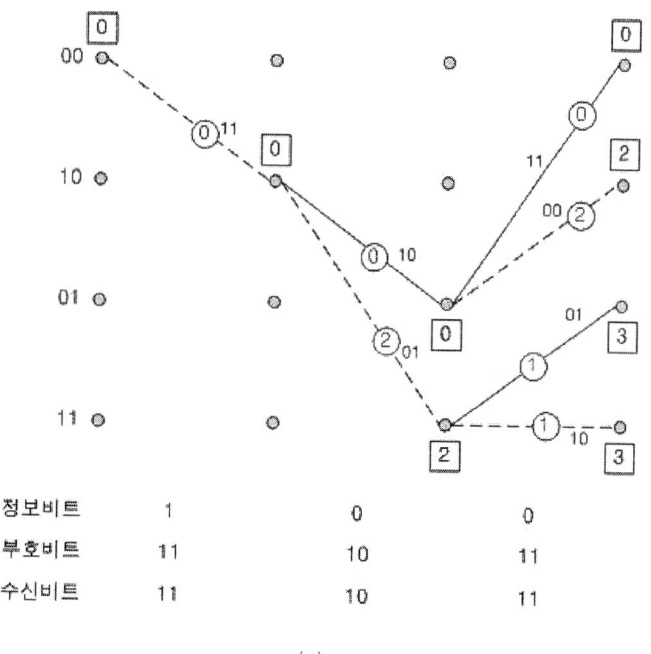
00
10
01
11
0
0
0
2
0
2
3
3
11
10
01
00
정보비트 1 0 0
부호비트 11 10 11
수신비트 11 10 11

(c)

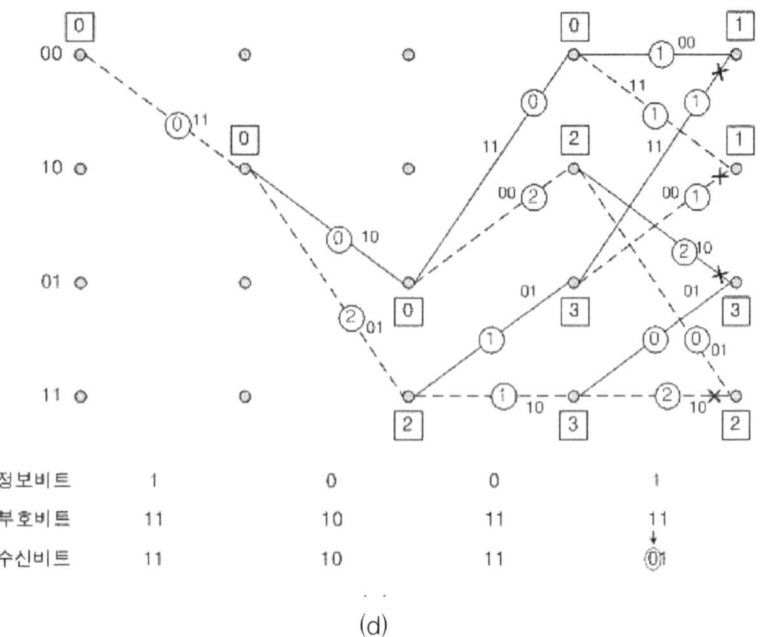
00
10
01
11
정보비트 1 0 0 1
부호비트 11 10 11 11
수신비트 11 10 11 01

(d)

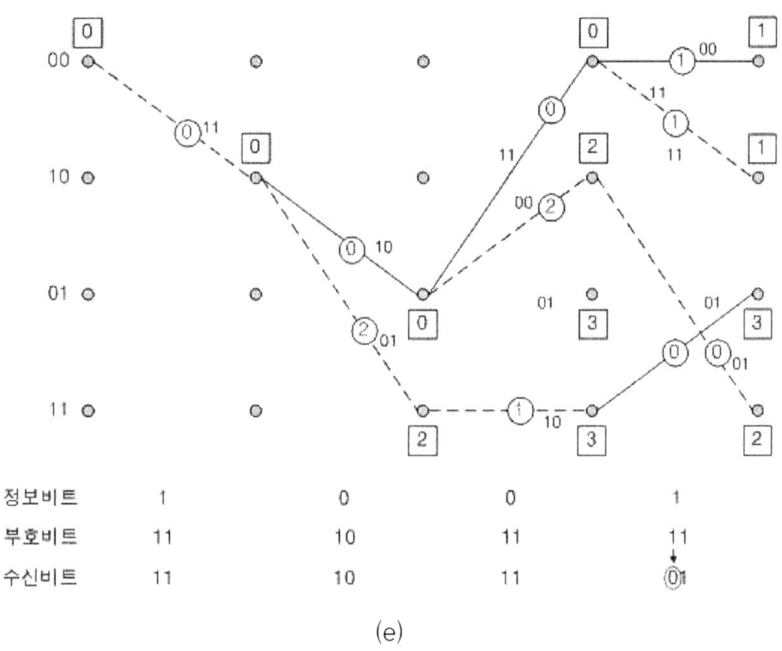
00
10
01
11
정보비트 1 0 0 1
부호비트 11 10 11 11
수신비트 11 10 11 01

(e)

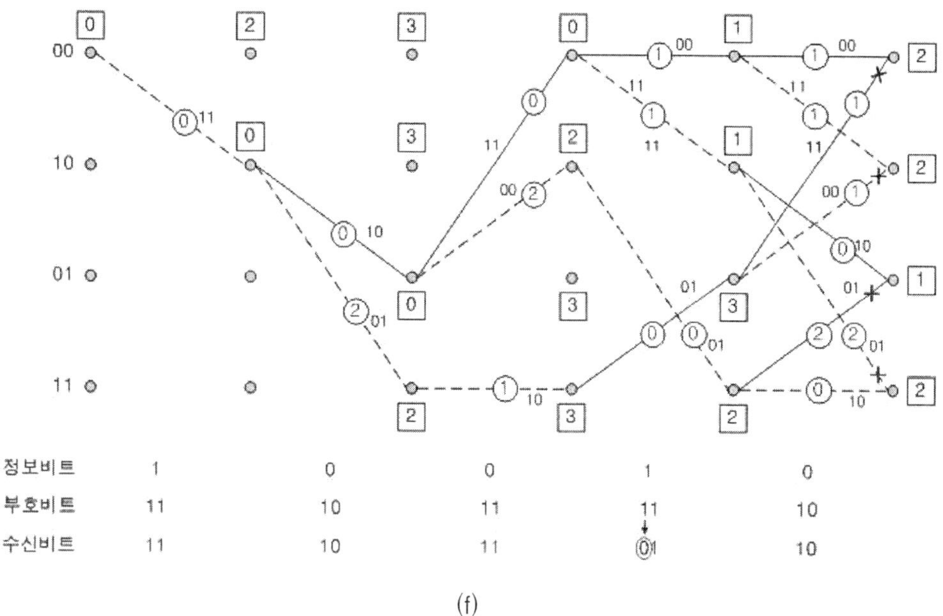
00
10
01
11
정보비트 1 0 0 1 0
부호비트 11 10 11 11 10
수신비트 11 10 11 01 10

(f)

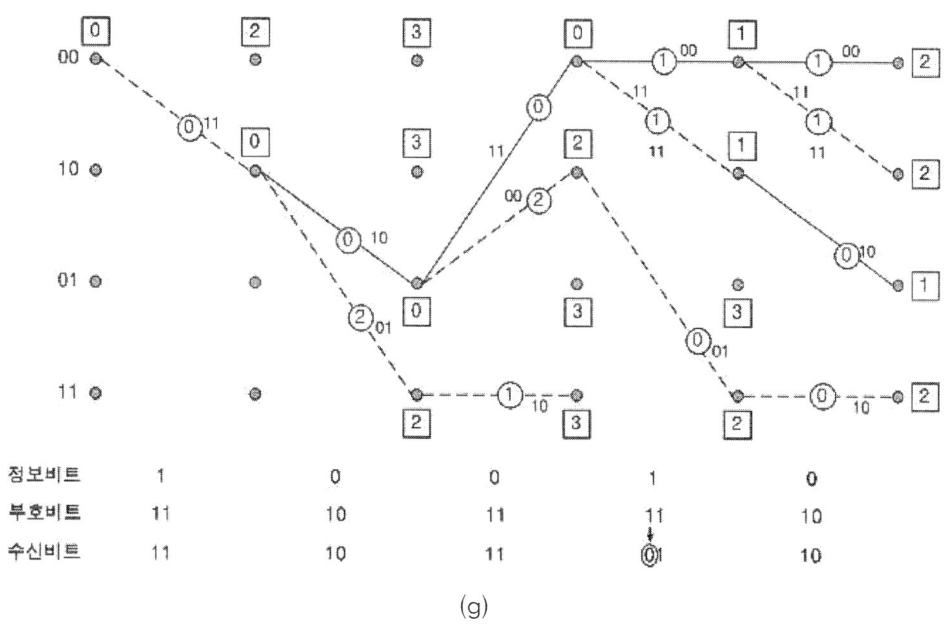
00
10
01
11
정보비트 1 0 0 1 0
부호비트 11 10 11 11 10
수신비트 11 10 11 01 10

(g)

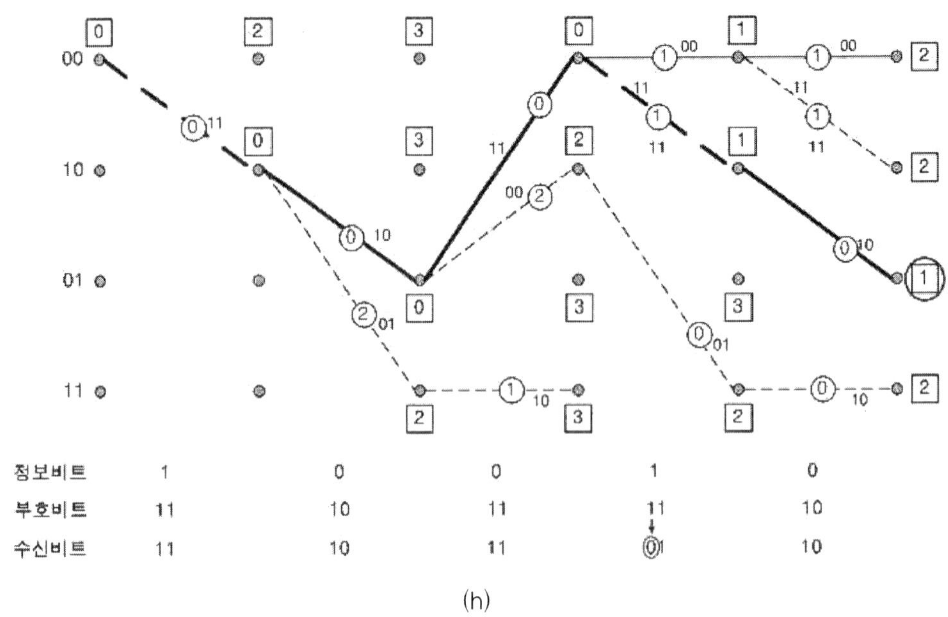

(h)

[그림 4.44] 비터비 알고리듬을 이용한 복호화 과정

비터비 복호 알고리듬은 매 단계마다 모든 경로들의 가지 메트릭(해밍거리)을 계산하고 이를 이전 부분 경로 메트릭과 합산하여 부분 경로 메트릭 값을 갱신한다. 각 상태에 입력되는 경로 중에서 메트릭이 가장 작은 생존 경로를 선택한 후 나머지 경로들든 모두 제거한다. 이와 같은 과정을 반복하여 최종적으로 남는 경로를 송신단에서 전송한 부호 비트열에 해당하는 경로로 결정하는 것이다. [그림 4.34]는 [그림4.32]에 대한 비터비 복호과정을 단계 별로 나타낸 것이다.

[그림 4.34]에서 처음 시작 상태는 항상 (00) 상태로부터 시작되므로 처음 (K-1) 번의 복호과정까지는 각 상태에서 분기만이 발생하며 (a)와 같이 t_3 까지 각 상태에는 단 한 개의 가지 만이 입력됨을 알 수 있다. 이 때, 각 상태에 입력되는 가지에는 그 때까지의 부분 경로에 대한 메트릭 합이 표시된다. 처음 (K-1) 번의 분기과정이 끝나면 그 이후에는 그림(b)와 같이 각 상태에 2^k 개의 가지들이 입력되는데 [그림 4.33]에서 설명한 생존경로 원리에 의해 생존경로

를 제외한 나머지 가지들은 모두 제거된다. 예를 들어, t_4에서 상태(00)에 입력되는 가지는 t_3의 (00) 상태와 (01) 상태로부터 입력되는 두 개의 경로가 있으며 이 들은 각 각 5와 0의 메트릭 합을 갖는다. 따라서, 0의 메트릭 값을 갖는 경로가 생존 경로가 되며 (00)→ (00)으로 입력되는 가지는 제거된다. 다른 상태에 대해서도 동일한 방법으로 생존 경로만을 남겨두고 나머지 가지들을 제거하면 (c)와 같은 결과를 얻게 된다.

(c)에서 주목할 것은 t_3의 (00) 상태에서 분기되는 가지가 모두 제거됨에 따라 t_3의 (00) 상태를 통과하는 경로는 더 이상 트렐리스 상에 남겨둘 이유가 없으며 t_1의 시간으로부터 (00)→(00)→(00)→(00)에 이르는 전체 경로는 트렐리스에서 제거되었음을 알 수 있다. 결국, t_1과 t_2 사이에 존재하는 가지는 (00)→(10)으로 연결된 경로 뿐이며 이는 복호과정에서 가지 제거(deletion) 과정으로 인해 다수의 경로들이 합병(merge)된 것으로 볼 수 있다. 경로 합병을 통해 처음 발생한 (00)→(10)의 가지는 t_1의 (00) 상태에서 하향 분리된 가지이므로 이에 해당되는 정보비트는 '1'임을 쉽게 알 수 있다. 따라서, 복호기는 '1'을 첫 번째 정보비트로 출력하게 된다.

이와같이, 비터비 복호 알고리듬은 각 단계마다 경로에 대한 메트릭 합산, 각 상태에 입력되는 경로 가지들의 메트릭 합 비교, 생존 경로의 선택 과정을 반복하게 되며 생존경로를 제외한 잔여 가지들의 제거를 통해 경로 합병이 발생하면 이에 해당되는 정보 비트를 출력한다. 한편, [그림 4.34]의 (c)에서 t_4 시간에 가서야 경로 합병이 발생하여 정보비트를 결정하여 복호하게 되는데 이러한 현상을 복호 지연(decoding delay)이라고 한다.

[그림 4.34] (e)는 t_5 에서 수신 비트에 오류가 발생한 경우를 나타내는데 생존경로 선택과 잔여가지를 제거했음에도 불구하고 두 번째 합병이 발생하지 않는 것은 오류 때문이다. 다시말해, 오류가 빈번히 발생할수록 복호 지연은 증가한다. (g)에서 볼 수 있는 바와 같이 t_6에 가서야 두 번째 합병이 발생하여 복호기는 '0'의 복호 정보비트를 출력하게 된다. 실험적으로, 부가 백색 가우채널(AWGN)의 경우 이러한 복호지연은 구속장 길이의 약 5배에 이르는 것으

로 알려져 있다[22]. (h)는 t_6까지의 수신 비트가 전송 비트의 전부라고 가정할 경우 트렐리스의 상태를 나타낸 것이다. 메트릭 합산, 비교 및 생존경로의 선택 과정을 거쳐 t_6의 각 상태에는 한 개의 입력 가지들이 존재 한다. 그림의 경우 (01)에 입력되는 경로의 총 메트릭 합이 가장 작으므로 다른 어떠한 경로보다도 수신 비트와 해밍거리가 가장 작다고 볼 수 있다. 이는 송신단에서 전송한 트렐리스 경로일 가능성이 가장 큼(maximum likelihood)을 의미하므로 그림의 굵은 선으로 표시된 경로가 최종 생존 경로로 결정된다.

2 그 밖의 복호 기법

1) 순차 복호 방식(sequential decoding)

순차복호 알고리듬은 Wozencraft에 이해 최초로 소개된 후 1963년에 Fano에 의해 Fano 알고리듬이 발견되면서 큰 진전을 보게되었으며, 몇 년 후에 Zigangirov 와 Jelinek에 의해 스택 알고리듬이 별도로 연구되었다[4]. 순차 복호 방식은 일부 NASA의 위성통신(satellite communication) 혹은 우주통신(space communication)과 같이 데이터 전송율이 높지 않으면서도 최대의 코딩 이득이 요구되는 환경에서 제한적으로 사용되고 있다.

비터비 알고리듬은 계산량에 따른 복잡도(complexity)가 구속장의 길이에 비례하는 성질을 가지므로 짧은 구속장 길이에 제한되어 사용되는 반면, 순차적 복호 방식은 구속장의 길이에 상관 없이 복호하기 때문에 긴 구속장을 이용하여 에러율을 낮출 수 있는 장점을 갖는다. 채널 잡음이 경미할 경우 비터비 복호은 채널의 잡음 상태에 관계 없이 항상 모든 가지들의 메트릭(metric)을 검사하여 복호하므로 복호 효율이 좋지 못한 반면 순차적 복호 방식은 채널의 잡음 상태에 따라 적응적(adaptive)으로 계산량을 줄여 나가기 때문에 복호 효율을 개선할 수 있다. 그러나 채널 상태가 열악할 경우, 예측할 수 없는 많은 계산량을 보이며 비터비 복호방식보다 오히려 속도가 떨어지는 경우가 빈번하다.

순차 복호 방식은 크게 스택 알고리듬(stack algorithm)과 Fano 알고리듬으로 나눌 수 있으며 채널환경에 따라 다소 차이가 있지만 두 알고리듬의 성능은 거의 비슷하다. 다만, 채널 환경이 크게 양호한 경우에는 Fano 알고리듬에 비해 스택 알고리듬이 우수한 성능을 갖는 것으로 평가되고 있다. 순차 복호는 트리 구조를 통해 가능한 한 효율적인 방법을 통해 최우 경로(maximum likelihood path)를 찾는 것이며, 이때 지표가 되는 것이 Fano 메트릭이다. 순차 복호 방식에서는 복호화 단계가 진행될 때마다 탐색된 경로들의 길이가 각기 다르기 때문에 이와 같은 특성을 고려한 메트릭 값이 사용되어야 하는데 이를 Fano 메트릭이라 한다. Fano 메트릭에 대해서는 [4] 등의 참고문헌을 통해 자세한 내용을 접할 수 있다.

스택 알고리듬은 메모리 내에 스택을 두어 트리 혹은 트렐리스 구조를 통해 탐색되어온 경로들을 저장하게 되는데 이들은 길이가 각각 다를 수도 있으며, 각 스택에 저장된 경로들은 Fano 메트릭 값과 함께 저장되어 메트릭 값이 감소하는 순서대로 정렬하게 된다. 복호화 과정은 현재 복호화 된 시점의 노드에서 분기되는 가지들에 대해 가지 메트릭을 계산한 후 이들을 스택의 최상위 경로에 해당하는 메트릭 값에 더하므로써 확장된다. 이제 스택에서 최상위 경로를 제거하고 최 상위 경로로부터 확장된 경로들을 저장한 후 다시 메트릭값에 따라 재정렬 하므로써 하나의 복호단계가 끝난다. 스택의 최상위 경로가 트리의 끝일경우 이 탐색과정은 끝나며 스택의 최상위 경로를 최종적으로 결정하여 송신된 정보를 추정하게 된다. 스택 알고리듬은 경로가 확장될 때마다 스택이 메트릭 값에 따라 재정렬되어야 하므로 복호화 과정이 다소 복잡한 문제점을 가지고 있기도 하다.

Fano 알고리듬은 스택 알고리듬에 비해 속도면에서 뒤지지만 근본적으로 메모리가 필요없다는 장점을 가지고 있다. Fano 알고리듬에 있어서의 속도면의 단점은 스택 알고리듬에 비해 많은 노드들을 탐색해야 한다는 사실 때문인데, 스택 재 정렬이 필요 없으므로 약간 보완은 된다. Fano 알고리듬의 경우 트리상에서 처음 시작 노드로부터 시작해서 트리의 끝에 위치한 노드들 중 하나로 끝날 때까지 노드들의 시퀀스를 조사하게 되는데, 복호기는 스택 알고리듬에서와 같이 노드에서 노드로 뛰는 것이 아니라 항상 인접 노드로 이동한다. 즉,현재 노드에서 떠나는 2^k 개의 노드들 중 하나로 전진하거나 이전 노드로 후진한다. 탐색될 다음 노드의 메트릭은 현재 노드의 메트릭에 가지 메트릭을 더함으로써 계산할 수 있는데, 이는 스택 알고리듬에서와 같이 이전에 조사된 노드들의 메트릭을 저장할 필요가 없음을 의미한다. 후진할 경우는 가지 메트릭을 빼면 된다. 따라서, 어떤 노드들은 두번 이상 탐색될 수도 있으며 이러한 경우 그들의 메트릭은 다시 계산되어야 한다. 복호기는 경로를 따라 메트릭이 증가하는 한 트리속에서 전진하게 되며 메트릭이 특별히 정해진 임계치(threshold) 보다 훨씬 아래로 떨어질 경우 복호기는 후진해서 다른 경로를 조사해야 한다. 만일 어떠한 경로도 임계치보다 메트릭 값이 크지 못한 상태로 머물러 있으면 임계치를 낮추고 복호기는 낮아진 임계치를 가지고 다시 전진하게 된다. 이러한 방법은 알고리듬에서 루우핑(looping)을 방지하게 되고 복호기는 결국 트리의 끝에 다다르게 되어 알고리듬은 끝이 나게 되는 것이다.

2) 임계 복호

비터비 복호방식과 순차 복호방식은 블럭부호의 복호 방식과는 달리 추상 대수적인 특성을 가지고 있지 않다. 임계 복호(threshold decoding) 방식은 콘볼루션 부호에 대해 추상 대수적인 개념을 도입하여 복호화하는 방식으로 1963년 Massey에 의해 처음으로 제안되었다. 임계 복호 방식은 순차 복호기나 비터비 복호기와는 달리 수신 시퀀스 전체에 의거하여 복호하지 않고 구속장 길이와 동일한 길이의 수신 블럭에 의거해서 복호화하기 때문에 비트 오율 성능면에서는 타 복호 기법에 비해 뒤떨어지는 단점이 있으나 하드웨어가 간단하고 동작속도가 빠르다는 장점을 지니고 있다. 임계 복호 방식은 여러개의 신드롬을 계산한 후 이들에 대해 다수결 논리를 적용해 수신비트의 오류 여부를 판단하기 때문에 다수결 논리 복호 (majority logic decoding) 방식이라고도 한다. 임계 복호 방식은 코딩 이득이 크게 요구되지 않으면서도 구현 비용이 적어야 하는 HF, 전화 채널 등에서 사용되고 있다.

참고문헌

[1] G. C. Clark, Jr. and J. B. Cain, Error-Correction Coding for Digital Communications.New York: Plenum, 1981.

[2] C. E. Shannon, "Communication in the presence of noise," Proc. IRE, vol. 37, no. 1, pp. 10-21, Jan. 1949.

[3] C. E. Shannon, "A mathematical theory of communication," Bell System Technical Journal, vol. 27, pp. 379-423 and 623-656, July and October, 1948.

[4] S. Lin, Daniel J. Costello, Jr., Error Control Coding, Prentice-Hall , 1983.

[5] Rodger E. Ziemer, Roger L. Peterson, Introduction to Digital Communication, Maxwell Macmillan, 1992.

[6] Richard E. Blahut, Digital Transmission of Information, Addison-Wesley Publishing Company, Inc., 1990

[7] Richard W. Hamming, Coding and Information Theory, Prentice-Hall, Inc., Englewood Cliffs, N.J., 1986

[8] W. Weslwy Peterson, E. J. Weldon, Error-Correcting Codes, MIT Press, 1972

[9] Andrew J. Viterbi, Principles of Coherent Communication, McGraw-Hill Book Co., 1966

[10] Bernard Sklar, Digital Communications, Prentice Hall, 1988.

[11] Athanasios Papoulis, Probability, Ranndom Varables, and Stochastic Processes, McGraw-Hill Book Co., 1984

[12] Henry Stark, Franz B. Tuteur, Modern Electrical Communications, Theory and Systems, Prentice-Hall, Inc., Englewood Cliffs, N.J., 1979

[13] John G. Proakis, Digital Communications, McGraw-Hill Book Co., 1989

[14] Martin S. Roden, Analog and Digital Communication Systems, Prentice-Hall, Inc., Englewood Cliffs, N.J., 1979

[15] Neal Glover, Trent Dudley, Practical Error Correction Design for Engineers, Data Systems Technology, Corp., 1988

[16] Peyton Z. Peebles, JR., Probability, Random Variables, and Random Signal Principles, McGraw-Hill Book Co., 1987

[17] Robert J. McEliece, Encyclopedia of Mathematics and Its Applications (The Theory of Information and Coding), Addison-Wesley Publishing Company, Inc., 1977

[18] Robert M. Gray, Source Coding Theory, Kluwer Academic Publishers, 1990

[19] S. Benedetto, E. Bogliero, V. Castellani, Digital Taansmission Theory, Prentice-Hall, Inc., Englewood Cliffs, N.J., 19--

[20] Vera Pless, Introduction to the Theory of Error-Correcting Codes, John Wiley and Sons, 1982

[21] Odenwalder, J. P. , Optimal Decoding of Convolutional Codes, Ph. D. dissertation, University of California, Los Angeles, 1970

[22] J. A. Heller, Irwin M. Jacobs, "Viterbi Decoding for Satellite and Space Communication", IEEE Trans. Technol. vol. COM-19, pp. 835-848, Oct. 1971

연습문제

1 오류 제어 방식에서 FEC 방식이 ARQ 방식에 비해 갖는 장·단점을 전송속도와 신뢰도 면에서 비교하여 설명하시오.

2 블록 오류 정정 부호의 최소거리(minimum distance)와 오류 정정 능력(error correcting capability)와의 관계를 구하고 이를 기하학적으로 설명하시오.

3 체계적 형태(systematic)의 블록부호가 갖는 장점은 무엇인가?

4 다음과 같은 생성행렬을 갖는 (6,3) 선형블록부호에 대해 물음에 답하시오.

$$G = \begin{pmatrix} 100110 \\ 010011 \\ 001101 \end{pmatrix}$$

(1) 표준배열을 구성하시오.

(2) 수신 코드워드가 $\mathbf{r}$ = (011000) 일 경우 표준배열을 이용해 복호하시오.

(3) BSC 채널의 천이 확률이 $p = 10^{-2}$ 일 경우 위 부호 체계의 복호오류확률(decoding error probability)를 구하시오. 단, 표준배열을 이용하여 복호한다고 가정한다.

(4) 이 선형블록부호는 완전부호(perfect code)인가? 이유를 들어 답하시오.

5 다음과 같이 8개의 코드워드로 구성되는 선형 블록 부호의 최소거리(minimum distance), 오류검출능력 및 오류정정능력을 구하시오.

(000000), (011100), (101010), (110001)
(110110), (101101), (011011), (000111)

6 다음과 같은 파라미터를 갖는 선형블록부호에 대해 물음에 답하시오.

$$n = 7,\ k = 4,\ g(X) = 1+X+X^3$$

(1) 전송 정보 메시지가 $\mathbf{m}$ = (1011)일 때 체계적 형태(systematic form)의 부호어를 구하시오.
(2) 체계적 형태의 부호어를 출력하는 부호화기를 설계하고 그 동작원리를 설명하시오.

7 (7,4) 해밍 부호의 생성행렬이 다음과 같다.

$$G = \begin{pmatrix} 1101000 \\ 0110100 \\ 1110010 \\ 1010001 \end{pmatrix}$$

(1) 패리티 검사행렬 $\mathbf{H}$를 구하시오.
(2) 수신 코드워드가 $\mathbf{r}$ = (0110001) 일 경우 이에대한 신드롬을 구하고 오류 유·무를 검출하시오.
(3) 1개의 오류를 정정할 수 있는 복호기를 설계하고 그 동작 원리를 설명하

시오.

8 다음은 콘볼루션 부호의 부호화기 파라미터를 나타낸 것이다.

$$n = 2,\ k = 1,\ g^{(1)} = (1111),\ g^{(2)} = (1101)$$

(1) 부호화기를 설계하시오.

(2) 구속장 길이 K를 구하고 그 의미를 간단히 쓰시오.

(3) 입력 정보 비트열이 (100000000...) 일 때 출력 비트열을 구하시오.

9 [그림 P4.1]과 같은 콘볼루션 부호화기의 충격 응답(impulse response)을 구하시오.

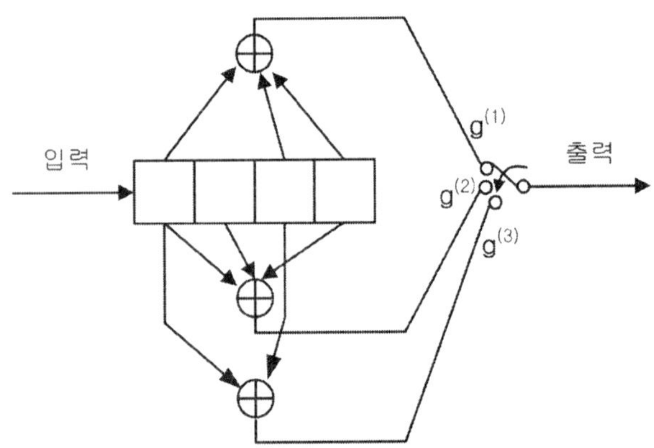

[그림 P 4.1] 문제 9의 그림

10 (2,1,3) 콘볼루션 부호의 생성시퀀스(generator sequence)가 다음과 같다.

$$g_1 = (110),\ \ g_2 = (101)$$

(1) 부호화기를 그리고 이에 대한 트리도, 상태도 및 트렐리스도를 그리시오.

(2) 위의 콘볼루션 부호 시스템은 적합하지 않다. 그 이유를 설명하시오.

11 [그림 P4.2]와 같은 콘볼루션 부호화기에 대하여 다음 물음에 답하시오.

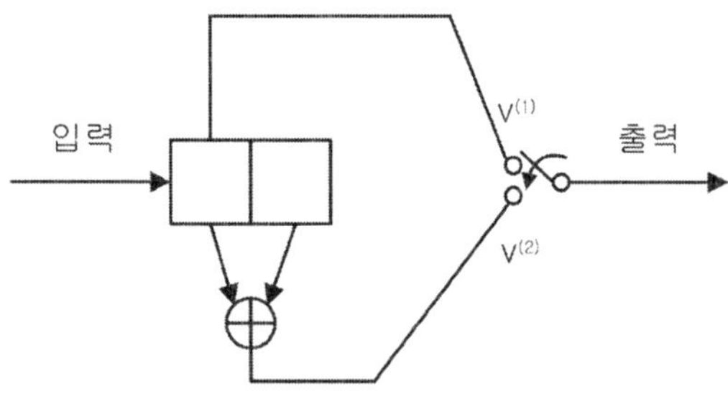

[그림 P4.2] 문제 11의 그림

(1) 트리도, 상태도 및 트렐리스도를 그리시오.

(2) 수신 비트열이 (110010)일 때 비터비 복호를 이용하여 복호하시오.

스펙트럼확산통신

스펙트럼확산(SS:spread spectrum) 통신은 인위적으로 전송대역폭을 넓게 하여 잡음에 대한 면역성을 증가시키는 통신기법이다. 스펙트럼확산통신 기술은 원래 비밀 유지와 적의 전파방해(jamming)를 받지 않는 새로운 변조 방식을 필요로 하는 군용 통신시스템에서 주로 사용하여 왔다. 그러나 최근 이동통신의 전송방식이 아날로그에서 디지털로 발전하며, 수요와 공급이 증가됨에 따라 한정된 주파수자원을 가지고 더 많은 이용자를 수용하기 위하여 스펙트럼확산통신방식이 널리 쓰이고 있다. 스펙트럼확산통신방식은 확산부호에 의하여 전송신호의 주파수대역폭이 전송하고자 하는 데이터신호의 주파수대역폭보다 훨씬 넓게 하여 전송하는 방식이다. 이러한 스펙트럼확산통신방식의 중요한 장점은, 제3자가 고의적으로 또는 우연히 전송을 방해하는 경우, 간섭을 제거할 수 있는 기능과 이동통신과 같은 페이딩채널상의 잡음에 매우 강하다는 점이다. 스펙트럼확산통신방식은 본래 재밍(jamming:간섭)을 극복하기 위하여 주로 군사적으로 응용되고 발전되어 왔으나 스펙트럼확산통신의 이러한 장점 때문에 민간용으로도 그 활용이 확대되고 있다. 특히 이동무선통신에 있어서 기지국과 이동체간의 통신에서 발생하는 다중경로의 페이딩 잡음에 매우 강하여 이의 사용이 증대되고 있다는 점이다.

스펙트럼확산통신방식은 다음과 같은 요구조건을 만족하는 시스템이다.

1. 스펙트럼확산통신에 사용되는 전송신호의 스펙트럼은 전송하고자 하는 정보신호의 주파수대역폭보다 훨씬 넓은 대역을 차지한다.
2. 스펙트럼확산은 확산부호신호(spread code signal)라 부르는 확산신호를 사용하여 이루어진다. 이 부호신호는 정보신호와는 아무런 관계가 없이 대역폭을 확장시키거나 다수 사용자의 인증에 사용하는 부호이다.
3. 수신측에서는 송신측과 동기된 동일한 확산부호신호를 사용하여 원래의 신호(정보신호)를 복원한다.

물론 주파수변조(FM)나 펄스부호변조(PCM)와 같은 표준변조방식에 의해서도 정보신호의 스펙트럼을 확산시킬 수 있으나 이 방식은 위의 조건 1은 만족하지만 조건 2를 만족하는 시스템이 아니므로 스펙트럼확산시스템이라고 하지 않는다.

스펙트럼확산통신시스템은 주파수대역폭을 확산시키는 방법에 따라 다음과 같이 네가지로 분류할 수 있다.

(1) 직접시퀀스(DS : direct sequence) 방식

(2) 주파수도약(FH : frequency hopping) 방식

(3) 시간도약(TH : time hopping) 방식

(4) 쳡변조(CM : chirp modulation) 방식

이런 변조 방식은 독자적으로도 사용되지만 DS, FH, TH, 및 CM방식을 혼합한 혼합(hybrid) 스펙트럼확산통신 방식을 구성할 수도 있다.

이 장에서는 스펙트럼확산통신을 위한 확산신호와 확산대역통신에 주로 사용되는 직접시퀀스와 주파수도약 및 시간도약 기술에 대한 원리를 설명한다.

스펙트럼확산통신 시스템의 개요

일반적인 스펙트럼확산통신의 송수신 계통도는 [그림 5.1]과 같다. 이러한 스펙트럼확산통신은 2단계 변조가 사용된다. 우선 입력 데이터를 PSK 등과 같은 변조방식을 사용하여 변조한 다음, 이 신호를 광대역 신호로 2차 변조한다.

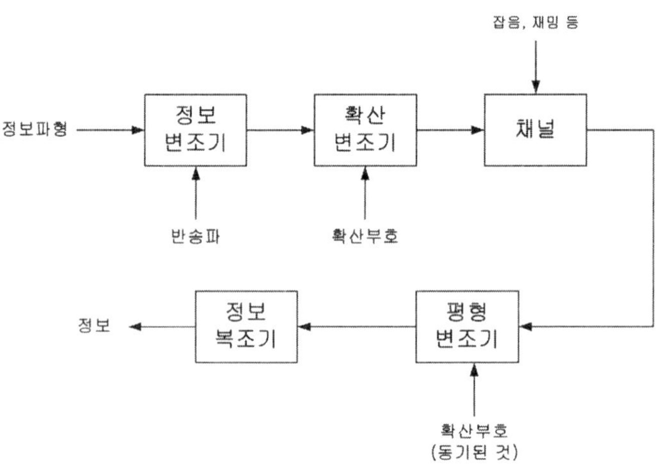

[그림 5.1] 스펙트럼확산통신의 계통도

스펙트럼확산통신시스템의 일반적인 스펙트럼분포는 [그림 5.2]와 같다. [그림 5.2(a)]

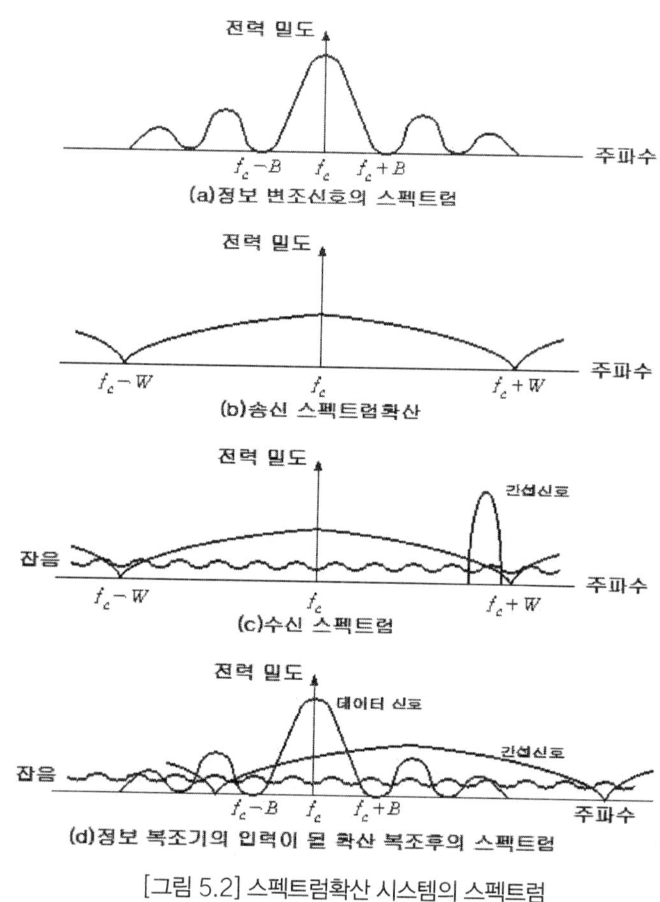

[그림 5.2] 스펙트럼확산 시스템의 스펙트럼

는 일반적인 변조방식에 의한 정보신호성분의 주파수 분포이다. 이 그림으로부터 알 수 있는 바와 같이 정보신호의 전력스펙트럼밀도는 한정된 대역폭($f_c \pm B$) 내에 신호의 대부분이 전송된다. 이와 같은 신호를 수신하기 위해서는 신호성분이 존재하는 대역폭 $2B$만을 통과시키는 대역통과여파기를 사용하면 불필요한 잡음 성분이나 인접 채널의 혼신을 피할 수 있다.

그러나 스펙트럼확산통신 방식에서는 [그림 5.2(b)]에 보인 스펙트럼을 갖는 확산부호신호를 사용하여 [그림 5.2(c)]에 보인 바와 같이 훨씬 넓은 대역폭 $2W$로 확산시켜서 전송한다. 통신에 필요한 전력은 통신구간의 거리에 따라 정해지므로 전송되는 총 신호전력은 어느 경우나 일정하다. 그러나 대역폭은 $W \gg B$ 이므로 전송될 신호는 [그림 5.2(c)]에 보인 바와 같이 그 전력스펙트럼밀도는 매우 낮게 된다. 채널상에서 백색가우시안잡음과 특정한 주파수에서 큰 전력을 갖는 간섭신호가(jamming signal)첨가된다고 하면, 수신측에서는 잡음과 신호의 성분이 중첩이 되어 잡음 성분 속에 묻히게 되므로 통상의 복조방식으로는 수신하려고 해도 수신할 수 없게 된다. 만약 [그림 5.2(d)]에 보인 바와 같은 신호 성분을 어떤 방법으로 다시 원래의 주파수분포로 재생시킬 수 있으면 수신할 수 있게 된다. 이와 같은 복조 조작을 역확산(despread)이라고 부른다. 이때 중요한 변수는 확산부호신호의 특성이다. 다음 절에서 확산부호의 특성을 살펴본다.

02

의사잡음부호

초기 대역확산통신시스템의 확산부호신호는 송신측에서 미리 저장된 랜덤열을 이용하여 송신정보신호를 대역확산시키고, 수신측에서는 동일한 랜덤열로 역확산시킴으로써 정보신호를 복원하였다. 그러나 랜덤열을 저장 및 재현하는데 어려움이 있기 때문에 의사잡음(PN : pseudorandom noise)부호가 개발되었다. 의사잡음부호는 랜덤부호와 유사한 특성을 지니지만 통계적인 특성이 일정(deterministic)한 디지털부호이며 생성이 용이하기 때문에 대역확산통신시스템에 널리 사용된다.

의사잡음(PN : pseudo noise)부호는 순환부호의 일종으로 일정한 자기상관특성을 가지고 있으며 2원 부호로써 인위적으로 발생시킨 주기를 갖는 '1'과 '0'의 부호화된 계열이다. 이러한 PN부호도 다른 순환부호와 마찬가지로 시프트레지스터와 mod-2 가산기로 쉽게 구성할 수 있으며, 스펙트럼 형태가 백색가우시안 잡음과 유사하다는 이유로 이러한 이름이 붙여졌다. PN부호의 발생을 위하여 시프트 레지스터에 여러 종류의 귀환(feedback)을 부가하는 방법이 가장 많이 사용된다. 이것은 발생속도가 빠르며 경제적이며, 반복발생이 가능하고 발생구조를 쉽게 변형할 수 있다는 장점이 있기 때문이다. 시프트레지스터는 많은 레지스터로 구성되어 있으며 각각은 '1' 또는 '0'을 저장하고 있다. 왼쪽으로 입력되고 오른쪽으로 출력된다고 가정할 경우, 시프트레지스터가 하나의 클럭펄스를 받으면 각 레지스터는 그의 내용을 오른쪽 레지스터에 전달한다. 왼쪽으로부터 신호가 들어오지 않으면 레지스터의 내용은 얼마후 모두 0이 되므로 이를 방지하기 위하여 레지스터 중 몇 개의 출력을 서로 결합하여 처음단의 레지스터로 귀환시킨다. 시프트레지스터를 이용한 PN부호발생기는 출력이 어떻게 결합되는가에 따라 선형 및 비선형발생기로 나눌 수 있다. 선형발생기는 출력을 mod-2 가산에 의해서 발생하며 mod-2 가산기는 그 입력에 인가되는 '1'의 총수가 짝수이면 '0', 홀수이면 '1'을 출력한다. 반면에 비선형발생기는 임의의 부울(boolean)함수의 조합에 의해 출력된다. 비선형 방법이 좀더 일반적이지만 선형방법에 비해 그의 특성은 덜 알려져 있기 때문에 비화 특성이 요구되는 특수한 경우를 제외하고는 선형발생기가 많이 이용된다.

길이기 m인 시프트레지스터는 m개의 플립플롭(flip-flop)으로 구성되며 하나의 클럭에 의해 조절된다. PN부호는 최장부호(maximum code)라 부르고 있는데, m=3인 경우 최장계열발생기(maximum-length sequence generator)는 [그림 5.3]과 같다. 최장부호 발생기의 시프트레지스터의 초기상태가 모두 "0"이면 출력데이터 계열은 항상 '0'이 되므로 초기상태는 모두 "0"이 아닌 임의의 상태를 가져야 한다. 출력데이터 계열은 최장부호 발생기의 오른쪽 시프트레지스터에서 출력된다. 이렇게 만들어진 최장부호(m계열)는 다음과 같은 주기를 갖는다.

$$N = 2^m - 1 \tag{5.1}$$

여기서 m은 시프트레지스터의 길이(또는 수)이다.

[그림 5.3]에 보인 최장부호 발생기는 3개의 시프트레지스터로 구성되며 첫 번째와 세 번째 시프트레지스터의 출력을 mod-2 가산기로 더하고 마지막 시프트레지스터는 항상 귀환회로를 구성한다. 이와 같은 연결방식을 (3, 1)로 표시한다. 처음 숫자 3은 시프트레지스터의 단수로 마지막 시프트레지스터는 항상 귀환됨을 의미하고 있다. PN부호발생기의 연결법에서 알 수 있듯이 mod-2 가산기에 입력되는 탭(tap)수는 항상 짝수인데, 만일 시프트레지스터의 초기상태가 '1'이고, 탭의 수가 홀수이면 첫 번째 시프트레지스터에 들어가는 2진수는 항상 '1'이기 때문에 PN부호 발생기는 짝수의 귀환탭을 갖는다.

이러한 PN부호발생기의 연결법의 예를 들면 [표 5.1]과 같다.

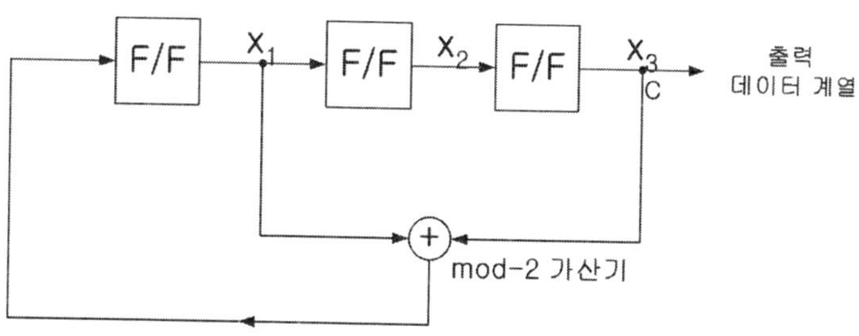

[그림 5.3] 최장부호 발생기(m=3인 경우)

[표 5.1] PN부호 발생기 연결법

단 수	부호주기	PN부호 발생기 연결 방법
2	3	(2,1)
3	7	(3,1)
4	15	(4,1)
5	31	(5,2) (5,4,3,2) (5,4,2,1)
6	63	(6,1) (6,5,2,1) (6,5,3,2)

PN부호(m계열)는 여러 가지 특성이 있으나 다음과 같은 6가지의 기본적 성질을 갖는다.

(1) 2레벨 자기상관함수특성 (2-level autocorrelation property)

(2) 균형성 (balance property)

(3) 천이와 가산성 (shift and add property)

(4) 런 특성 (run property)

(5) 중첩특성(superposition)

(6) 스펙트럼특성

1) 자기상관함수특성

PN부호의 자기상관함수를 구하면 주기적이며 2개의 값을 갖는 자기상관함수가 된다. 2진 계열{Cn}이 주어졌을 때 자기상관함수는 다음과 같이 정의된다.

$$R_c(k) = \frac{1}{N}\sum_{n=1}^{N} C_n C_{n-k} \tag{5.2}$$

여기서 N은 PN부호의 주기이고 k는 자기상관계열의 지연 수이다. (3, 1) 연결방법에 의하여 발생된 PN부호 (1110100)의 자기상관을 구하려면 우선 '0'은 '-1'로 '1'은 '+1'로 대치하여야 한다. 즉 (111-11-1-1)의 자기상관을 구한다. 만약 $R = 0$이면

$$R_c(0) = \frac{1}{7}[1^2+1^2+1^2+(-1)^2+1^2+(-1)^2+(-1)^2] = 1 \tag{5.3}$$

이 된다. 즉 서로 같은 부호를 곱한 것이 7번 있으므로 $R_c(0)$ =1이 된다. $R_c(1)$일 때 (111-11-1-1)과 한번 지연시킨 (11-11-1-11)의 상관 함수를 구하면 다음과 같이 된다.

$$\begin{aligned} R_c(1) &= \frac{1}{7}[1\cdot 1+1\cdot 1+1\cdot(-1)+(-1)\cdot 1+1\cdot(-1)+ \\ &\qquad (-1)\cdot(-1)+(-1)\cdot 1] \\ &= -\frac{1}{7} \end{aligned} \tag{5.4}$$

즉, 서로 같은 부호를 곱한 것이 3번 있고 다른 부호로 곱한 것이 4번 있으므로 그 합은 -1이 되어 $R_c(1)$=-$\frac{1}{7}$이 된다. 위의 예를 일반화하면 다음과 같이 된다.

$$R_c(k) = \begin{cases} 1 & k = mN \\ -\dfrac{1}{N} & k \neq mN \end{cases} \tag{5.5}$$

여기서 m은 정수이다. $R_c(7)=1$이 되어 $R_c(k)$는 주기함수임을 알 수 있고, 길이 N이 무한이 클 때 자기상관계열 $R_c(k)$는 랜덤 2진 계열이라 할 수 있다.

식 (5.5)와 같은 PN부호의 자기상관함수를 다시 쓰면 아래와 같다.

$$\begin{cases} R_c(k) = 1 & k = 0, N, 2N, \cdots \\ R_c(k) = -\dfrac{1}{N} & \text{기타} \end{cases} \tag{5.6}$$

이산적인 k를 연속변수 τ로 변화시키면 자기상관함수는 다음과 같이 된다.

$$R_c(\tau) = \frac{1}{NT_cK}\int_0^{NT_c} c(t)c(t+\tau)dt \qquad -\infty < \tau < \infty \tag{5.7}$$

여기서 $c(t)$는 PN부호를 시간함수로 표시한 것이다. T_c는 PN부호의 1비트의 폭이다. K는 정규화를 위한 상수로서 다음과 같다.

$$K = \frac{1}{NT_c}\int_0^{NT_c} c^2(t)dt \tag{5.8}$$

[그림 5.4(a)]는 PN부호에 대한 파형이며 자기상관함수를 도시하면 [그림 5.4(b)]에 보인 바와 같다.

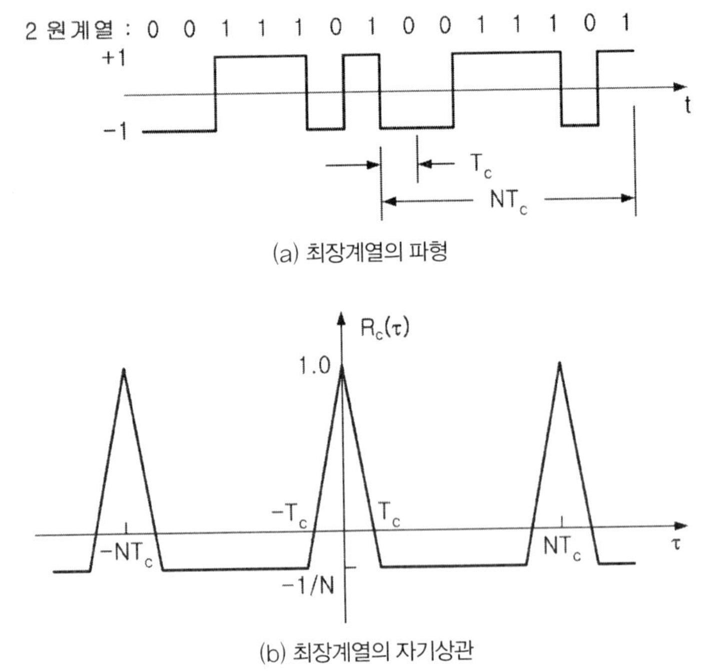

(a) 최장계열의 파형

(b) 최장계열의 자기상관

[그림 5.4] 귀환 시프트레지스터의 출력

2) 균형성

최장부호(m계열)의 1주기에는 정확히 2^{m-1}-1개의 '0'과 2^{m-1}개의 '1'이 있다. 예를 들어 주기가 7인 3단 시프트레지스터의 PN부호(1110100)중에서 '1'의 수가 4개이며, '0'의 수는 3으로 마치 동전을 던져 앞면(head)과 뒷면(tail)이 나올 확률이 0.5라면 동전을 N번 던져 '0'과 '1'의 수가 비슷하게 나오는 랜덤 수 (random number)가 발생한 것과 매우 유사하다. '1'의 수가 하나 더많은 것은 시프트레지스터의 초기상태중 전부 '0'이면 PN부호기의 출력계열이 연속적으로 '0'만 출력되어 PN부호가 될 수 없기 때문이다.

3) 천이와 가산성

PN부호의 본래 계열과 천이시킨 계열을 mod-2 가산하여 생긴 계열은 본래의 계열을 다르게 천이시킨 계열과 동일하다는 것이다. 예를 들어, 주기가 7인 (1110100) PN부호에서 (0011101)계열은 본래계열 (1110100)보다 2번 천이시킨 계열이 되며 계열 (0100111)은 본래 계열을 4번 천이시킨 결과가 된다. 이와 같이 본래계열과 천이계열을 더하면 다시 본래계열을 천이시킨 계열이 된다.

본래계열	1 1 1 0 1 0 0	본래계열	1 1 1 0 1 0 0
1번 이전계열	⊕ 1 1 0 1 0 0 1	2번 이전계열	⊕ 1 0 1 0 0 1 1
	0 0 1 1 1 0 1		0 1 0 0 1 1 1

4) 런 특성

최장부호는 규칙적으로 발생되기 때문에 정확하게는 랜덤이라고 말할 수 없다. 이 부호는 '1'과 '0'의 연속에 관하여 엄밀하게 정의된 분포를 갖는다. 각 주기마다 길이 1의 연속이 전체의 반, 길이 2의 연속이 전체의 1/4, 길이 3의 연속이 전체의 1/8이다.

예를 들어, (3, 1) PN부호발생기에서 나온 PN부호(1110100)의 1주기중 00은 전체 111,0,1,00 중 1/4이 되나, 길이 1의 '0'과 '1'의 연속은 각각 1번이므로 전체의 1/2이 되고, 길이 3의 '1'의 연속은 1번이므로 전체의 1/4이 된다. 이를 좀더 명확하게 하기 위해서 4번째 시프트레지스터와 3번째 시프트레지스터 출력을 mod-2가산기로 더한(4, 3) PN부호발생기에서 발생된 주기 15인 다음과 같은 PN부호의 예를 들어보자.

$$\frac{000}{1}\ \frac{1}{2}\ \frac{00}{3}\ \frac{11}{4}\ \frac{0}{5}\ \frac{1}{6}\ \frac{0}{7}\ \frac{1111}{8}$$

'1'이 한번 연속해서 나온 경우가 전체 8개중 2번, '0'이 한번 연속해서 나온 경우가 2번이므로 전체 8개의 경우중 4번이어서 1/2이 되고 '1' 이 연속해서 2번 나온 경우가 1번, '0'이 연속해서 2번 나온 경우가 1번이므로 전체의 1/4이 된다. 마지막으로 000이 1번 나왔으므로 1/8이 되며, '1'이 연속해서 4번 나온 경우가 1/8이다. 런(run)은 한주기 안에 있는 동일한 심볼(0 또는 1)의 계열을 의미한다. 즉, $N=2^m-1$의 주기에서 런의 총수는 $(N+1)/2$이다. 반은 '0'의 런이고 반은 '1'의 런이다. '0'의 런 중 1/2은 길이 1, 1/4은 길이 2, 1/8은 길이 3 등의 런이다. 마찬가지로 '1'의 런도 '0'의 런과 동일하다. 이것은 길이가 mod-2일 때까지 계속되고, 나중에 '0'은 m-1의 길이 하나, '1'은 m의 길이 하나가 있다.

m단형 시프트레지스터 계열에서 발생시킬 수 있는 최대주기가 2^m-1이었으나 비선형 시프트레지스터 계열발생기를 사용하면 최대 2^m의 주기를 갖는 계열을 발생시킬 수 있으나 PN부호의 특성은 갖지 못한다.

5) 중첩특성(superposition)

시프트레지스터의 초기상태 A가 S_1시퀀스, 초기상태 B가 S_2시퀀스를 발생한다면 $A \oplus B$의 초기상태는 $S_1 \oplus S_2$시퀀스를 발생시킨다.

6) 스펙트럼특성

[그림 5.5(a)]와 같은 주기적인 펄스의 전력밀도스펙트럼은 [그림 5.5(b)]와 같다. 이 스펙트럼으로부터 다음과 같은 정보를 알 수 있다.

- 기본주파수는 정의에 의해 $1/T$이다.
- 다른 고조파성분은 $1/T$의 정수배에 존재한다.
- 포락선은 $1/a$의 배수에서 주파수성분이 0이다.(여기서 a는 펄스폭)
- 고조파성분의 크기는 a/T에 비례한다.

이것으로부터 연장하여 주파수가 $f_c(a=1/f_c)$인 m시퀀스를 고려해 보자. 이같은 주기적인 2진시퀀스의 전력스펙트럼은 구형파 펄스열의 스펙트럼과 유사하다. 여기서 스펙트럼의 0점은 클럭주파수 $1/a$의 배수에서 발생하며 펄스열의 경우와 마찬가지로 고조파성분은 기본주파수 $1/T=1/Na$의 배수에서 발생한다.

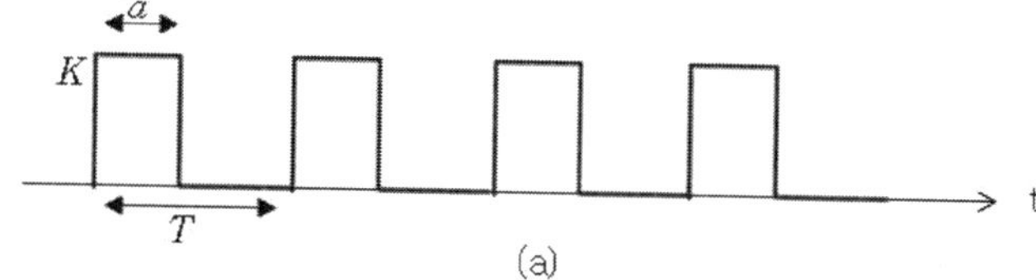

(a)

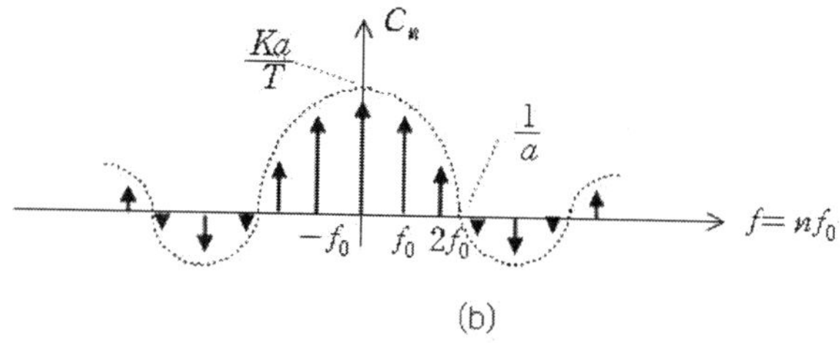

(b)

[그림 5.5] 주기적인 구형파 펄스열과 스펙트럼

03 직접확산 방식

스펙트럼확산통신은 의도적이거나 비의도적인 전파방해, 즉, 간섭(재밍 신호)에 대해 보다 높은 신뢰성을 갖는 통신로를 보장하기 위하여 도입되었다. 재밍신호는 인위적으로 통신을 방해하기 위한 신호로 전력이 매우 강한 광대역 잡음을 말한다. 이러한 재밍신호를 피하기 위하여 송신신호의 주파수대역폭을 정보신호의 주파수대역폭보다 넓게 하여 전송한다. 이와 같이 스펙트럼확산된 신호를 전송하게 되면 제3자가 수신하는 것을 방지할 수 있다. 따라서 설계자나 사용자가 통신의 간섭이나 탐지로부터 정보를 보호하기 위한 방법으로 스펙트럼확산 변조방식을 사용한다.

정보신호의 대역폭을 넓게 하기 위하여 데이터시퀀스로 변조된 반송파를 광대역확산 신호로 직접 변조하여, 즉 곱하여 주파수대역을 확산시키는 방법을 직접확산 방식이라 한다. 즉, 데이터시퀀스 $b(t)$를 [그림 5.6(a)]에 보인 평형변조기(또는 곱변조기)를 사용하여 광대역 PN부호 $c(t)$로 변조시킨다. 이 두 계열은 쌍극(polar)형태인 크기와 극성(-1과 +1)을 갖는 두 레벨에 의해 나타낸다. 이 두 신호의 곱은 푸리에 변환 성질에 의해 출력에서의 스펙트럼은 두 신호의 스펙트럼의 콘벌루션으로 주어진다. 만약 데이터시퀀스 $b(t)$가 협대역이고 PN부호 $c(t)$가 광대역이라면 두 신호의 곱 신호 $m(t)$는 PN부호와 거의 같은 스펙트럼을 갖는다. 다시 말해서 PN부호는 확산부호의 역할을 한다. 정보신호 $b(t)$를 PN부호 $c(t)$와 곱하면 [그림 5.7]에 보인 바와 같이 한 비트주기가 감소된다. 이와 같이 감소된 각 펄스의 폭은 PN부호의 비트 폭과 같으며 이를 칲(chip)시간이라 부른다. PN부호의 1과 0에 대응하는 파형을 칲이라 한다.

기저대역 신호 $b(t)$와 확산신호 $c(t)$의 곱신호 $m(t)$는 다음과 같다.

$$m(t) = c(t)b(t) \tag{5.9}$$

수신 신호 $r(t)$는 [그림 5.6(b)]에 보인 바와 같이 송신 신호 $m(t)$와 전송채널에 부가된 간섭신호 $j(t)$의 합으로 주어진다.

$$r(t) = m(t) + j(t) = c(t)b(t) + j(t) \tag{5.10}$$

본래의 정보 계열 $b(t)$를 복조하기 위해, 수신신호 $r(t)$를 [그림 5.6(c)]와 같이 곱변조기와 저역통과 여파기로 구성된 복조기에 입력한다. 수신기의 확산신호는 송신기에서 사용한 것과 같은 PN부호를 사용하며 송신기와 수신기는 정확하게 동기되었다고 가정한다. 따라서 복조된 신호는

$$u(t) = c(t)r(t) = c^2(t)b(t) + c(t)j(t) \tag{5.11}$$

확산부호 $c(t)$는 레벨 -1과 +1중에서 선택되나 확산부호를 제곱하면 임의의 시간 t에 대하여

$$c^2(t) = 1 \tag{5.12}$$

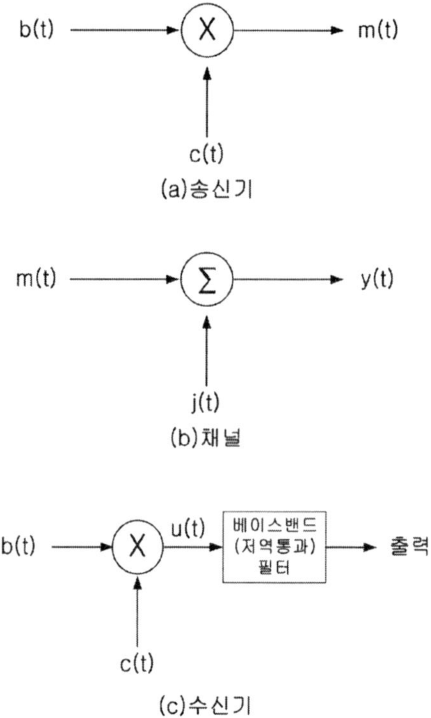

[그림 5.6] 기저대역 스펙트럼확산통신 시스템

이다. 따라서 식 (5.11)은 다음과 같이 간단히 표현된다.

$$u(t) = b(t) + c(t)j(t) \tag{5.13}$$

식 (5.13)으로부터 본래의 정보신호 $b(t)$는 수신 신호 $r(t)$를 역확산시킴으로써 얻는다. 하지만 전송채널에서 부가된 간섭신호 $j(t)$가 수신기에 들어올 경우 본래의 정보계열 $b(t)$는 확산부호 $c(t)$에 의하여 역확산되므로 본래의 정보계열이 되나 도중에 들어온 잡음이나 간섭신호 $j(t)$는 도리어 확산되므로 정보신호의 대역폭을 가진 여파기를 통하게 되면 정보 신호는 뽑아낼 수 있으나 잡음이나 간섭은 확산된 대역에서 여파기의 대역폭에 해당하는 주파수 성분만 통과하므로 잡음과 간섭의 영향이 감소된다.

5.1절에서 설명한 바와 같이 확산 부호의 주기가 길면 길수록 송신 신호는 랜덤 2원 신호에 더 가깝고, 그 신호를 검출하기는 점점 더 어려워진다. 즉, 스펙트럼확산을 함으로써 간섭(재밍) 및 잡음의 영향을 극소화할 수 있지만 송신대역폭이 증가하여 송수신기의 장치가 복잡해지고 처리지연(processing delay)이 발생한다. 그러나 스펙트럼확산통신을 하는 주요 목적이 신뢰성 및 비화통신에 있으므로 이러한 것은 하등 문제가 되지 않는다.

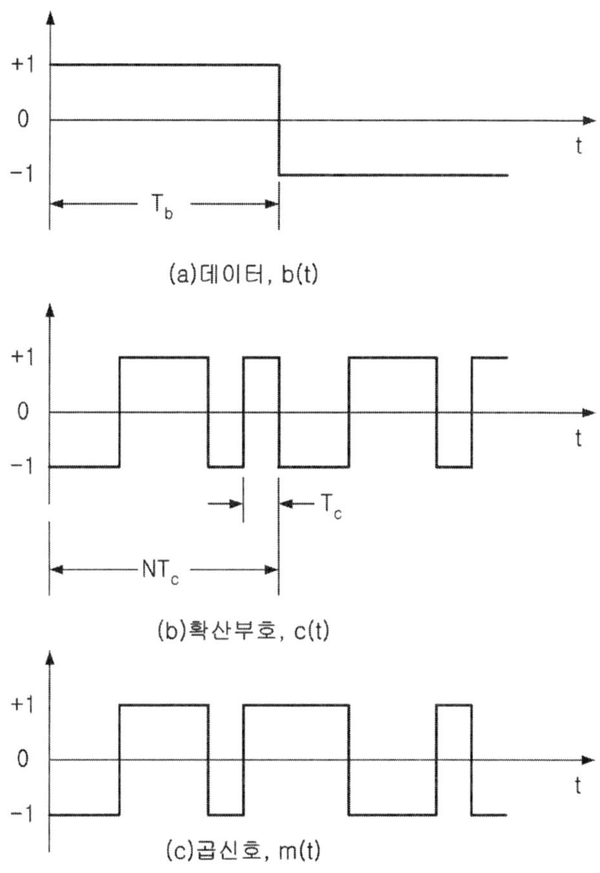

[그림 5.7] [그림 5.6] 송신기의 각 파형

DS/SS-BPSK 통신시스템

앞 절에서 설명한 스펙트럼확산방식을 위성채널과 같은 대역채널에 사용하기 위하여 [그림 5.8]에 보인 동기 BPSK변조방식을 송·수신기에 사용할 수 있다. [그림 5.8(a)]의 송신기는 데이터시퀀스 $b(t)$를 PN부호로 변조하여 확산신호로 변환시킨 다음, 이 신호를 BPSK로 변조한다. 이렇게 얻은 출력신호 $s(t)$를 직접확산 BPSK(DS/BPSK :direct-sequence BPSK)신호라고 한다.

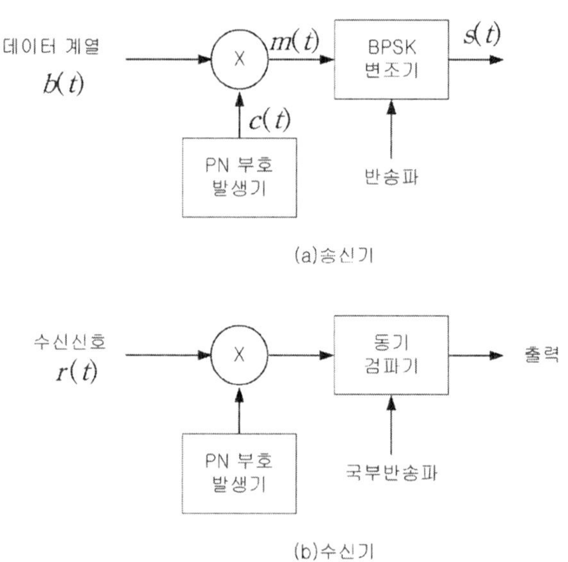

[그림 5.8] 직접확산 동기 PSK

[표 5.2] 위상변조Θ(t)[rad]의 진리표

		데이터계열 $b(t)$의 극성	
		+	−
PN부호 $c(t)$의 극성	+	0	π
	−	π	0

출력신호 $s(t)$의 위상변조 $\Theta(t)$는 [표 5.2]의 진리표에 보인 바와 같이 임의의 시간 t에서 데이터시퀀스 $b(t)$와 PN부호 $c(t)$의 극성에 따라 '0' 또는 'π'의 값을 갖는다. [그림 5.8(b)]와 같은 수신기에서는 수신 신호 $r(t)$와 송신기에서 사용한 것과 동일한 PN부호를 곱하여 역확산시킨 다음, 원래의 데이터 시퀀스를 복조하기 위해 동기검파를 한다. [그림 5.7(c)]에 보인 변조된 파형의 일부분, 즉 PN부호의 한 주기에 해당하는 파형을 [그림 5.9]와 [그림 5.10]에 다시 옮겼다. [그림 5.10(b)]에는 정현반송파의 파형을 보였으며, [그림 5.10(c)]는 위상 변조된 출력인 DS/BPSK파형을 나타낸다.

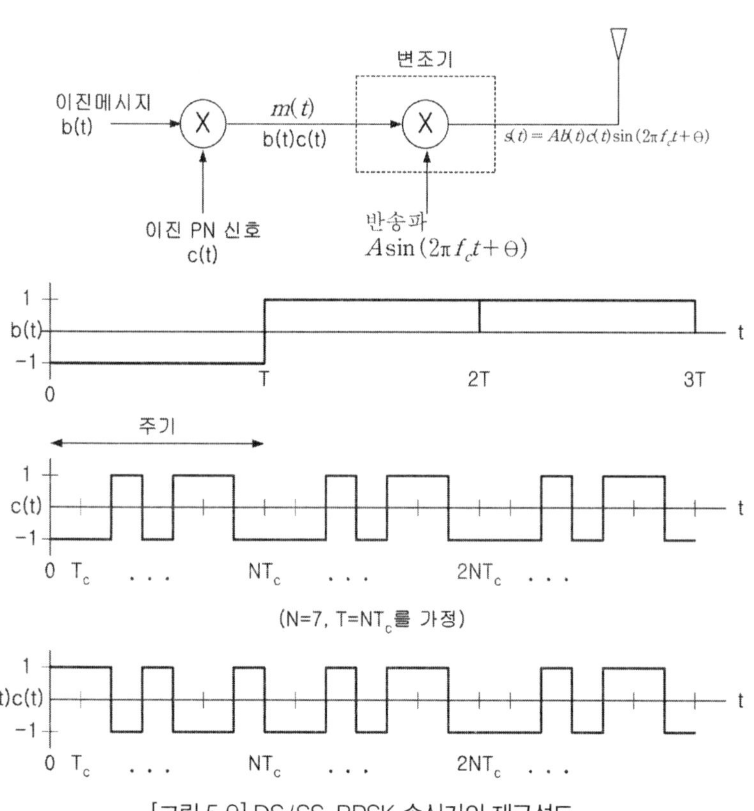

[그림 5.9] DS/SS-BPSK 송신기의 재구성도

일반적으로 스펙트럼확산통신을 위한 송신기는 [그림 5.8(a)]에 보인 바와 같이 스펙트럼확산이 위상변조에 앞서서 이루어진다. 그러나 [그림 5.11]에 보인 바와 같이 위상변조와 스펙트럼확산 과정의 순서를 교환하면 해석하기가 훨씬 편리하기 때문에 순서를 바꾸기로 한다. 이것은 스펙트럼확산과 BPSK가 모두 선형동작을 하기 때문에 가능하다.

[그림 5.11]과 같은 시스템의 전송채널에서는 간섭신호 $j(t)$의 영향만 받고 그 이외의 잡음에 의한 영향은 없는 것으로 가정한다. 그러므로 채널잡음의 효과는 무시되므로 채널의 출력은 다음과 같이 된다.

$$r(t) = s(t) + j(t) = c(t)x(t) + j(t) \tag{5.14}$$

여기서 $x(t)$는 BPSK신호이며, $c(t)$는 PN부호이다.

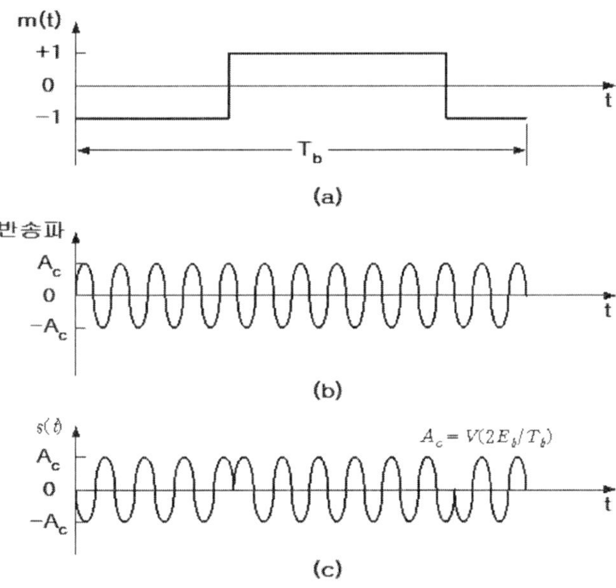

[그림 5.10] (a) 확산신호 $m(t)=c(t)b(t)$ (b) 정현반송파 (c) DS/SS-BPSK신호

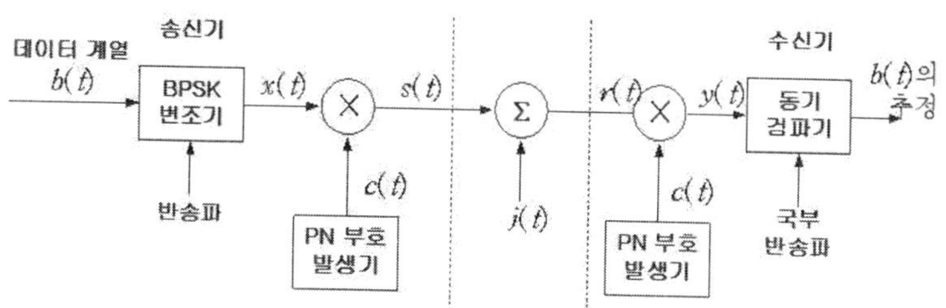

[그림 5.11] 직접확산 BPSK 시스템의 모델

수신기에서 수신된 신호 $r(t)$는 우선 PN부호 $c(t)$와 곱해져 동기검파기의 입력신호인 $y(t)$가 된다.

$$y(t) = c(t)r(t) = c^2(t)x(t) + c(t)j(t) = x(t) + c(t)j(t) \quad (5.15)$$

식 (5.15)로부터 동기검파기의 입력신호 $y(t)$는 BPSK신호 $x(t)$와 간섭신호 $j(t)$와 PN부호 $c(t)$가 곱해진 확신신호가 더해진다는 것을 알 수 있다. 위의 식에서 두 번째항은 간섭신호(재밍신호)가 확산부호에 의해 스펙트럼이 확산되어 수신기에서 간섭신호의 영향이 극소화된다. 따라서 수신기 출력에서 본래의 정보신호를 검파하는 경우 신뢰도를 증가시킬 수 있다. 또한 [그림 5.9]에서와 같은 DS/SS-BPSK의 송신블록도의 다양한 응용 예를 해석하여하여 보자. 여기서 $b(t)$는 ±1값을 가지는 데이터 신호로 다음과 같이 표식할 수 있다.

$$b(t) = \sum_{k=-\infty}^{\infty} b_k \, p_T(t-kT) \quad (5.16)$$

여기서 $b_k(t)=\pm 1$는 k번째의 데이터 비트이고, T는 데이터 비트의 기간이다.(즉, 데이터율은 $1/T$bps이다. 신호 $b(t)$는 곱셈연산을 통해, PN 신호 $c(t)$에 의해 확산된다. 결과신호인 $b(t)c(t)$는 BPSK를 이용하여 반송파를 변조하고, 따라서

$$s(t) = Ab(t) \cdot c(t) \sin(2\pi f_c t + \Theta) \tag{5.17}$$

로 주어지는 DS/SS-BPSK 신호가 발생된다. 여기서, A는 진폭, f_c는 반송파 주파수, 그리고 Θ는 반송파위상이다. 여러 응용의 예에서 살펴보면, 하나의 신호비트는 PN신호의 한 주기와 같다. 즉, $T=NT_c$이다. 다라서 이 책에서도 위의 가정은 항상 성립한다고 가정한다. [그림 5.9]에서 $N=7$이다. 또한 신호와 확산 신호의 곱인 $b(t) \cdot c(t)$도 ± 1의 진폭을 갖는 이진신호이고, PN 신호와 동일한 주파수를 가짐을 알 수 있다. 최종 DS/SS-BPSK 신호인 $s(t)$는 [그림 5.10]의 마지막 그래프로 나타난다.

[그림 5.12]에 DS/SS-BPSK 수신기의 블록도를 재구성하였다. 수신부의 목적은 송신신호와 잡음이 섞인 수신된 신호로부터, 신호 $b(t)$ (데이터 $\{b_i\}$)를 추출해 내는 것이다. 전송지연시간 τ를 감안하면 수신된 신호는

$$s(t-\tau) + n(t) = Ab(t-\tau)c(t-\tau)\sin(\ 2\pi f_c(t-\tau) + \Theta\ ) + n(t) \tag{5.18}$$

이고, $n(t)$는 채널과 수신기의 전단부로부터의 잡음이다. 복구하는 과정을 살펴보기 위해 잡음이 없다고 가정하자. 수신된 신호는 먼저 광대역을 협대역으로 줄이기 위해 역확산되고, 기저대역신호를 얻기 위해 복조된다. 역확산하기 위해 수신된 신호에 수신단에서 생성한 동기의 PN신호 $c(t-\tau)$를 곱하면 $c(t)$의 값은 ± 1이고, $\Theta' = \Theta - 2\pi f_c \tau$이므로,

$$\omega(t) = Ab(t-\tau)c^2(t-\tau)\sin(2\pi f_c t + \Theta') = Ab(t-\tau)\sin(2\pi f_c t + \Theta') \tag{5.19}$$

이 된다. 이 신호는 대역폭이 $2/T$ 인 협대역 통과신호이다. 복조를 위해 수신기는 위상 Θ'(주파수f_c)과 각 비트의 시작점을 알고 있다고 가정하였다. BPSK

복조기는 상관기(correlator)와 판단기준값 회로로 구성된다. i번째의 비트를 검출하려면, 상관기는 다음을 계산한다.

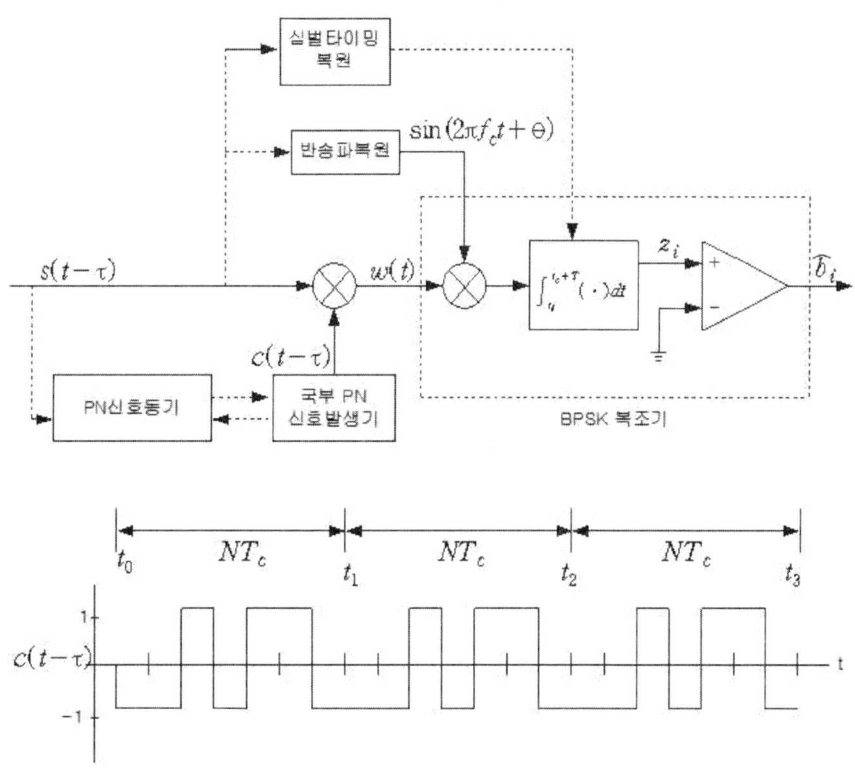

[그림 5.12] DS/SS-BPSK 수신기의 재구성도

$$
\begin{aligned}
z_i &= \int_{t_i}^{t_i+T} w(t)\sin(2\pi f_c t+\Theta)dt \\
&= A\int_{t_i}^{t_i+T} b(t-\tau)\sin^2(2\pi f- ct+\Theta)dt \\
&= A/2\int_{t_i}^{t_i+T} b(t-\tau)\{1-\cos(4\pi f_c t+2\Theta)\}dt
\end{aligned}
\qquad (5.20)
$$

윗식에서, $t_i=iT+t$는 i번째 비트의 시작점이고, $b(t-\tau)$는 각 비트 동안 +1, 또는 -1값을 가지므로 식 (5.20)의 첫 번째 항의 값은 T혹은 $-T$이다. 적분식

의 두 번째 항의 값은 적분 후의 값이 대략 0인 두 배의 주파수 성분 항이다. 따라서, 결과적으로, $z_i=AT/2$, 혹은 $-AT/2$이다. [그림 5.12]에서 PN 신호의 곱과 반송파주파수의 곱은 그 순서가 바뀌어도 결과는 같다.

여기서 PN 신호는 송신자와 통화하고자 하는 수신자간에는 알려진 하나의 코드로서 사용된다. 즉, 통화하고자 하는 수신자는 그 코드를 인식함으로써 송신된 신호를 복원하기 위해 SS 신호를 역확산할 수 있다. 반면에, 기타의 원하지 않는 수신자들은 코드 $c(t)$를 알지 못하므로, 보편적 상황하에서는 신호를 판독할 수 없다. 즉, 이는 식(5.17)에서 $c(t)$가 단지 +1, 또는 -1 값을 가지는 임의의 신호로 간주되므로 위의 설명이 명백함을 알 수 있다.

이제까지 수신자는 τ, t_i, 그리고 Θ'을 알고 있다고 가정하였다. 반송파주파수 f_c는 수신자단에서 진동자(lpcal oscillator)를 이용하여 생성될 수 있도록 이미 수신자가 알고 있다. 만약 수신단의 진동자에서 생성된 반송파주파수와 송신단의 반송파주파수 간에 차이가 있으면, f_c주변의 주파수를 생성하여 위상고정루프(phase locked loop)와 같은 피드백(feedback)회로를 이용하여 주파수를 추적하여 반송파주파수를 얻을 수 있다. 수신단에서는 수신된 신호로부터 다른 변수들, 즉 τ, t 그리고 Θ'을 구할 수 있어야 한다. τ를 산출하는 과정을 PN 신호동기(code synchronization)라고 하며, 이는 일반적으로 획득(acquisition)과 추적(tracking)의 두 단계로 구현된다. 또 t를 획득하는 과정을 심벌시간복구(symbol timing recovery)라 하며, Θ'의 획득은 반송파복구(carrier recovery)라 한다. 반송파복구와 시간복구는 어떠한 동기데이터 시스템에서도 요구되는 기능이므로, 여러 통신관련저서들에서 다루고 있으며 여기서는 기술하지 않는다. $T/T_c=N$ (PN 시퀀스의 주기)인 경우, T를 알면 심벌시간은 알 수 있다. [그림 5.12]에 PN 동기, 심벌시간복구, 그리고 반송파복구를 위한 기능블록을 제시하였다.

이제, 수신단측에서 일치하지 않는 반송파위상과 코드위상의 영향에 관해 알아보자. 수신기의 복조기측에서 $\sin(2\pi f_c t+\Theta')$대신 $\sin(2\pi f_c t+\Theta'+\gamma)$를 사용하고, PN 신호로 $c(t-\tau)$ 을 사용하였다면(즉, 반송파의 위상오류가 γ이고, PN신호가 위상오류 $(t-\tau)$이라면), 신호는

$$z_i = A\int_{t_i}^{t_i+T} b(t-\tau)c(t-\tau)c(t-\tau')\sin(2\pi f_c t+\theta)\sin(2\pi f_c t+\theta'+\gamma)dt$$
$$= A/2\int_{t_i}^{t_i+T} b(t-\tau)c(t-\tau)c(t-\tau')\cos(\gamma)dt$$
$$= \pm AT/2\cos(\gamma)1/T\int_{t_i}^{t_i+T} c(t-\tau)c(t-\tau')DT$$
$$= \pm AT/2\cos(\gamma)R_c(\tau-\tau') \quad (5.21)$$

이 된다. 2배의 주파수 항은 적분하면 0이 되므로 두 번째 등식은 성립한다. 따라서, $\gamma=0$이고 $\tau-\tau'=0$인 경우에 $|z_i|$ 는 최대값을 가진다. 만약, $|\tau-\tau'|>T_c$ 또는 $|\gamma|=\pi/2$이면, $z_i=0$이고 수신기는 쓸모 없어진다. $|\tau-\tau'|<T_c$ 또는 $|\gamma|<\pi/2$ 이면, $|z_i|$ 의 크기는 감소되어 신호 대 잡음비가 작아지므로, 오류확률이 높아진다. 즉, 위상오류가 없는 경우에 수신기는 최상의 작동을 한다. 그러나, 위상오류 $|\tau-\tau'|$과 $|\gamma|$ 가 작은 경우에도 정상적인 기능을 한다.

다음으로 [그림 5.9]와 [그림 5.12]의 각 기능블록 전·후단에서의 전력스펙트럼밀도(PSD : Power Spectral Density)함수에 관하여 살펴보기로 하자. 앞에서와 마찬가지로 전송신호와 PN신호는 각 비트나 칲이 동일한 수의 +1, 혹은 -1 값을 가지는 임의의 이진신호로 간주한다. 크기가 ±1인 전송신호 $b(t)$는 $1/T$ [bps]의 비트율로 전송되며, 대역폭이 $1/T$ [Hz]로 PSD는

$$\psi_b(f) = T\ \text{sinc}^2(fT) \quad (5.22)$$

이다. 한편, 크기가 ±1인 PN신호 $c(t)$는 $1/T_c$ [cps]의 칲율을 가지고 대역폭이 $1/T_c$[Hz]로 PSD는

$$\psi_c(f) = T_c\text{sinc}^2(\text{fT}) \quad (5.23)$$

가 된다. T/Tc는 정수이고, $b(t)$의 각 비트의 시작과 $c(t)$의 칩의 시작은 일치하므로 그들의 곱 $b(t)c(t)$는 $c(t)$의 대역폭(bandwidth)인 $1/T_c$ [Hz]와 같으며, PSD는

$$\psi_{bc}(f) = T_c \mathrm{sinc}^2(fT) \tag{5.24}$$

가 된다. 따라서 대역확산과정에서 대역폭은 $T/T_c=N$배 (보통 N은 매우 큼)로 증가된다. 반송파변조를 통하여 기저대역신호 $b(t)c(t)$는 대역통과신호 $s(t)$로 전환되고, 대역폭이 $2/T_c$인 PSD는

$$\Psi_s(f) = A^2 \frac{T_c}{4}\left[\mathrm{sinc}^2\{(f-f_c)T_c\} + \mathrm{sinc}^2\{(f+f_c)T_c\}\right] \tag{5.25}$$

이다. [그림 5.13]에 $T/T_c=4$인 경우, $\Psi_b(f), \Psi_c(f)$, 그리고 $\Psi_s(f)$의 예를 도식하였다. $\Psi_b(f)$와 $\Psi_s(f)$를 비교하기 위해, 크기는 $4T/A^2T_c$배로 감축되었고 영점-영점간의 넓이는 T/T_c배로 확대되었다. 따라서 대역확산비(spectrum spreading ratio)는 $T/T_c=4$이다.

수신단에서, 신호 $s(t-\tau)$는 DS신호 $s(t)$의 시간τ만큼 지연된 신호이다. 그리고 이 지연은 주파수영역에서의 전력분포에 영향을 미치지 못하므로, 수신단신호의 PSD는 식 (5.25)로 주어지는 $s(t)$의 PSD 와 같다. 또한, $c(t-\tau)$ 의 PSD는 식 (5.23)으로 주어지는 $c(t)$의 PSD와 같다. 역확산 후의 신호 $w(t)$의 PSD는

$$\Phi_{\omega} = A^2\, T_e/4[\ \mathrm{sinc}^2\,(f-f_c)T_c + \ \mathrm{sinc}^2\,(f+f_c)t_c] \tag{5.26}$$

로 주어지고 [그림 5.13]에 표시하였다. 여기서, $\Phi_{\omega}(f)$는 $b(t)$의 대역모양과 같고 f_c만큼 좌우로 천이된 협대역의 PSD를 가짐을 알 수 있다. $\omega(t)$ 대역폭은 $b(t)$의 대역폭의 두배인 $2/T$이다. 위로부터, $b(t)$는 $c(t)$에 의해 확산되고, 수신단에서 $c(t-\tau)$에 의해 역확산 됨을 알 수 있다.

스펙트럼확산통신의 기본적 문제는 유한한 전력을 갖는 간섭신호를 제거할 수 있는 능력의 정도이다. 이와 같은 능력을 나타내는 용어로 처리이득(processing gain) G_p가 널리 사용된다. 이는 정보 데이터의 최소대역폭(또는 전송속도 $R=1/T_b$)과 스펙

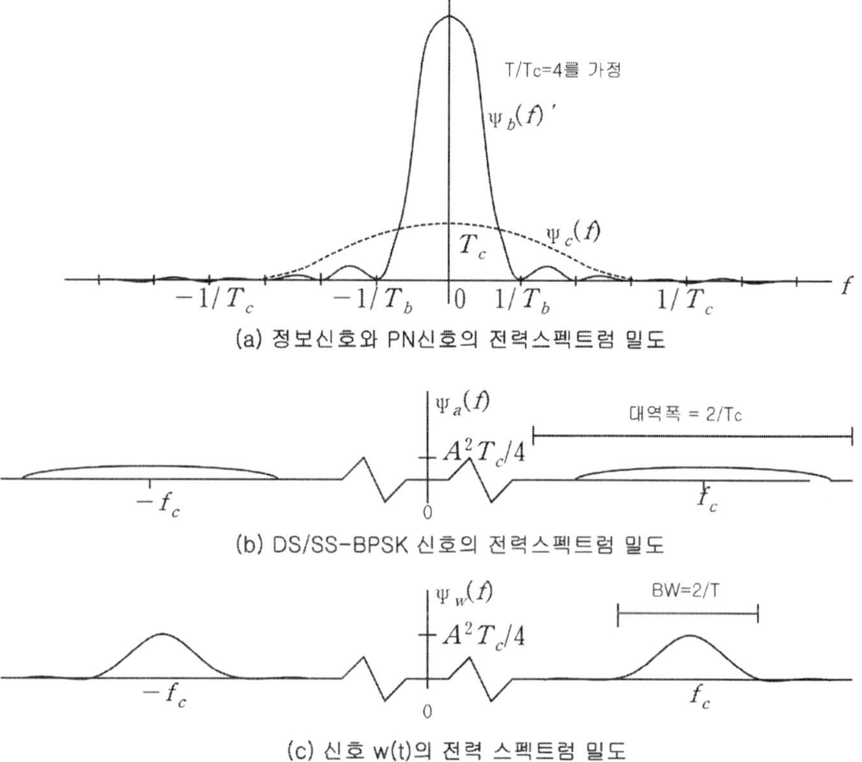

[그림 5.13] 신호, PN신호, DS/SS-BPSK의 PSD

트럼확산의 대역폭(또는 칩률 $R_c=1/T_c$)의 비로 주어진다. 즉,

$$G_p=R_c/R=(SS\ \text{신호의 대역폭})/2\times(\text{기저대역신호의 대역폭}) \quad \text{또는}\ G_p=T_b/T_c \tag{5.27}$$

처리이득은 dB로 표시되고 이는 $10\log_{10}(G_p)$로 표시된다. 처리이득은 SS 시스템에서 전송된 신호가 얼마만큼 확산되었나를 측정하는 기준이다. G_p는 SS시스템에서 아주 중요한 성능측정변수이며, 값이 클수록 의도된 잡음(jamming)에 강한 특성을 나타낸다. *DS/SS-BPSR*에서 G_p는 $(2/T_c)/(2/T)=T/T_c=N$이다. 즉, 처리이득 G_p와 확산계수 N(PN부호의 길이)은 T_b/T_c의 비(比)와 동일하다($T_c=T_b/N$). 그러므로 PN부호가 길어지면 길어질수록(또는 칩 시간 T_c가 작으면 작을수록) 처리이득은 커진다. 만약, $N=1023$인 경우, 변조된 신호 $b(t)\cos(2\pi f_c t)$의 대역폭은 대역확산과정에 의해 1023배 증가하였고, 따라서 G_p는 1023, 또는 30.1*dB*이다.

스펙트럼확산 방식의 처리능력은 통상 20~60[dB]이다. 또한 확산 복조기의 입출력에서의 신호 대 잡음비는

$$\left[\frac{S}{N}\right]_0=G_p\left[\frac{S}{N}\right]_i \tag{5.28}$$

의 관계를 갖는다.

05 DS/SS-QPSK 통신시스템

앞 절에서는 변조방식으로 BPSK를 적용하였다. SS시스템에서는 직교위상천이 변조 (QPSK : Quadrature Phase Shift Keying), 혹은 최소천이변조 (MSK : Minimum Shift Keying) 등도 많이 사용된다.

[그림 5.14]에 QPSK변조를 적용한 시스템의 송신부의 기능블록 및 각 점에서의 신호파형을 제시하였다. 시스템의 송신부는 동위상(in-phase)과 직교위상(quadrature- phase)의 두채널로 구성된다. 여기서는 두채널에서 동일한 입력데이터 $b(t)$가 PN신호 $c_1(t)$와 $c_2(t)$로 변조된다. DS/SS-QPSK 신호는

$$
\begin{aligned}
s(t) &= s_1(t) + s_2(t) \\
&= Ab(t)\,c_1(t)\sin(2\pi f_c t + \Theta) + Ab(t)c_2(t)\cos(2\pi f_c t + \Theta) \\
&= \sqrt{2}A\sin(2\pi f_c t + \Theta + \gamma(t))
\end{aligned}
\tag{5.29}
$$

여기서

$$
\begin{aligned}
\gamma(t) &= \tan^{-1} b(t)c_2(t)/b(t)c_1(t) \\
&= \begin{cases}
\pi/4, & b(t)\ c_1(t) = 1, \quad b(t)\,c_2(t) = 1 \\
3\pi/4, & b(t)\ c_1(t) = -1, \quad b(t)\,c_2(t) = 1 \\
5\pi/4, & b(t)\ c_1(t) = -1, \quad b(t)\,c_2(t) = -1 \\
7\pi/4, & b(t)\ c_1(t) = 1, \quad b(t)\,c_2(t) = -1
\end{cases}
\end{aligned}
\tag{5.30}
$$

따라서, 신호 $s(t)$는 $\Theta+\pi/4$, $\Theta+3\pi/4$, $\Theta+5\pi/4$ 그리고 $\Theta+7\pi/4$의 네 가지 서로 다른 위상을 가진다. [그림 5.14]에 $\Theta=0$인 경우에 $s(t)$의 파형과 위상을 제시하였다. [그림 5.15]에 DS/SS-QPSK 시스템의 수신기구조의 블록도를 제시한다. 동위상과 직교위상성분은 각각 $c_1(t)$와 $c_2(t)$에 의해 역확산된다. 만약, 전송시간지연을 τ라고 하면, 잡음을 무시한 입력신호는

$$s(t-\tau)=Ab(t-\tau)c_1(t-\tau)\sin(2\pi f_c t+\theta')+Ab(t-\tau)c_2(t-\tau)\sin(2\pi f_c+\theta') \tag{5.31}$$

가 되며, 여기서 $\Theta'=\Theta-2\pi f_c\tau$이다. 합산기 이전의 신호들은

$$\begin{aligned}u_1(t)&=Ab(t-\tau)\sin^2(2\pi f_c t+\theta')+Ab(t-\tau)c_1(t-\tau)c_2(t-\tau)\sin(2\pi f_c+\theta')\\&\quad\cdot\cos(2\pi f_c t+\theta')\\&=Ab(t-\tau)(1/2)\,1-\cos(4\pi f_c t+2\theta')+Ab(t-\tau)c_1(t-\tau)c_2(t-\tau)(1/2)\\&\quad\cdot\sin(4\pi f_c t+2\theta')\end{aligned} \tag{5.32}$$

$$\begin{aligned}u_2(t)&=Ab(t-\tau)c_1(t-\tau)c_2(t-\tau)\sin(2\pi f_c t+\theta')\cos(2\pi f_c t+\theta')+Ab(t-\tau)\\&\quad\cdot\cos^2(2\pi f_c t+2\theta')\\&=Ab(t-\tau)c_1(t-\tau)c_2(t-\tau\,(1/2)\sin(4\pi f_c t+2\theta)+Ab(t-\tau)(1/2)\\&\quad\cdot\{1+\cos(4\pi f_c t+2\theta')\}\end{aligned} \tag{5.33}$$

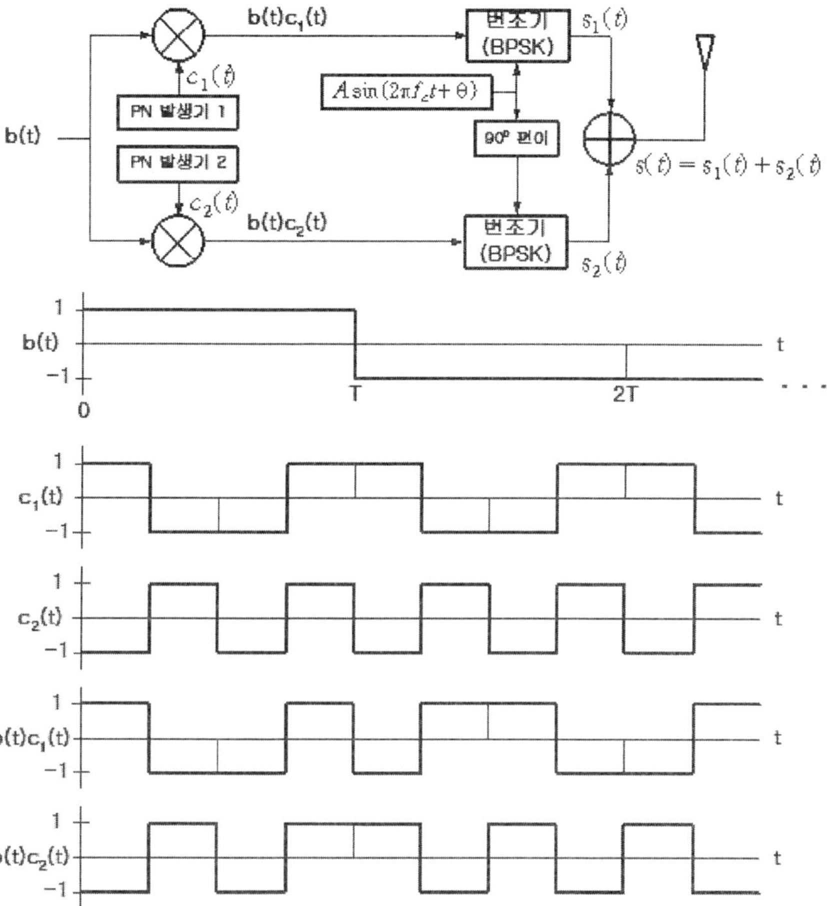

[그림 5.14] DS/SS-QPSK 시스템의 파형

위의 두 신호의 합은 한 비트시간 동안 적분되고, 주파수 $2f_c$항을 가지는 모든 항은 평균하면 0이므로, 대응하는 신호비트값이 +1이면 $z_i=AT$이고, 신호비트값이 -1이면, $z_i=-AT$이다. 따라서 비교기의 출력은 신호비트값이 +1이면 +1(논리값1)이고, 신호비트값이 -1이면 -1(논리값0)이다.

두 개의 PN신호 $c_1(t)$와 $c_2(t)$는 서로 독립인 두 PN신호이거나, 하나의 PN신호 $c(t)$로부터 얻을 수 있다. 후자의 경우, $c(t)$를 둘로 쪼개어 $c_1(t)$는 $c(t)$의 홀수번째와 $c_2(t)$는 $c(t)$의 짝수번째 칩들을 각각 이용하여 얻을 수 있다. 따라서, $c_1(t)$와 $c_2(t)$의 칩 간격시간은 $c(t)$의 두 배이다([그림 5.16)]. 또 다른 예로는 $c_1(t)= c(t)$, $c_2(t)$는 $c(t)$의 시지연된 칩 형태인 경우를 들 수 있다.

두 개의 PN신호 $c_1(t)$와 $c_2(t)$의 칩 시간을 T_c라 하면, 두 가지의 변조신호 $s_1(t)$와 $s_2(t)$의 대역폭은 $2/T_c$로 동일하다. $s_1(t)$와 $s_2(t)$는 직교하며, 동일한 주파수대역을 가진다. 따라서, $s(t)$의 대역폭은 $s_1(t)$, $s_2(t)$와 동일하며 $2/T_c$이다. 데이터율이 $1/T$bps인 신호의 처리이득은 T/T_c이다.

DS/SS-QPSK 시스템은 여러 방법으로 구현될 수 있다. [그림 5.14]와 [그림 5.15]는 데이터 비트율이 $1/T$ bps인 하나의 신호를 전송하는 경우에 사용된다. 처리이득과 DS/SS-QPSK신호의 대역폭은 $c_1(t)$와 $c_2(t)$의 칩률에 의해 결정된다. DS/SS- QPSK 시스템은 각 데이터신호로 하여금 두 개의 채널(I 혹은 Q)중 하나를 변조하도록 하여, 데이터 비트율이 $1/T$ [bps]인 두 개의 신호를 전송하는 경우에도 사용될 수 있다. 또한, 비트율이 $2/T$ [bps]인 하나의 데이터를 분리하여 비트율이 $1/T$ bps인 두 개의 데이터신호로 나누고, 각각으로 하여금 두 가지 중 하나를 변조하도록 함으로써 DS/SS-QPSK 시스템을 이용하여 비트율이 $2/T$ [bps]인 하나의 데이터를 전송할 수도 있다. DS/SS-QPSK 시스템의 성능을 결정하는 요소는 여러 가지가 있다. 즉, 이용된 주파수대역, 결과 처리이득, 그리고 비트오류확률을 결정하는 신호 대 잡음비(SNR:Signal to Noise Ratio) 등이다. 그리고 DS/SS-QPSK 시스템과 DS/SS-BPSK 시스템을 비교하는 데 있어서, 위의 요소들 중 몇 개는 동일하도록 하여 나머지 요소를 비교하여야 할 것이다. 예를 들면, 두 시스템이 동일한 처리이득과 신호대잡음비를 가지는 경우, DS/SS-QPSK 시스템에서 하나의 데이터신호를 전송하는 데 소요되는 주파수대역은 DS/SS-BPSK 시스템 경우의 절반이다. DS/SS-BPSK 시스템에서와 같은 주파수대역과 처리이득을 가지는 DS/SS-QPSK 시스템을 이용하여 동일한 데이터가 전송된 경우, 신호대잡음비에 이점이 있으며, 결과적으로 작은 오류확률로 전송된다. 또한, DS/SS-QPSK 시스템은 동일한 주파수대역을 사용하고, 동일한 처리이득과 신호 대 잡음비를 가지는 DS/SS-BPSK 시스템에 비하여 두 배의

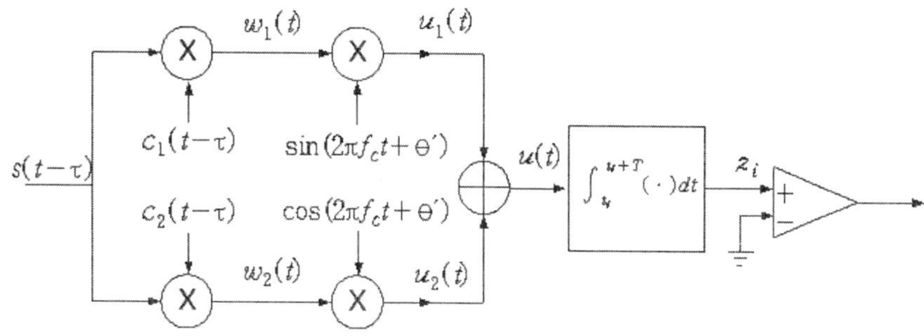

[그림 5.15] DS/SS-QPSK 수신기

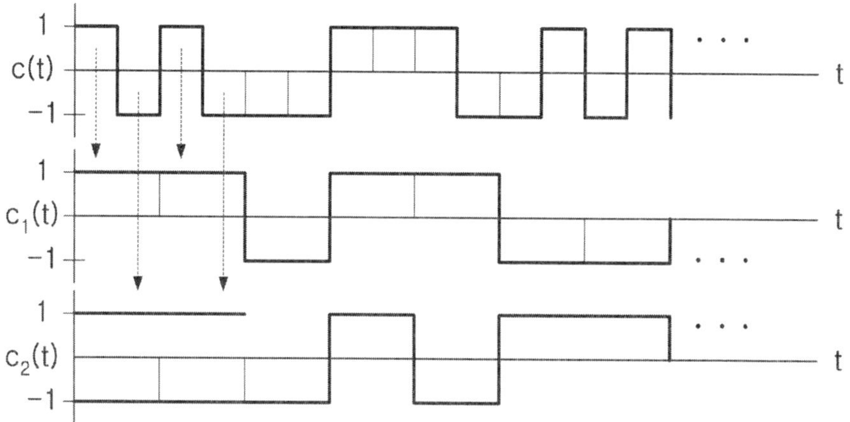

[그림 5.16] 동일한 $c(t)$로부터 얻어진 $c_1(t)$, $c_2(t)$의 파형

데이터를 전송할 수 있다. 또한, DS/SS-QPSK 시스템의 장점들은 동상 (I)와 직교상 (Q)의 두 반송파 $\sin(2\pi f_c t+\Theta)$와 $\cos(2\pi f_c t+\Theta)$의 직교성 때문에 가능하다. DS/SS-QPSK 시스템의 단점은 시스템의 복잡성이다. 또한, 수신단에서 복조를 위해 사용되는 두 반송파가 직교성이 없으면, 시스템의 성능에 장애가 되는 두 가지 사이의 누화(crosstalk)가 발생하게 된다. DS/SS-QPSK 시스템은 위치정보 시스템(GPS: Global Positioning System)에 이용된다.

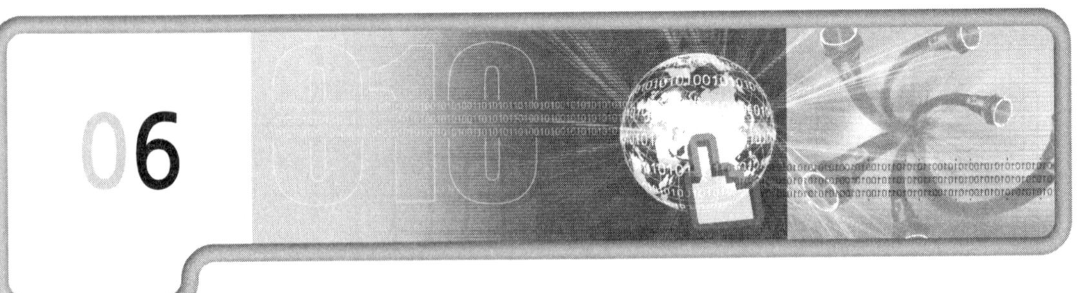

DS/SS 시스템의 성능

이제, 부가백색가우시안잡음(AWGN: Additive White Gaussian Noise)과 의도적으로 삽입된 간섭, 다른 직접확산 신호로부터의 복수사용자 간섭(multi-user interference), 그리고 다중경로에 의한 자기간섭(self-interference) 환경하에서 DS/SS-BPSK 시스템의 성능에 관하여 알아보자. 마지막으로, DS/SS 신호의 임의차단(interception)의 난이성에 관해 설명한다.

1 백색잡음과 의도적 간섭에 의한 영향

[그림 5.17]에 DS/SS-BPSK 시스템의 송신기와 수신기의 기능블록도를 제시하였다. 여기서는, 수신단에서 재생되는 PN신호와 반송파가 입력되는 PN신호, 반송파와 완전한 동기를 하고 있다고 가정한다. 따라서, [그림 5.12]에서 시간지연 τ를 0으로 간주할 수 있고, 반송파위상은 $\pi/2$로 가정한다.

이제, 수신단의 출력단에서, 그리고 신호 $b(t)$의 추정값 $\hat{b}(t)$를 생성하는 최종 중제한기(hard limiter)전단에서 신호전력 대 잡음(간섭)전력의 비(SNR_0)를 구한다. 중제한기의 입력은 원하는 신호 s_0, 채널잡음 n_0, 그리고 임의간섭 j_0로 구성된다. 먼저, 임의간섭이 없다고 가정하자. 즉 $j(t)=0$이므로 $j_0=0$이다. 신호 s_0, 채널잡음 n_0을 산출하여, SNR_0을 구해 보자. $b(t)=\pm 1$, $c(t)=\pm 1$인 경우, 식 (5.20)으로부터, 각 데이터 비트의 신호성분은

$$s_0 = \pm AT/2 \tag{5.34}$$

이다. 또한, 잡음성분은

$$N_0 = \int_0^T n(t)\ c(t)\cos(2\pi f_c t)dt \tag{5.35}$$

가 된다. 잡음 $n(t)$가 평균이 0이고, 자기상관 함수값이

$$E\{n(t+\tau)n(t)\} = N_o\delta(\tau)/2 \tag{5.36}$$

즉, 잡음 양측의 전력 스펙트럼밀도가 $N_0/2$인 부가백색가우시안잡음이라 가정하면, n_0은 평균이 0이고 편차가

$$\begin{aligned}
E(n_0^2) &= E\ \{ \int_0^T n(t)c(t)\ \cos(2\pi f_c t)dt \int_0^T n(t)c(t)\ \cos(2\pi f_c t)dt\ \} \\
&= \int_0^T\int_0^T E\ \{n(t)n(u)\ \}\ c(t)c(u)\ \cos(2\pi f_c t)\ \cos(2\pi f_c u)\ dt\ du \\
&= (N_0/2)\int_0^t\int_0^c \delta(t-u)\,c^2(u)\ \cos^2(2\pi f_c u)du \\
&= (N_0/2)\int_0^t c(t)c(u)\ \cos(2\pi f_c t)\ \cos(2\pi f_c u)dt\ du \\
&= (N_0/2)\int_0^t (1/2)\{1+\cos(4\pi f_c u)\ \}du \\
&= N_0\,T/4
\end{aligned} \tag{5.37}$$

인 가우시안 랜덤변수(random variable)이다. 따라서, SNR_0은

$$SNR_0 = s_0 / E(n_0^2) = (AT/2)^2 / (N_0 T/4) = A^2 T / N_0 \quad (5.38)$$

이 된다. 윗식으로부터 SNR_0은 칩율 T_c와 관계가 없음을 알 수 있다. 즉, AGWN 채널에 대해 대역확산은 전혀 유용하지 않음을 알 수 있다.

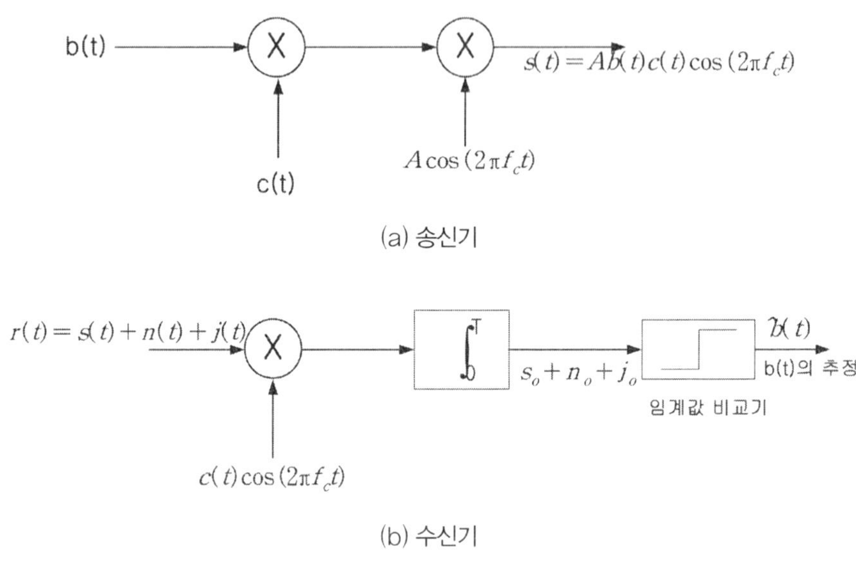

[그림 5.17] DS/SS-BPSK 송수신기의 기능블록도

디지털통신 시스템의 성능은 비트오류율, 또는 심벌의 오류율을 기준으로 측정된다. 오류확률은 E_b/N_0으로 표시된는데, E_b는 한 비트신호당 에너지이고, $N_0/2$는 채널의 백색잡음의 양측의 전력스펙트럼밀도이다. 예를 들면, 부가백색가우시안잡음에서 BPSK 신호의 비트오류확률은 $P_b = Q(\sqrt{2E_b/N_0})$이다. 여기서 $Q(t) = \int_t^{\infty} (1/\sqrt{2\pi}) \exp(-x^2/2) dx$이다. E_b/N_0은 비트당 에너지

대 잡음대역밀도 비, 혹은 간단히 신호 대 잡음비(SNR)라고도 부른다. 이제 SNR과 DS/SS-BPSK 시스템의 SNR_0과의 관계를 살펴보면,

$$SNR = E_b/N_o = (AT/2)^2/N_o = (1/2)SNR_o \qquad (5.39)$$

이 되고 차이는 단지 두 배이다.

이제 의도적인 간섭(jamming)의 영향을 살펴보자. 채널에 중심주파수가 f_1인 대역통과 간섭신호가 있다고 가정하면, 즉 간섭신호는

$$j(t) = J(t)\cos(2\pi f_1 t + \phi) \qquad (5.40)$$

이라 할 때, 여기서 $J(t)$는 저역대역통과(lowpass)의 임의프로세스이고, ϕ는 $J(t)$에 관계없이 $(0,\ 2\pi)$에 일정하게 분포되어 있는 임의프로세스이다. $j(t)$는 평균값이 0이고, $j(t)$와 $J(t)$의 자기상관함수 사이에는 다음의 관계가 있다.

$$R_j(\tau) = (1/2)R_j(\tau)\cos(2\pi f_1 \tau) \qquad (5.41)$$

$j(t)$의 평균전력은 $P=R_j(0)=R_j(0)/2$이다. j_0를 간섭신호에 대응하는 적분기 출력의 성분이라 하자. 만약 간섭신호가 협대역신호라면, 즉 간섭신호 대역폭이 직접확산신호의 대역폭보다 매우 좁을 때, j_0의 편차는

$$E(j_0^2) = P_j T^2/4N \qquad (5.42)$$

으로 주어진다.

부가백색가우시안잡음과 간섭신호를 모두 고려한 경우에 둘이 독립적이라 가정하면, 적분기 출력단에서 SNR_0은

$$SNR_o = s_o/\{E(n_o^2)+E(j_o^2)\} = (AT/2)^2/\{N_oT/4)+(P_jT^2/4N)\} \\ = A^2T/(N_o+P_jT_c) \quad (5.43)$$

가 된다. 여기서 간섭은 양측의 PSD가 $P_jT_c/2$인 백색잡음과 동일한 영향을 끼침을 알 수 있다. 채널의 잡음과 간섭의 합성영향은 양측의 PSD가 $N_0'/2=(N_0+P_jT_c)/2$인 백색잡음의 영향과 같다. T_c가 작을수록, SNR을 줄이는 데 P_j의 영향은 적다. $P_jT_c \ll N_0$을 만족하는 작은 T_c의 경우, 간섭은 거의 영향을 끼치지 못함을 알 수 있다. 채널의 잡음과 간섭이 동시에 존재하는 경우, $SNR=E_b/N_0'=(A^2T/2)/(N_0+P_jT_c)$이다.

이제 광대역의 의도적인 간섭신호가 존재한다고 가정하면, 즉 의도적인 간섭신호의 주파수대역이 직접확산신호의 주파수대역보다 넓다면 $(B_j>B_{DS})$, 간섭신호는 양측의 PSD가 $P_j/(2B_j)$인 백색잡음과 유사하다. 위에서 B_j는 $j(t)$의 주파수대역이다. 간섭신호에 의한 출력전력은

$$E(j_o^2) = P_jT/4B_j \quad (5.44)$$

이다. 따라서,

$$SNR_0 = A^2T/(N_0+R_j/B_j),\ SNR=(A^2T/2)/(N_0+P_j/B_j) \quad (5.45)$$

이다. N값이 크면 직접확산신호의 주파수대역 B_{DS} 또한 넓어지는데 이는 B_j가 넓고, 의도적인 간섭의 효과가 작음을 의미한다. 따라서, 의도적인 간섭신호

가 효과적이라면, 평균전력 P_j가 커야 한다. 이제까지 대역 확산은 백색가우시안잡음 환경하에서는 이득이 없음을, 그리고 대역확산에 의한 의도적인 잡음의 효과는 매우 감소됨을 보았다. 따라서, 간섭기의 전력이 매우 높아야 효과가 있으므로, SS시스템은 고도의 비화성이 요구되는 군용통신 등에 매우 효과적임을 알 수 있다.

2 간섭효과

수신신호가 다른 직접확산신호로부터의 간섭으로 구성되는 경우를 살펴보자. 이 경우, 수신신호는

$$r(t) = Ab(t)c(t)\cos(2\pi f_c t) + A'b'(t-\tau')c'(t-\tau')\cos(2\pi f_c t + \theta') + n(t) \quad (5.46)$$

이다. 첫 번째 항은 원하는 직접확산신호, 두 번째 항은 간섭 직접확산신호, 그리고 마지막 항은 잡음이다. 윗식에서 $b(t), b'(t)c(t)$, 그리고 $c'(t)$는 모두 ± 1값을 가진다고 가정한다.

$b(t)$와 $b'(t)$는 반송파위상은 다르지만, 반송파주파수는 같다. 즉, 두 신호는 각기 독립적으로 전송되었음을 의미한다. 신호가 $c(t)\cos(2\pi f_c t)$와 곱해지고, 적분된 후, 중제한기(hard limiter)의 입력은

$$s_0 + s_0' + n_0 \quad (5.47)$$

가 된다. 여기서

$$s_0 = \pm AT/2 \quad (5.48)$$

이고

$$s'_0 = A\int_0^{\tau} b'(t-\tau')c'(t-\tau')c(t)\cos(2\pi f_c t+\theta')\cos(2\pi f_c t\, dt$$
$$= (A'/2)\cos(\theta')\int_0^{\tau} b'(t-\tau')c'(t-\tau')c(t)dt$$
$$= (A'T/2)\cos(\theta')\left\{\pm(1/T)\int_0^{\tau'} c(t)c'(t-\tau')dt \pm (1/T)\int_{\tau'}^{T} c(t)c'(t-\tau')dt\right\} \quad (5.49)$$

이다. 중괄호 안의 두 항은 정규화된 $c(t)$와 $c'(t)$의 부분 상호상관함수이다. 부호는 +1또는 -1값을 가지는 $b'(t-\tau')$에 의한 것이다. 작은 상호상관함수값은 작은 간섭을 의미한다. 따라서, 복수사용자 환경의 경우에는, PN신호는 상호상관함수값이 가능한 한 작도록 설계되어야 한다.

3 다중경로

다중경로 환경하에서는, 수신된 신호는 직접신호성분과 인공환경 또는 자연적인 지형으로부터 반사된 신호의 성분들로 구성된다. 만약 단하나의 간접신호로 구성되어 있다면, τ'을 간접경로의 추가된 지연시간으로 한 식 (5.47)의 모형을 사용할 수 있다. 여기서 $b(t)=b'(t)$, $c(t)=c'(t)$, $A'=kA$이고, $k(k\leq 1)$는 감쇠상수이다. 이 경우, 간접신호성분에 의한 간섭은

$$s'_o = (1/2)\cos(\theta')\int_0^{T} kAb(t-\tau')\, c(t-\tau')\, c(t)dt \quad (5.50)$$
$$= \pm(kAT/2)\ \cos(\theta')\ R_c(\tau')$$

으로 쓸 수 있는데, $|\tau'|>T_c$일 때 0이다. 따라서, 칩구간이 간접경로의 추가지

연시간보다 짧을 때, 다중경로효과는 제거되거나, 아주 작은 간섭이 된다. 이를 주파수공간에서 살펴보면, 다음으로 설명된다. 직접신호와 간접신호 모두 광대역의 신호이다. 수신단의 PN신호는 직접신호의 PN신호와 동기된다. 따라서, 간접 DS신호가 아니라 집접 DS신호가 역확산된다. 역확산과정 후, 수신기는 f_c[Hz]위의 협대역범위의 신호를 복조기(반송파와 곱셈연산과 적분으로 구성되며, 저역통과여파기 역할을 수행)에 의해 추출해 낸다. 간접신호의 극히 일부만 이 과정을 수행하며, 간섭이 된다. 즉 간접신호는 SNR를 약간 감소시키는 효과를 야기한다.

4 근원문제(Near-Far Problem)

근원문제는 복수사용자가 있는 시스템에서 강한 신호에 의해 시스템이 영향을 받는 현상을 일컫는다. DS/SS 다중접속 시스템에서 동일채널을 통해 K명의 사용자가 신호를 전송하는 경우, 각 신호의 수신은 잡음과 다른 $(K-1)$개의 신호에 의한 간섭에 의존한다. $N_0/2$를 백색가우시안채널잡음의 PSD라 하고, P_s를 각 신호의 평균전력이라 하면, 각 사용자신호의 PSD는

$$(P_s T_c/2)\ [\mathrm{sinc}^2\{(f-f_c)T_c\} + \mathrm{sinc}^2\{(f-f_c)T_c\}]$$

가 된다. $(K-1)$개의 간섭신호를 백색가우시안 잡음으로 모델링하면, 결합된 PSD는 약 $(K-1)P_sT_c/2$가 된다. 따라서, 대응하는 SNR는

$$E_b / N'_0 = P_sT/\{N_0 + (K-1) P_s T_c\} \qquad (5.51)$$

가 되는데, 이는 간섭이 증가하면 비트오류율이 증가함을 의미한다.

이제, $(K-1)$개의 간섭 중에 하나가 수신기와 매우 가까운 경우를 고려해보

면, 전자파 전파의 역제곱전력 법칙에 따라, 위의 간섭은 수신기에 매우 강한 신호전력으로 도달한다. 즉 $P_s=aP_s$가 되고 여기서, a는 수신기에 가까울수록 제곱배로 증가한다. 예를들어 강한 간섭신호가 의도한 신호의 송신기보다 10 배정도 가깝다면, $a=10^2=100$이 된다. 따라서 수신기에서 대응하는 SNR는

$$E_b/N_0{}' = P_sT/N_0 + aP_sT_c + (K-2)P_sT_c \tag{5.52}$$

이 된다. A값이 매우 크면, SNR값은 급격히 감소하고, 오류율은 매우 커진다. 대체방안은 다른 간섭자의 수를 줄임으로서 오류율을 바라는 한계안에 설정할수 있으며, a가 크면 간섭자의 수는 0으로 줄일 수도 있다.

5 감청의 난이성

DS/SS 시스템의 또 다른 장점중의 하나는 감지하여, 도청하기 어렵다는 점이다. DS신호와 잡음이 있는 경우, $b(t)c(t)\cos(2\pi f_c t)+n(t)$를 살펴보면, DS신호의 PSD는 최대값 $(A^2T_c/4)$를 가지는$(A^2T_c/4)[\mathrm{sinc}^2(f-f_c)T_c+\mathrm{sinc}^2(f+f_c)T_c]$이고, 부가백색가우시안잡음의 PSD 는 N_0이다. 일반적으로 이동통신 시스템에서 요구되는 비트오류율은 10^{-3}, 또는 10^{-6}으로, 이를 얻기위한 SNR E_b/N_0값은 BPSK변조방식을 사용하였을 경우, 6.8dB에서 10.5dB 정도, 즉 $E_b/N_0\approx5\sim11$이다. 이 식에서 E_b는 DS신호의 비트당 에너지로 $E_b=A^2T/2$이다. 따라서, $A^2T/(2N_0)=5\sim11$ 이 되고, $A^2T/(2N_0)=5T_c/T\sim11T_c/T$, 또는 $(A^2T/4)(N_0/4)=5/G_p\sim11/G_p$가 됨을 의미한다. 따라서, 직접확산신호의 스펙트럼높이는 잡음의 스펙트럼높이의 $5/G_p\sim11/G_p$값들은 1보다 상당히 작다. 따라서, 직접확산신호의 스펙트럼높이는 잡음의 스펙트럼높이보다 낮으므로, 직접확산신호는 잡음에 의해 가려지고, 이를 감지해서 교란하기는 매우 어렵다.

07 직접확산 방식의 오류확률

동기 BPSK신호에 대한 평균 오류확률은 다음과 같다.

$$P(e) = \frac{1}{2}\, erfc\sqrt{\frac{E_b}{N_0}} \tag{5.53}$$

간섭신호 $j(t)$는 랜덤성을 가지므로 PN부호에 분포된 간섭신호 $j(t)$에 의한 잡음전압 v를 랜덤변수 V_j의 표본값으로 생각할 수 있다. 따라서 V_j는 균일분포된 $N(=T_b/T_c)$개의 표본값의 합으로 생각할 수 있으므로 이는 중앙극한정리(central limit theorem)에 의하여 큰 값의 N에 대하여 V_j는 가우스 분포를 갖는다고 가정할 수 있다. 그러므로 위의 식 (5.53)의 가우스 전력스펙트럼밀도 N_0대신에 간섭신호의 랜덤변수 V_j의 전력스펙트럼밀도 N_j를

$$N_j = \frac{P_j}{B} = P_j T_c \tag{5.54}$$

$$P(e) \approx \frac{1}{2}\, erfc\sqrt{\frac{E_b}{P_j T_c}} \tag{5.55}$$

여기서 간섭신호의 랜덤변수 V_j의 평균전력을 간섭신호 $j(t)$의 시간평균전력으로 주어진다고 가정하면 V_j의 평균전력은

$$P_j = \frac{1}{T_b}\int^{T_b} j^2(t)dt \tag{5.56}$$

이다. 여기서 $B = \frac{1}{T_b}$은 스펙트럼확산의 첫 번째 영교차점간(main lobe)의 대역폭이다. 직접확산 BPSK시스템에 비트에러에 영향을 주는 간섭(재머)신호는 전력스펙트럼밀도가 $N_0/2$인 광대역 잡음과 같은 관계를 갖는다.

$$\frac{N_0}{2} = \frac{P_j T_c}{2} \tag{5.57}$$

비트에너지는 $E_b = P_s T_b$이기 때문에 비트당 에너지대잡음비는 다음과 같다.

$$\frac{E_b}{N_0} = \left[\frac{T_b}{T_c}\right]\left[\frac{P_s}{P_j}\right] \tag{5.58}$$

여기서 P_s는 평균신호전력이고, T_b는 비트폭이다. 식 (5.27)로 정의된 처리이득을 대입하면 다음과 같이 쓸 수 있다.

$$\frac{P_j}{P_s} = \frac{G_p}{E_b/N_0} \tag{5.59}$$

위의 식에서 P_j/P_s는 재밍마진(jamming margin, 또는 antijam margin)이라 하며, 재밍마진과 처리이득은 다음과 같은 관계를 갖는다.

$$(\text{재밍마진})_{DB} = (\text{처리이득})_{DB} - 10\log_{10}\left(\frac{E_B}{N_0}\right)_{\min} \tag{5.60}$$

여기서 $(E_b/N_0)_{\min}$은 임의의 평균 오류확률을 얻기 위해 필요한 최소의 비트당 에너지대잡음밀도비이다.

08 주파수도약 스펙트럼확산 방식(FH방식)

앞에서 설명한 직접확산방식은 PN부호를 사용하여 PSK신호를 변조시킴으로써 전송대역폭을 순간적으로 확산시키는 방식이다. 이러한 직접확산시스템의 간섭(재머)제거 능력은 PN부호의 주기(또는 길이)의 함수인 시스템의 처리이득에 의해 결정된다. 처리이득을 크게 하기 위해서는 칩 시간을 작게 하여 전송대역폭을 더 넓게 하고 비트당 칩의 수가 더 많은 부호를 사용함으로써 가능하다. 그러나 스펙트럼확산 신호기에 사용되는 소자의 제한된 기능 때문에 시스템의 처리이득은 제한된다. 따라서 스펙트럼확산통신에 사용되는 PN부호에 의해서 얻어지는 처리이득은 간섭을 극복하기에 충분하지 않다.

직접확산시스템이 얻을 수 있는 처리이득보다 더 큰 이득을 얻을 수 있는 또 다른 스펙트럼확산통신은 전송 데이터에 의해서 변조된 반송파의 스펙트럼을 주파수합성기에 의하여 의사불규칙적으로 바꿈으로써 주파수대역을 확산시키는 것이다. 광범위한 일정한 주파수대역 내에서 한 주파수에서 다른 주파수로 랜덤(random)하게 도약시킴으로써 대역폭을 확산시키는 방식을 주파수도약 스펙트럼확산 방식이라 한다. 현재의 기술은 확산대역폭을 수 GHz에 이르게 하고 있다. 이 경우의 확산부호는 데이터로 변조된 반송파를 직접 변조하지 않고 반송파 주파수시퀀스(sequence)을 조절한다. 즉, 전송된 신호는 데이터로 변조된 반송파를 한 주파수에서 다른 주파수로 도약시키고 있기 때문에 주파수도약 스펙트럼확산 (FHSS : frequency-hopped spread spectrum)이라 부른다. 수신기에서 송신신호와 동기하며 도약하는 주파수합성기신호와 수신신호를 혼합(down-converting)시키면 주파수 도약이 제거된다. 여기에 사용된 데이터 변조방식은 PSK 또는 FSK방식이 사용될 수 있으나 가장 일반적인 변조방식은 M진 FSK(M-ary FSK 또는 MFSK)이다. MFSK방식을 사용한 FH시스템, FH/MFSK의 송신기와 수신기의 일반적인 계통도는 [그림 5.18]과 같다.

확산부호(PN부호)발생기의 2원 부호에 따라 출력 주파수가 결정되는 주파수합성기(frequency synthesizer)의 출력신호와 MFSK신호가 혼합기(mixer)(또는 평형 변조기)에 의해서 두 신호의 주파수 차와 합이 발생되나 합의 주파수 성분만 대역통과 여파기를 통과시켜 송신된다. FH방식에 사용되는 확산부호는 DS방식의 경우와는 달리 정보 데이터와 확산부호를 더해서 전송대역을 확신시키는 것이 아니고 도약 주파수만을 결정하므로 FH통신에서는 확산부호라 부르는 대신에 주파수도약패턴(pattern)이라고 한다. 주파수 도약통신에 사용되는 확산신호는 반드시 PN부호일 필요는 없다.

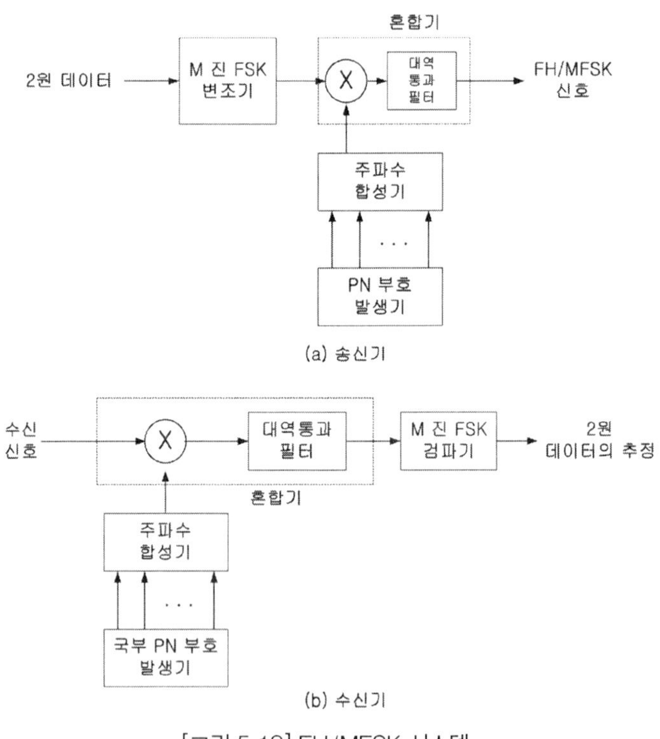

[그림 5.18] FH/MFSK 시스템

[그림 5.19]에 보인 주파수 도약의 예를 생각해보자. 입력 데이터는 데이터율(data rate)이 R=150[bits/s]인 2원계열이며 8진 FSK로 변조된다고 한다. 그러므로 심볼률은 $R_s=R/(\log_2 8)$=50[symbols/sec](심볼주기 T=1/50=20ms)이다. 주파수는 심볼당 한번씩 도약하고, 도약은 심볼 경계에서 시간동기 된다. 그래서 도약률 (hopping rate)은 50[hops/s]이다. [그림 5.19]는 시간과 대역폭으로 구성된 평면을 나타낸다. 즉, 가로축은 시간을 세로축은 도약대역폭(hopping bandwidth) B_s를 나타낸다. 그림의 오른쪽의 범례는 일련의 8진 FSK심볼과 반송파 할당을 나타낸다. 반송파간의 간격은 1/T=50[Hz]이며 이것은 비동기 FSK신호가 직교성을 만족하는 최소의 반송파 간격이다. 2원 데이터 계열의 한 예를 [그림 5.19]의 상단에 나타냈다. 변조방식은 8진 FSK이기 때문에. 한번에 3비트씩 묶어서 심볼을 형성한다. 일반적인 8진 FSK방식에서는 데이터 변조파의 고정된 중심 주파수, f_0으로부터 단일 톤(tone)만큼 편이된 반송파가 송신된다. 범례에 나타낸 할당에 따라 FH/MFSK와 MFSK의 차이점은 위의 예에서 보는 바와 같이 데이터 변조파의 중심주파수 f_0이 고정되지 않았다는 것이다.

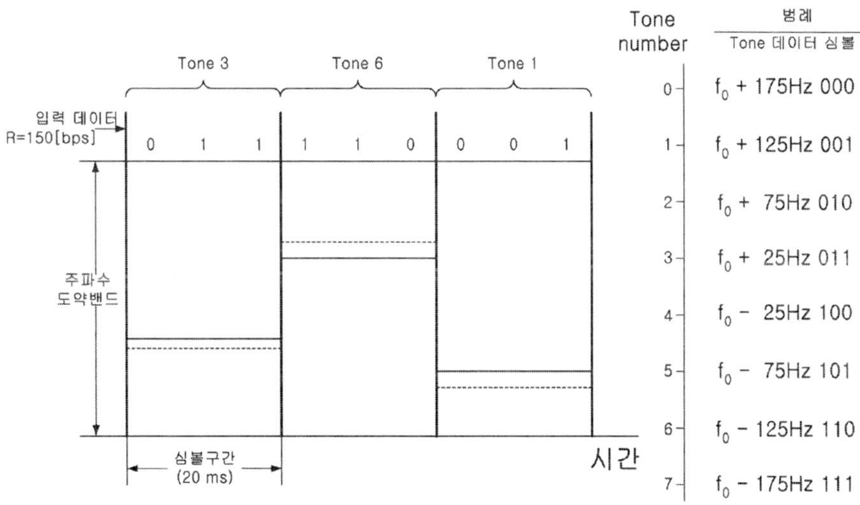

[그림 5.19] 8-FSK 변조를 사용한 주파수 도약의 설명도

새로운 각각의 심볼에 대해 f_0의 도약대역폭(B_s)내에서 새로운 위치로 도약함과 동시에 전체의 데이터 대역 구조가 도약주파수와 함께 이동한다. [그림 5.19]의 데이터 계열에서 첫 번째 심볼(011)은 f_0보다 25[Hz]높은 곳에 위치한다. [그림 5.19]에서는 f_0을 점선으로 나타내고 심볼 톤은 직선으로 나타낸다. 첫 번째 심볼 구간 동안에 f_0은 점선으로 나타내 새로운 스펙트럼 위치로 도약하고 두 번째 심볼 (110)은 f_0보다 125[Hz] 아래에 있는 직선으로 나타낸 톤이 송신됨을 나타낸다. 마찬가지로, 이 예의 마지막 실볼(001)은 f_0보다 125[Hz] 높은 톤을 송신하도록 한다. 다시 중심주파수가 이동하지만 심볼 반송파의 상대적인 위치는 여전히 일정하다.

주파수도약패턴 발생기와 주파수 합성기의 구조는 [그림 5.20]과 같다. 위상검출기와 저역통과여파기, 전압제어발진기(VCO), 입력 주파수를 N으로 나누는 가변주파수 분주기로 구성된 PLL(phase-locked loop)회로가 주파수도약 합성기에 주로 사용된다.

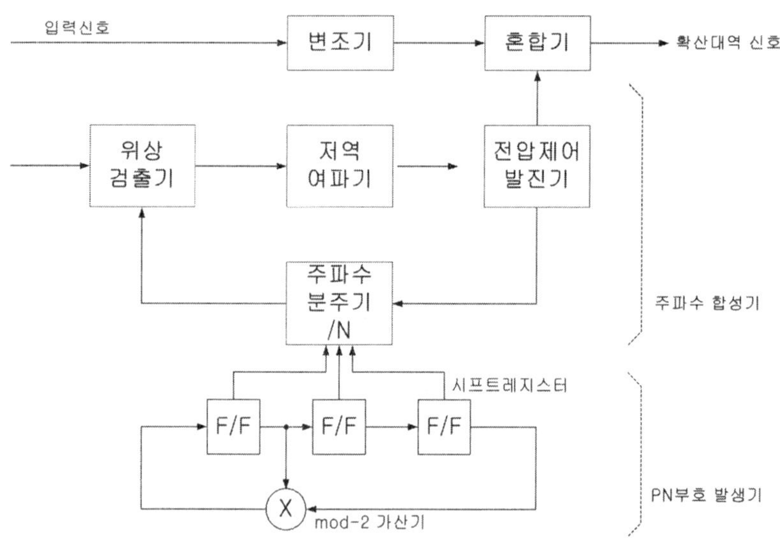

[그림 5.20] 주파수도약패턴과 주파수 합성기

주파수도약 통신에서 필수적으로 사용되는 것이 주파수 도약을 생성하는 주파수합성기이다. 도약주파수의 갯수와 사용하는 중심주파수가 결정되면 이에 맞게 주파수합성기를 설계하여야 한다. 만약 사용할 도약주파수가 7개이고 주파수 사이의 간격이 1kHz이면 1kHz, 2kHz, 3kHz, 4kHz, 5kHz, 6kHz, 7kHz의 7개 주파수를 발생하는 주파수발생기가 필요하다.

일반적으로 도약주파수 사이의 간격은 동일하고, 도약 주파수 발생기의 주파수는 PN부호에 따라 결정된다. f_R은 기준주파수로 주파수 합성기에 항상 입력되는 주파수로 가변분주기의 N값에 따라 출력에 Nf_R주파수가 발생한다. 이때 각 주파수의 간격은 f_R이 된다. 직류입력이 없을 때 VCO의 출력주파수는 f_R이며, VCO의 직류입력전압에 따라 출력 주파수가 선형적으로 변하게 된다. 위상 검출기는 두 개의 입력 주파수 f_R과 $f_R+\Delta f$ 사이의 위상에 비례하는 직류 값이 저역통과여파기를 통하여 VCO에 입력이 된다. 도약주파수패턴 발생기에서는 3개의 시프트레지스터를 사용하는 경우 시프트레지스터의 상태는 (001),(010),(011),(100),(101),(110),(111)으로서 (000)을 제외한 7개의 상태가 분주기에 연결된다. 만약 (111)이 $n=7$이고 $f_R=1$[KHz]인 분주기에 입력되면 주파수 합성기의 출력은 7[KHz]가 된다. PN부호 발생기의 시프트레지스터 상태는 십진수로 1에서 7까지 랜덤하게 나타나므로 1[kHz]에서 7[kHz]까지 랜덤하게 도약된다.

수신기는 주로 중간주파수를 발생하는 헤테로다인 방식을 채택하고 있으며 송신된 도약주파수는 송신기에서 도약주파수를 발생할 때와 같은 모양으로 발생시켜 혼합기에서 두 신호가 혼합하여 두 신호의 주파수 차와 합을 발생시킨다. 이 때 수신측의 주파수합성기에서는 중간주파수보다 높은 주파수를 발생하여 혼합기에 들여 보내야만 혼합기에 들어오는 주파수의 차가 중간주파수가 된다. 다음에 행해지는 복조는 송신측에서 정보신호를 변조시킨 복조방법으로 메시지를 추출할 수 있다.

직접확산스펙트럼확산 시스템에서의 칩이라는 용어는 PN부호심볼(직접확산 시스템에서 가장 짧은 폭을 갖는 심볼)을 가리킨다. 이와 비슷한 의미에서 주파수 도약시스템의 경우에는 칩이라는 용어를 사용하여 중단되지 않은 가장 짧은 파형의 특성을 설명한다.

• 주파수 도약시스템은 다음과 같이 2개로 분류된다.

1. 느린 주파수도약(SFH : slow frequency hopping) : MFSK신호의 심볼률(symbol rate) R_s가 도약률(hop rate) R_s의 정수배가 되는 경우이다. 즉, 확산주파수대역내에서 한 주파수가 다른 주파수로 도약할 때마다 몇 개의 변조심볼이 송신된다.
2. 빠른 주파수도약(FFH : fast frequency hopping) : 도약률 R_s가 MFSK 심볼률 R_s의 정수배인 경우이다. 즉, 반송주파수가 한 개의 변조심볼이 전송되는동안 몇번 변하거나 도약한다.

SFH와 FFH는 분명히 서로 상반되는 특성을 갖는다. 따라서 SFH 스펙트럼확산 시스템에서는 도중에 변화가 없는 가장 짧은 파형은 도약의 파형이다. [그림 5.21(a)]는 데이터 심볼률이 30[symbol/sec]이고 주파수 도약률이 60[hops/sec]인 FFH를 설명한 예이다. 이 그림은 폭이 1/30[sec]인 심볼의 파형 $s(t)$를 한 개의 심볼동안(1/30 sec) 나타낸다. $s(t)$의 중간에서의 파형의 변화는 새로운 주파수 도약에 기인한다. 이 예에서 도약폭(또는 도약시간)은 심볼폭보다 더 좁기 때문에 한 개의 도약이 한 개의 칩에 해당한다. 즉, 각 칩은 심볼의 반에 해당한다. [그림 5.14(b)]는 데이터 심볼률은 여전히 30[symbol/sec]이나 주파수 도약률이 10[hops/

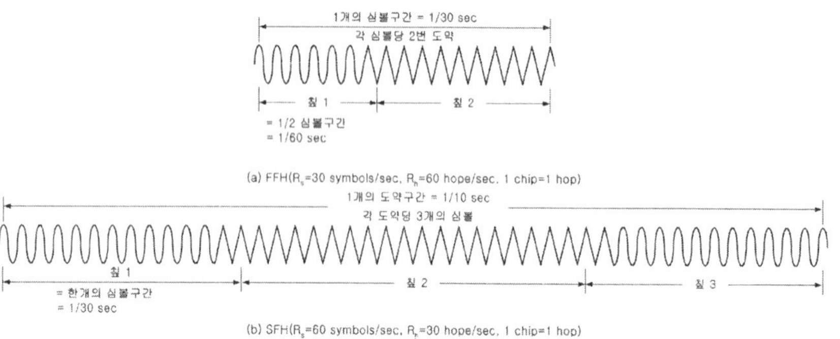

[그림 5.21] FH/MFSK 시스템에서의 칩

sec] 감소된 SFH를 설명한 예이다. 심볼의 파형 $s(t)$는 한 개의 도약구간 동안에 3개가 나타낸 것이다.

이 예에서 도약경계(hopping boundary)는 세 개의 심볼구간의 시작과 끝에서만 나타난다. 여기서 파형의 변화는 변조상태의 변화에 기인한다. 그러므로 이 예에서는 데이터 심볼의 도약구간보다 더 짧기 때문에 한 개의 칩은 한 개의 심볼에 대응한다. FH방식의 처리 이득은 다음과 같이 정의된다.

$$G_p = \frac{B_T}{B_I} \tag{5.61}$$

여기서 B_T는 스펙트럼확산의 대역폭, B_I는 정보(또는 데이터)의 대역폭이다.

SFH와 FFH방식을 좀 더 자세하게 설명하면 다음과 같다.

1) 느린 주파수도약(SFH)방식

FH/MFSK시스템은 MFSK방식을 사용하면서 주파수를 도약시키는 통신방식이다. FH/MFSK는 M개의 반송주파수가 있어, 한 주파수에 k비트의 정보를 전송한다. 여기서 $M=2^k$의 관계식이 성립되는데, 예로 $k=2$일 경우 $m=2^2=4$로, 4개의 주파수를 f_0, f_1, f_2, f_3이라 하자. 이 때 f_0은 00, f_1은 01, f_2는 10, f_3는 11의 2원 부호를 전송하는 것으로 QPSK와 같이 하나의 신호파형에 2비트의 정보를 보낼 수 있다. [그림 5.18(a)]는 주파수 변조와 혼합기를 포함한 FH/MFSK의 계통도이다. 2원 정보 데이터는 MFSK변조기에 의하여 변조된 파형과 디지털 주파수 합성기로부터의 출력은 곱셈기(또는 평형변조기)와 대역통과여파기로 구성된 혼합기에 입력된다. 혼합기의 곱셈기에서는 두 신호의 합과 차의 주파수가 발생되고, 대역통과여파기는 합의 주파수 성분만 통과시킨다. 특히 PN부호계열을 연속적인 k개의 비트씩 구분하면 2^k개의 도약주파수가 랜덤하게 발생되어 주파수합성기로 입력된다.

하나의 도약주파수에 대한 전송신호의 대역폭은 $M=2^k$개의 직교신호를 갖는 MFSK를 사용하는 것과 동일하다. 그러나 2^k개의 도약주파수를 갖는 FH/MFSK신호는 훨씬 더 넓은 대역폭을 점유한다. 실제로 현재의 기술은 수 GHz대의 도약주파수대역폭의 실현을 가능케 하며 이는 직접대역확산방식이 얻을 수 있는 것보다 큰 전송대역폭이다. 연속적으로 발생하는 도약주파수에 대해 정확한 위상동기를 유지할 수 없기 때문에, 동기검파는 단지 각 도약주파수 내에서만 가능하다. 그러므로 FH방식은 비동기 M진 변조방식을 사용한다.

[그림 5.18(b)]에 보인 수신기에서는 제일 먼저 수신신호를 송신기에서와 같은 방식으로 동기 조정된 국부 주파수합성기의 출력신호와 혼합시켜서 두 신호의 주파수차와 합을 얻으면 주파수 도약은 제거된다. 도약 주파수가 제거된 신호를 대역통과여파기에 통과시킨 다음 비동기 MFSK검파기를 사용하여 정보 데이터를 재생한다. 이 M진 검파기를 실현하기 위하여 M개의 비동기 정합여파기뱅크를 사용한다. 각 정합여파기는 MFSK톤(tone)중의 하나에 정합되어 있다. 송신된 원래신호의 추정은 여파기 출력중 가장 큰 것을 선택함으로써 얻어진다.

가장 짧은 폭을 갖는 각각의 FH/MFSK톤을 칲이라고 하며, FH/MFSK시스템의 칲률(chip rate) R_c는 다음과 같이 정의된다.

$$R_c = \max(R_h,\ R_s) \tag{5.62}$$

여기서 R_h는 도약률이고, R_s는 부호율이다.

SFH/MFSK신호는 하나의 도약주파수당 다중심볼을 갖는다. 그러므로 SFH/MFSK의 각 심볼은 하나의 칲이다. 따라서 SFH/MFSK시스템에서 입력 2원 데이터의 비트율을 $R_{b'}$, MFSK심볼의 심볼률을 $R_{s'}$, 칲률을 $R_{c'}$, 도약률을 R_h라 하면 다음과 같은 관계를 갖는다.

$$R_c = R_s = \frac{R_b}{k} \geq R_h \tag{5.63}$$

여기서, $k=\log_2 M$이다. 각 도약에서 MFSK톤의 칩률 R_c는 R_s의 정수배만큼 주파수가 분리되며 이들은 직교성을 만족한다. 이와 같은 조건은 어떤 전송된 심볼도 [그림 5.18(b)]에 보인 수신기의 MFSK검파기를 구성하고 있는 다른 $(M-1)$개의 비동기 정합여파기에 어떤 누화도 발생시키지 않는다. 누화란 임의의 여파기 출력이 다음 여파기에 넘어가는 것을 의미한다. SFH/MFSK시스템의 성능은 백색잡음(AWGN)하에서 일반적인 MFSK신호의 비동기 검파의 경우와 동일하다. 그러므로 평균심볼오류의 관점에서 간섭(재밍)신호가 FH/MFSK수신기에 영향을 미치는 것은 백색잡음이 간섭을 받지 않는 일반적인 비동기 MFSK수신기에 영향을 주는 것에 대응된다.

재머가 전체의 주파수 도약시스템에 대해 평균전력 P_j로 확산된다고 하면, 재머의 효과는 전력스펙트럼 밀도가 $N_0/2$인 백색잡음에 대응한다. 여기서 $N_0=P_j/B_c$이고, B_c는 FH대역폭이다. 대역확산시스템의 특성은 다음과 같은 심볼 에너지잡음밀도비에 의해 결정된다.

$$\frac{E}{N_0}=\frac{P_s/P_j}{B_c/R_s} \tag{5.64}$$

여기에서 P_s/P_j는 재밍 마진이다. 따라서 SFH의 처리이득은 다음과 같이 정의된다.

$$G_p=\frac{B_c}{R_s}=2^l \tag{5.64}$$

여기서 처리이득의 단위는 [dB]로 나타내며, $10\log_{10}2^l=3l$[dB]이다. l은 도약주파수를 선택하기 위해 사용되는 PN부호의 세그먼트 길이이다. 이것은 재머가 FH스펙트럼의 모든 주파수에 전력이 확산되었따고 가정하고 얻은 결과이다. 그러나 만약 재머가 일부의 도약주파수에 집중된다면 수신기에서 얻는 처리이득은 약 $3l$[dB]이하가 된다.

2) 빠른 주파수도약(FFH)방식

FFH/MFSK시스템은 M진 심볼당 복수의 도약주파수가 필요하다는 점에서 SFH/MFSK와는 다르다. 따라서 FFH/MFSK시스템에서, 각 도약(hop)은 하나의 칲(chip)이 된다. 일반적으로, FFH방식은 주파수 도약률을 정보의 비트율보다 크게함으로서 송신된 신호의 스펙트럼을 측정하여 송신되는 주파수 대역의 간섭(jamming)신호에 효율적이다. 즉, 재머가 송신된 신호의 주파수대역을 인지하여 재밍신호를 부가하기 전에 새로운 반송파 주파수로 도약시키는 것이다. 수신기에서 데이터를 복구하기 위해서는 비동기검파가 사용된다. 그러나 검파과정은 SFH/MFSK의 경우와 다르다. 특히 다음과 같은 두가지 방식이 반드시 고려되어야 한다. 첫째, 각 FH/MFSK심볼마다 수신된 k개의 도약주파수 칲에 따라 별도의 결정을 한다. 둘째, 각 FH/MFSK심볼마다 확률론적함수(likelihood function)를 k칲 구간동안 수신된 전체의 함수로 계산하여 가장 큰 것을 선택한다. 두 번째 과정을 바탕으로 한 수신기는 주어진 E_b/N_0에 대한 심볼오류확률을 최소화할 수 있는 최적수신기가 된다.

3) 동기

스펙트럼확산통신 시스템에서는 정보신호의 전송에 필요한 최소 주파수대역보다 훨씬 넓은 주파수 대역을 사용하므로 단위 주파수 당 비트율이 매우 작다. 따라서 스펙트럼확산통신 시스템에서는 수신기의 부호 동기(synchronization)가 매우 중요한 문제이다. 부호 동기는 대략적인 동기인 포착(acquisition)과 포착된 신호를 미세하게 동기시키는 추적(tracking)으로 구성된다. 직접확산방식이나 주파수도약방식에의 동기의 동작원리는 동일하다.

메시지의 정확한 복조를 위해서는 부호의 동기가 한 칲내에서 이루어져야 한다. 군용통신에 있어서 동기에러는 주로 거리의 변동과 클럭의 상대적 편이에 기인한다. 포착과 추적중 포착이 신호의 방해에 보다 많은 영향을 받는다.

4) DS와 FH방식의 비교

앞에서는 DS방식과 FH방식의 송수신에 관하여 살펴보았으며 이 절에서는 이 두가지 방식에 대한 장점 및 단점을 알아보고자 한다.

- DS방식은

① 재밍에 강함

② 신호 검출이 어려움

③ 다중경로(multipath)에 강함 등의 장점이 있으며,

- 단점으로는

① 포착시간(acquisition time)이 길고

② PN부호 발생기가 필요하고

③ 원근(near-far)문제가 있다.

- FH방식의 장점은

① 도약 주파수 수를 증가시킴으로써 스펙트럼 확산이 용이하며,

② 포착시간이 짧고

③ 원근문제 등이 거의 없으며, 단점으로는 복잡한 주파수 합성기 및 에러정정부호를 필요로 한다.

09 시간도약 스펙트럼확산통신 방식 (TH방식)

시간도약(TH : time hopping) 방식은 직접 스펙트럼확산(DS)방식이나 주파수 도약 (FH)방식처럼 독자적으로는 사용되지 않고 보통 다른 방식과 함께 사용되는 스펙트럼확산 방식이다. [그림 5.22]는 시간도약 방식을 설명하는 예이다. 시간축은 프레임이라 부르는 구간(T_f)으로 나누어지고 각 프레임은 M개의 작은 시간 슬롯 (slot) T_s로 다시 분할된다. 주어진 프레임동안 선택된 특정한 슬롯은 PN부호 발생기에 의하여 선택된다. 앞의 프레임에 축적된 모든 정보 비트 k는 선택된 슬롯 동안에 연집 형태로 송신된다. 위의 관계를 수량화하면

$$T_s = \frac{T_f}{M}, \qquad \tau = \frac{T_f}{kM} \tag{5.66}$$

여기서 k는 한 프레임 안에 있는 정보 비트의 총 수이고 τ는 변조된 정보 비트의 한 폭이다. 정보신호의 대역폭을 $B_m = 1/t_m$이라 놓으면 $t_m = T_k/k$ 이므로 $\tau = t_m/M$이다. 전송된 신호의 대역폭은 $B_s = 2f_s = \frac{2}{\tau} = \frac{2kM}{T_f}$ 이므로 $\frac{B_s}{B_m} = 2M$이다.

TH방식의 처리이득은 다음과 같이 정의된다.

$$G_P = \frac{T_f}{T_s} \tag{5.67}$$

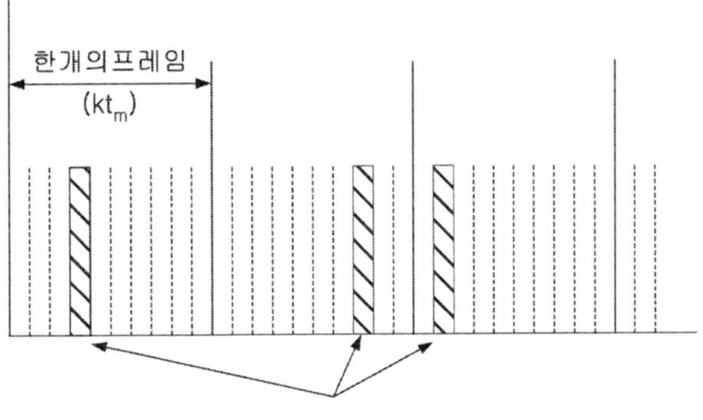

[그림 5.22] 시간도약 형식

10

첩 스펙트럼확산 방식

첩 스펙트럼확산(chirp spread spectrum) 방식은 [그림 5.23(a)]에 보인 바와 같은, 폭이 $T(=t_1-t_2)$인 펄스를 [그림 5.23(b)]에 보인 선형 주파수 특성에 따라 반송파를 f_1에서 f_2로 대역폭을 확산시키는 방식이다. 이렇게 얻은 [그림 5.23(c)]에 보인 스펙트럼확산신호를 첩 신호라 한다. 이 신호는 원래 레이더(rader)의 거리 분해능력을 향상시킬 목적으로 사용되고 있으나 통신 시스템에도 역시 사용된다. 이와 같은 첩 신호를 수신기의 정합여파기에 통과시키면 [그림 5.24]에 보인 바와 같은 압축된 첩 신호를 얻는다. 첩 방식에서는 펄스 폭의 신장(expansion)이나 압축(compression)에 의하여 신호의 대역폭에는 아무런 변화가 없으나 펄스의 피크값에 큰 변화가 생긴다.

이 방식의 처리이득은

$$G_P = \frac{T}{T_c} \tag{5.68}$$

이다.

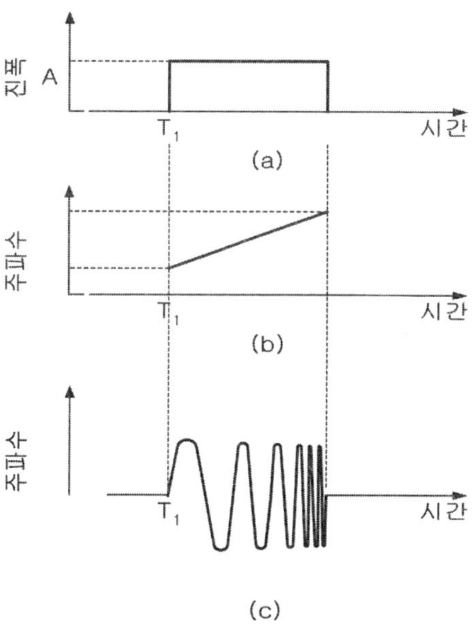

[그림 5.23] 첩 신호

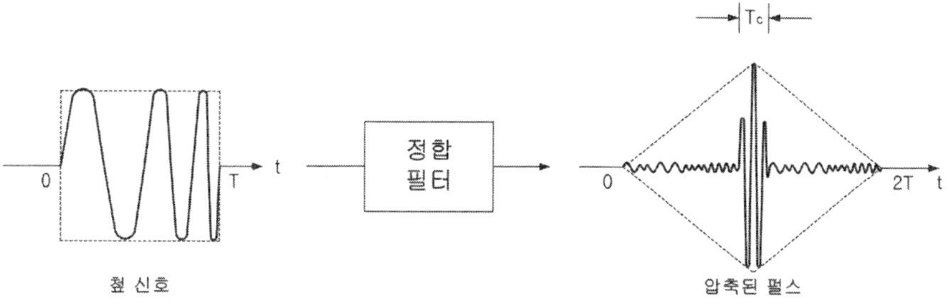

[그림 5.24] 압축된 첩 신호

스펙트럼확산통신 방식에서는 각 사용자에게 개별의 부호를 주어서 통신하지만 첩 신호만으로는 개별부호를 얻기 어려우므로 보통 다른 부호와 조합해서 사용된[그림 5.23] 첩 신호다.

11 혼합스펙트럼확산 방식

스펙트럼확산통신에서 많이 사용하는 대표적인 방식은 DS/MFSK와 FH/MFSK이다. 앞에서 설명한 바와 같이 DS/MFSK 와 FH/MFSK 시스템에 사용되는 PN부호는 그 용도가 다르다. 즉, DS/MFSK 시스템에서의 PN부호는 송신하고자 하는 신호를 넓은 주파수 영역으로 스펙트럼을 확산시킴으로써 백색잡음과 같은 형태로 만드는 것이고, FH/MFSK 시스템에서의 PN부호는 직접확산에서와 같이 대역을 확산시키는 것이 아니고, 도약 주파수를 결정하는 부호이므로 확산부호 또는 도약주파수 패턴이라고도 한다. 이러한 도약주파수 패턴에 의해 변조된 반송파가 한 주파수에서 다른 주파수로 랜덤하게 도약함으로써 고의적인 재머가 신호를 쉽게 추적하기 어렵게 만든다.

일반적으로 사용되고 있는 스펙트럼확산 시스템은 다음과 같이 혼합된 스펙트럼확산 변조방식이 사용된다.

(1) 주파수도약/직접확산변조(FH/DS)

(2) 시간도약/주파수도약변조(TH/FH)

(3) 시간도약/직접확산변조(TH/DS)

이와 같은 2가지 스펙트럼확산 변조방법을 조합하는 이점은 하나의 변조방법만으로 제공할 수 없는 유용한 것들을 제공할 수 있으므로 혼합된 방식이 흔히 사용되고 있다. 여기서는 FH/DS만을 설명하기로 한다.

FH/DS 시스템은 DS방식과 FH방식을 혼합하여 각 방식의 장점을 혼합한 것으로 이는 반송파가 주기적으로 도약하는 직접확산(DS)스펙트럼 방식이다. 혼합스펙트럼확산 시스템은 DS스펙트럼확산 시스템보다 훨씬 더 넓은 스펙트럼확산을 달성할 수 있는 장점이 있다. 또한, FH스펙트럼확산 시스템이 주어진 전 주파수대역을 조밀하게 도약하는 것이 비현실적일 경우에 혼합스펙트럼확산 시스템이 사용된다.

혼합스펙트럼확산 시스템은 부분대역 간섭을 양면에서 극복한다. 즉, 시스템이 한편으로는 주파수 도약에 의하여 일부 시간동안의 간섭을 회피하는 반면 다른 한편으로 간섭이 있는 주파수로 도약하였을 때 직접 시퀀스에 의하여 간섭의 효과를 줄인다.

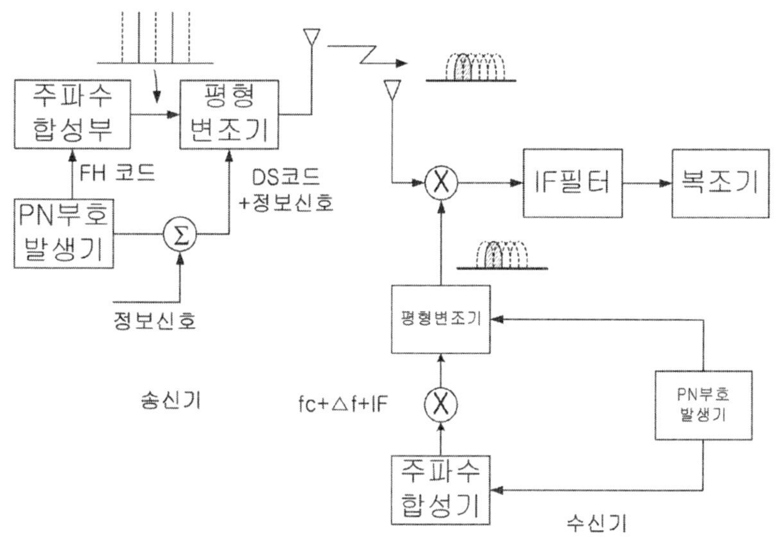

[그림 5.25]FH/DS의 기본 계통도

혼합스펙트럼확산 시스템에서는 신호의 동기를 포착하는데 있어서 한 도약 내의 DS의 확산부호의 길이는 짧으므로 포착에 소요되는 시간이 단축되는 장점이 있다. 이러한 여러 장점들로 인하여 혼합 FH/DS 스펙트럼확산 시스템은 군용 스펙트럼확산통신에 널리 사용된다. 이 시스템은 RF신호를 스펙트럼확산시킬 수 있으며 한 채널에서 동시에 많은 통화가 가능한 다원접속이 가능한 장점을 가지고 있다. 이 방식의 기본 계통도는 [그림 5.25]에 보인 바와 같다. 이 시스템의 동작 원리는 PN부호 발생기 신호의 제어에 따라 주파수 합성기의 주파수가 일정한 계열로 도약되며 디지털 신호로 변환된 정보 신호는 PN부호와 합성되어 스펙트럼확산된 후 주파수 합성부의 도약 주파수와 혼합되어 스펙트럼확산된 RF신호가 도약하게 된다.

FH/DS 시스템이 단순한 DS방식과 다른 점은 단순한 DS시스템은 주파수가 일정한 반면에 FH/DS시스템은 반송 주파수가 다양하게 도약한다는 점이다. FH/DS시스템에서 DS부호율은 보통 주파수 도약률보다 훨씬 빠르기 때문에 하나의 주파수 채널에서 많은 DS변조 칩이 생긴다.

12 스펙트럼확산통신의 응용

스펙트럼확산시스템의 가장 중요한 응용분야는 재머와 이와 같은 간섭신호를 저지하는 것이다. 이 절에서는 재밍 및 스펙트럼확산통신의 다른 응용분야인 스펙트럼확산시스템의 부호분할(CDMA : code division multiple access)방식과 다중경로 억압(multipath supression)에 대하여 설명하고자 한다.

1) 재밍

재밍이란 통신하고 있는 상대방의 통신효율을 저하시키기 위하여 의도적으로 방해하는 수단으로 광대역잡음재밍(broadband jamming), 펄스잡음재밍(pulse noise jamming), 복수톤 재밍(multiple-tone jamming), 부분대역잡음재밍(partial-band noise jamming), 재발신재밍(repeat jamming)등이 있다.

재밍파형의 형식은 매우 많으나 여기서는 기본적인 스펙트럼확산 개념을 이해할 수 있는 몇가지 예를 들어 보겠다. 그러나 재머의 전력이 일정하게 제한되어 있다면 광대역재밍(broadband jamming)보다는 부분대역재밍(partial-band noise jamming)이 더욱 효과적이다.

• 실제적으로 접하게 되는 재머는 다음과 같은 것들이 있다.

① 광대역잡음재밍은 방해하고자 하는 주파수 대역에 걸쳐 전력스펙트럼밀

도가 균일하고 평균값이 '0'인 광의의 정상적 가우스과정으로 모델링된다. 이 경우 방해신호의 전력이 일정하면 방해신호가 점유하는 주파수대역폭이 증가함에 따라 방해신호의 전력스펙트럼밀도는 감소한다.

② 부분대역잡음재밍은 전체 전력이 전체의 확산 대역폭의 일부분의 대역폭에 확산된 잡음으로 구성된다. 이러한 재머는 대역폭이 좁으면 좁을수록 만들기가 더욱 용이하다.

③ 펄스잡음재머는 시간평균전력이 P_j인 대역제한된 백색가우스 잡음의 펄스를 방해전파로 송신한다.

④ 복수톤 재머는 전체의 전력 P_j를 동일한 전력과 랜덤의 위상을 갖는 별개의 CW톤으로 분류한다. 이들은 스펙트럼확산에 걸쳐 어떤 전략에 따라 분포된다. 톤 재밍의 효과에 대한 해석은 잡음 재미의 경우보다 더 복잡하다.

이 이외에 많은 다른 종류의 재밍파형이 있다. 실제로 스펙트럼확산 시스템에서 가장 효과적인 재밍파형도 없거니와 모든 재밍파형에 가장 효과적으로 대처할 수 있는 스펙트럼확산 시스템도 없다.

펄스잡음재밍은 특별히 DS/BPSK시스템에대해서 효과적이고, 부분대역잡음과 복수톤 재밍은 FH/MFSK시스템에 가장 효과적이다. 이러한 재밍방법은 전송된 부호의 임의의 부분에 재밍신호를 집중시킬 수 있기 때문에 효과적이다. 그런 까닭에 수신기 출력에 연집에러를 발생시킨다. 이러한 문제로 인하여, 스펙트럼확산 시스템은 인터리빙(interleaving)을 갖는 매우 강력한 에러정정부호가 필요하다. 특히, 송신기에서 입력데이터는 먼저 부호화되고 인터리빙된 다음 확산대역 변조기에 입력된다. 수신기에서 수신된 신호는 역확산되고 복조된다음, 역(逆) 인터리빙된 다음 검파된다. 실제로 에러정정부호와 인터리빙 시스템이 DS/FH확산대역 시스템과 결합하게 되면 외부잡음, 고의적인 재밍신호 및 비의도적인 간섭신호에 대해 매우 강력한 저지능력을 갖는 디지털 통신 시스템이 된다.

2) 부호분할 다원접속방식

잘 알려진 바와 같이, 가장 보편적인 두 종류의 다원접속 방식은 주파수분할 다원접속(FDMA : frequenct division multiple access)과 시분할 다원접속 (TDMA : time division multiple access)이다. FDMA는 모든 사용자에게 동시에 전송하되 서로 겹치지 않는 주파수 대역을 사용하도록 각 사용자는 특정한 주파수 채널을 할당받는다. 따라서 채널을 사용자가 다 차지했을 때 시스템은 한계(capacity)에 도달했다고 말하고 더 이상 수용할 수 없게 된다. TDMA는 다원접속방식의 좀더 발전된 기술로써 모든 사용자가 동일주파수를 사용하지만 각 사용자는 시간 프레임(time frame)안에서 특정한 시간 슬롯(time slot)을 할당받고 이러한 시간 슬롯동안에 정보를 전송한다. 그러나 TDMA도 FDMA와 마찬가지로 모든 시간슬롯이 사용되면 한계에 도달한다. 그러나 다수의 사용자가 동시에 동일한 주파수 대역을 사용하여 전송할 수 있도록 허용되어 있는 시스템에서는 신호를 분리하기 위한 방법이 필요하다. 이러한 요구를 충족시킬 수 있는 방식이 부호분할다원접속(CDMA : code division multiple access)또는 스펙트럼확산 다원접속이라고 불리는 다원접속방식이다. CDMA는 사용되는 스펙트럼확산 방식에 따라 직접시퀀스 CDMA(DS/CDMA)와 주파수도약 CDMA (FH/CDMA)로 나누어 진다.

DS/CDMA에서 각각의 사용자는 상호간에 거의 직교성(orthogonality)을 갖는 확산부호를 사용한다. 즉 상호상관함수의 값이 작은 부호를 갖는다. 이렇게 함으로써 동시에 동일한 주파수 대역을 사용하는 다수의 사용자의 전송신호로부터 원하는 상대자의 신호를 수신기에서 분리해낼 수 있다. 일반적으로, CDMA시스템은 서로 다른 사용자의 데이터 심볼의 주파수 천이 시간이 일치하지 않는다. 즉, 비동기적이다. 이러한 비동기성은 다수의 사용자가 지리적으로 서로 떨어져 있는 이동통신과 군사통신에서는 불가피한 특성이다. 서로 다른 사용자간의 비동기성 때문에 DS/CDMA시스템에서는 사용자간의 상호상관함수 또는 부분상관함수가 성능을 결정짓는 중요한 변수가 된다. 이들 상관함수를 작게 함으로써 최적의 확산부호를 설계할 수 있다. CDMA에 있어서 부호의 설계 문제가 시스템의 성능에 결정적이기는 하지만 DS/CDMA에 있어서 더욱 중요한 문제가 원근문제이다. 다수의 사용자가 지리적으로 떨어져 있기 때문에 k번째 신호를 검출하고자 하는 수신기가 거리상으로 k번째 송신기보다 i번째 수신기에 훨씬 가까울 수가 있다. 이러한 경우 만약 각각의 송신기가 동일한 출력으로 송신한다면 k번째 수신기에서는 i번째 송신기로부터의 신호가 k번째 송신기로부터의 신호보다 더 큰 전력으로 수신된다. 그 결과 i번째 확산부호와 k번째 확산부호간의 상호상관함수와 부분상관함수가 작더라도 수신기에서 i번째 신호가 선택된다. 이 문제는 상당히 심각하여 때로는 DS/CDMA방식을 사용할 수 없을 때도 있다.

CDMA의 또 다른 종류가 FH/CDMA이다. FH/CDMA에서는 각각의 사용자가 서로 다른 도약패턴(hopping pattern)을 가지고 모든 도약 패턴이 상호 직교성이라면 원근문제는 해결된다. 그러나 실제에 있어서 도약패턴은 결코 직교성이 될 수 없다. 특히 둘 이상의 신호가 동시에 동일한 주파수를 사용하게 되면 간섭이 발생한다. 이러한 형상을 히트(hit)라고 하는데 히트의 문제는 고정된 주파수 대역내에서 동시에 도약하는 사용자의 수가 증가할수록 점점 심각해진다. FH/CDMA가 신호방해억제 기술로 사용될 때 에러정정부호를 FH/CDMA와 결합시키면 히트 문제를 극복하는데 큰 이점이 있다. 이 경우 수신기가 히트의 발생 여부를 알면 복호화 에러를 줄일 수 있다. 히트의 발생 여부는 데이터와 함께 전송된 시험 패턴(test pattern)을 조사함으로써 추정할 수 있다.

CDMA시스템과 FDMA 및 TDMA시스템을 상대적인 용량(capacity)의 관점에서 비교하여보자. 먼저 완벽하게 선형적이고 완벽한 동기가 이루어진 동기 시스템에서는 세 시스템의 사용자의 최대수는 같다. 그러나 실제적 제약 조건이 부과되면 세가지 다원접속간의 기술차이가 분명해진다. 예를 들면, CDMA는 TDMA가 필요로 하는 통신망의 동기를 필요로 하지 않기 때문에 비동기적으로 사용될 수 있다는 장점이 있다. 또다른 CDMA의 장점은 시스템에 추가적으로 사용자를 더하는 것이 비교적 용이하다는 것이다. CDMA가 사용되는 이유는 무엇보다도 다중경로간섭(multi-path interference)과 고의적인 신호방해를 극복할 수 있는 능력이 있기 때문이다.

• CDMA의 중요한 특징을 요약하면 다음과 같다.

① 참가 지구국간에서 송신 주파수 및 타이밍의 조정이 거의 필요없다.
② 고의의 간섭을 극복할 수 있는 항(抗) 방해(antijamming) 능력이 있다.
③ 한 사용자에게 보내려는 정보를 다른 사용자가 쉽게 복호할 수 없으므로 다른 다원접속 방식에서는 얻기 어려운 비화통신이 가능하다.

3) 다중경로 억압

대부분의 무선 채널에서, 송신된 신호는 한 경로 이상을 경유하여 수신기에 도달한다. 예를 들면, 이동통신환경하에서 송신된 신호는 건물, 나무, 이동체와 같은 여러 가지 산란체의 영향을 받는다. 그래서 송신기와 수신기 사이의 직접경로를 통해 도달하는 전자파와 많은 산란체의 영향을 받은 전자파들이 수신신호를 구성한다. 이와 같이, 산란체 등의 영향을 받는 전파경로는 직접경로와 비교하여 신호의 감쇠와 시간지연을 발생시킨다. 이러한 비 직접적인 경로들에 의해 야기되는 간섭을 다중경로 간섭 또는 다중경로라 한다. 그리고 이런 간섭에 의해 수신 신호의 크기가 변동하는 현상을 페이딩이라 한다. 실제로 이동수신기나 이와 인접한 산란체가 같이 움직임으로써 발생되는 다중경로 페이딩은 그 해석이 매우 복잡하고 실질적으로 무선통신시스템에서 심각한 문제를 일으키게 된다.

참고문헌

[1] 진년강, 아날로그와 디지털통신. 청문각, 1997

[2] Robert C. Dixon Spread Spectrum Systems with commercial applications, Wiley Inter Science, 1994

[3] Marvin K. Simon, Jim K. Omura, Robert A. Scholtz, Barry K. Levitt Spread Spectrum Communications Volume I, Computer Science, 1985

[4] Marvin K. Simon, Jim K. Omura, Robert A. Scholtz, Barry K. Levitt Spread Spectrum Communications Volume II, Computer Science, 1985

[5] Marvin K. Simon, Jim K. Omura, Robert A. Scholtz, Barry K. Levitt Spread Spectrum Communications Volume III, Computer Science, 1985

[6] J. G. Proakis, Digital Communications, second edition. McGraw-Hill, 1989.

[7] M. S. Roden, Analog and Digital Communication Systems, third edition, Prentice-Hall, 1991.

[8] E. Kreyszig, Advanced Engineering Mathematics, fourth edition, John Wiley & Sons, New York, 1979.

[9] A. Papoulis, The Fourier Integral and Its Applications, McGraw-Hill, New York, 1962.

[10] R. Bracewell, The Fourier Transform and Its Applications, second edition, McGraw-Hill, New York, 1978.

[11] A. Papoulis, Probability, Random Variables and Stochastic Processes, second edition, McGraw-Hill, New York, 1984.

[12] P. Z. Peeble, Probability, Random Variables, and Random signal principles, third edition, McGraw-Hill, New York, 1993.

[13] K. Feher, Digital Communications: Microwave Applications, Prentice-Hall, Inc., Englewood Cliffs, N.J., 1981

[14] Kamilo Feher, Digital Communications, Prentice-Hall, Inc., Englewood Cliffs, N.J., 1983

연습문제

1 정보율이 6[kbps]이다. 필요한 최소 RF대역폭은 얼마인가?

2 DS/BPSK시스템이 PN부호를 발생하기 위해 길이 19인 시프트레지스터를 사용하였다. 이 시스템의 처리이득을 구하라.

3 도약대역폭 B_c가 400[MHz]이고 주파수 간격 Δf는 100[Hz]이다. 각 주파수워드에 대해 요구되는 PN칩의 최소의 수는 얼마인가?

4 스펙트럼확산 통신 시스템의 파라미터들이 다음과 같다.

잡음전력 밀도 N0 = 2×10-15 [Watts/Hz]

간섭 신호 전력 Pj = 5×10-7 [Watts]

수신 신호 전력 Pr = 1.2×10-8 [Watts]

수신기의 등가잡음 대역폭 BN = 50 [MHz]

(1) 입력 신호대 잡음비, (SNR)i를 구하라.

(2) 정보 비트율이 10[kbps]인 경우 출력 신호대 잡음비, (SNR)O를 구하라.

5 직접확산 시스템에서 PN 부호화율이 192×106[chips/sec]이고, 정보율이 7500[bits/sec]이다.

(1) DS/BPSK 대신에 DS/QPSK 시스템이 사용된 경우의 처리이득을 구하라.

(2) 수신 신호의 전력이 4×10-14[Watts]이고 단측대파 잡음 스펙트럼 밀도 NO=1.6×10-20[Watts/Hz]라 할 때 수신기의 신호대잡음비를 구하라.

6 다음과 같은 FFH 확산 시스템이 있다.

메시지 비트당 도약률 $R_h = 10$

도약주파수의 수 1024

메시지 비트율 2500[bits/sec]

주파수 곱셈기의 수 10

(1) RF 신호의 대역폭을 구하라.

(2) 처리이득[dB]을 구하라.

(3) PN 부호 발생기의 클럭 율을 구하라.

7 FH/DS 스펙트럼 확산 시스템이 다음과 같은 파라미터를 갖는다.

정보비트율 9600[bits/sec]

PN 부호율 153,600[chips/sec]

도약당 칩수 110

메시지 비트당 도약 수 1

주파수의 수 4096

(1)대역확산신호의 대역폭을 구하라.

(2)처리이득을 구하라.

저자소개

김한종(KIM HAN JONG)

1982-1986 : 한양대학교 전자공학과 공학사

1986-1988 : 연세대학교 전자공학과 공학석사

1988-1994 : 연세대학교 전자공학과 공학박사

1994-현재 : 한국기술교육대학교 전기전자통신공학부 교수

관심분야 : 이동통신, 방송통신, 부호이론, 변복조기술, 디지털신호처

통신공학도를 위한 **예제로 배우는 수학적도구 및 부호이론**

발행 2014년 2월 19일

저자 김한종

발행인 현영덕

펴낸 곳 도서출판 YOUNG

주소 경기도 고양시 일산동구 호수로 358-25 (동문굿모닝타워2차 1005호)

전화 031) 904-7905~6

팩스 031) 904-7907

등록번호 105-90-67568

E-mail youngpub@naver.com

ISBN 978-89-92843-64-5 93560

정가 25,000원

※ 파본 및 낙장본은 교환하여 드립니다.

본 과제(결과물)는 교육과학기술부의 재원으로 지원을 받아 수행된 산학협력 선도대학(LINC) 육성사업의 연구결과입니다.